面向"十三五"城市园林工程与规划设计专业立项教材

园林 Photoshop 辅助设计

主　编　马金萍　尚　存　王　毅
副主编　张志峰　李艳丽
参　编　李修清　杨志鹏

中国商业出版社

图书在版编目(CIP)数据

园林 Photoshop 辅助设计/ 马金萍,尚存,王毅主编.
— 北京:中国商业出版社,2013.6(2021.9 重印)
ISBN 978-7-5044-8210-5

Ⅰ.①园… Ⅱ.①马…②尚…③王… Ⅲ.①园林设计 –
计算机辅助设计 – 图像处理软件 – 高等职业教育 – 教材
Ⅳ.①TU986.2-39

中国版本图书馆 CIP 数据核字(2013)第 189540 号

责任编辑:蔡凯

中国商业出版社出版发行
010 – 63180647　www.c – cbook.com
(100053　北京广安门内报国寺 1 号)
新华书店经销
北京军迪印刷有限责任公司印刷
*
787 毫米×1092 毫米　16 开　16.25 印张　250 千字
2013 年 6 月第 1 版　2021 年 9 月第 3 次印刷

定价:58.00 元
* * *
(如有印装质量问题可更换)

前　言

　　Photoshop CS 是 Adobe 公司推出的目前应用最广泛的图像处理和编辑软件，它给建筑设计、室内设计和城市规划等领域带来了快捷、准确和方便，特别是在景观设计中得到了广泛的应用和发展。在相关设计领域，计算机辅助设计软件 AutoCAD 是专业的制图软件，在其具体的方案实施和操作当中，客户并不能很直观地去了解设计方案，而需借助计算机辅助设计软件 Photoshop 在后期进行更形象的设计表达去沟通。Photoshop 处理的景观效果能够更加真实地刻画出各景观要素的色彩、质感，能够营造出极其真实的环境，因此，Photoshop 在风景景观工程、园林设计、城市设计、环境艺术等工程设计后期处理中具有画龙点睛的效果。

　　本书是根据高等职业教育的特点，结合对城市景观专业应用型人才的要求编写的。全书立足于教育部关于培养与社会主义现代化建设相适应、德智体美等全面发展，具有综合职业能力，在生产、服务、技术和管理第一线工作的应用型专门人才和劳动者的培养目标，符合人才培养规律和教学规律，注重学生知识能力和素质的全面发展。

　　本书共八章内容，由浅入深地介绍了计算机辅助设计软件 Photoshop 在园林景观效果图后期图像处理上的基础知识、基本操作技能和案例制作。

　　本书由甘肃省林业职业技术学院马金萍、尚存，海南琼州学院生命与科学技术学院王毅担任主编，甘肃省林业职业技术学院张志峰、李艳丽担任副主编。参加本书编写工作的人员还有甘肃省林业职业技术学院李修清、杨志鹏。其中第一章和第八章由张志峰负责编写，第二、三章由尚存负责编写，第四章由王毅负责编写，第五章由马金萍和杨志鹏负责编写，第六章由李艳丽负责编写，第七章由李修清负责编写。全书由马金萍统稿。

　　本书可以作为园林技术、园艺技术、园林工程技术、环境艺术设计、城镇规划相关专业的教材，也可以作为图形图像制作爱好者的自学用书。

　　受作者水平所限，书中不足之处在所难免，望读者批评指正。

编　者
2021 年 6 月

目 录

第一章　景观效果图后期处理概述 ……………………………………………（1）
第一节　认识园林景观 …………………………………………………（1）
第二节　Photoshop 在景观效果图后期设计中的应用 …………………（3）

第二章　Photoshop 基础知识 ……………………………………………（6）
第一节　图像的色彩 ……………………………………………………（6）
第二节　图像的类型 ……………………………………………………（9）
第三节　图像的分辨率 …………………………………………………（10）
第四节　图像文件格式 …………………………………………………（12）
第五节　色彩模式 ………………………………………………………（15）

第三章　Photoshop 基础操作 ……………………………………………（22）
第一节　Photoshop 工作环境及界面 …………………………………（22）
第二节　Photoshop 的环境优化设置 …………………………………（27）
第三节　Photoshop 的功能与特点 ……………………………………（29）
第四节　Photoshop 的新增功能 ………………………………………（30）

第四章　Photoshop 图像文件操作基础 ………………………………（35）
第一节　文件的基本操作 ………………………………………………（35）
第二节　图像标尺与参考线 ……………………………………………（38）
第三节　图像控制与显示 ………………………………………………（41）
第四节　改变图像尺寸 …………………………………………………（43）

第五章　图像处理常用工具 ……………………………………………（51）
第一节　填充工具的应用 ………………………………………………（51）
第二节　选取工具的应用 ………………………………………………（56）
第三节　绘图工具的应用 ………………………………………………（69）
第四节　修饰工具的应用 ………………………………………………（76）

第五节　路径工具的应用 ………………………………………（82）
　　第六节　文字工具 ………………………………………………（91）

第六章　滤镜和图像色彩调整 ……………………………………（99）
　　第一节　滤镜的使用技巧 ………………………………………（99）
　　第二节　图像的色阶控制 ………………………………………（153）
　　第三节　图像的色彩调整 ………………………………………（154）

第七章　图层和通道的应用 ………………………………………（164）
　　第一节　图层的基本概念 ………………………………………（164）
　　第二节　图层的基本操作 ………………………………………（167）
　　第三节　图层样式 ………………………………………………（185）
　　第四节　图层效果设置 …………………………………………（187）
　　第五节　蒙　版 …………………………………………………（201）
　　第六节　通　道 …………………………………………………（211）

第八章　图像处理的综合应用 ……………………………………（226）
　　第一节　景观平面彩色效果图后期处理 ………………………（226）
　　第二节　景观透视效果图后期处理 ……………………………（234）
　　第三节　景观立面效果图后期处理 ……………………………（240）
　　第四节　景观鸟瞰图后期处理 …………………………………（247）

参考文献 ……………………………………………………………（252）

第一章 景观效果图后期处理概述

- **学习目标**：了解园林景观的基本概况，掌握 Photoshop 在景观效果图后期设计中的具体应用。
- **学习重点**：掌握色彩与景观效果图的关系，熟知后期制作中软件的相关知识及其与效果图后期设计关系。
- **学习难点**：色彩对景观效果图后期渲染气氛的控制。

第一节　认识园林景观

一、园林景观的概念

园林和景观自古以来是密不可分的，从词面上看，园林侧重于传统文化的内涵，景观则侧重于视觉艺术的美感，后者更具现代感。一般园林和景观是统一的整体，人们习惯称为园林景观。我们身边常见的庭院、小区、广场、公园，通常由软质景观和硬质景观两部分构成。

（一）园林

园林是指在一定地段范围内，通过利用并改造天然山水地貌或人为开辟山水地貌，结合植物的栽植和建筑的布置而构成的供人观赏、游憩、居住的环境。土地、水体、植物和建筑（屋宇、建筑小品以及各种工程设施）是构成园林的四个基本要素。建筑的有无是区别园林与天然风景区的主要标志。提起园林，人们就会自然而然地想到苏州园林、颐和园，等等。

（二）景观

景观，主要是视觉美学意义上的景观，也即风景，一般是指园林绿地、风景地区的景色，如水色山光、茂林修竹、亭廊桥榭、名胜古迹等。

园林景观是一门含义非常广泛的综合性专业，它已不单纯是"艺术"或"自我表现"，已成为一种规划未来的行为；它是依据自然、生态、社会、行为等科学的原则，从事对土地及其上面的各种景观要素的规划和设计，以使不同环境之间建立一种和谐、均衡关系的一门新兴的专业。

二、园林景观的构成

园林景观简单说来包括硬景观和软景观，其中硬景观包括山石、道路、建筑、雕塑等，软景观包括水景、花草树木绿化等。园林景观所涉及的内容及范围是极其广泛的，从园林景观的艺术方面来分，一般分为以下几个部分。

（一）水景

水景，通常我们称之为水艺景观设计，我们都知道水是生命之源，有水就有生命，人类自古以来就是依水而居。随着我国经济的发展，人们生活品质的进一步提高，人们对自己的生存环境提出了更高的要求。"回归自然，亲近自然"是未来园林景观的发展方向。水景作为一种重要的景观越来越得到人们的重视。

（二）地形地貌

地形地貌作为园林景观艺术的重要内容之一，现代园林一般借助地势，就势造景。在中国，园林景观是充分利用自然地形美的典范，对地形地貌进行加工和再利用，形成符合自然美的园林景观。西方研究地景学，即大地景观，也是现代园林景观艺术研究的重要方向。

（三）园路

中国园林早有"步移景异"的说法，让人们流连忘返于园林的意境中。园林景观要达到"步移景异"的效果，与园路的设计形式是密不可分的。园路的设计要方便游人去选择游览的目标，实际上游人还是依从设计的意图前进，这两方面必须巧妙地结合起来，缜密地处理复杂的游人心理。

三、园林景观的空间布局形式

园林景观布局及空间设计变化很多，其基本特征符合自然空间形态的变化规律，如自然环境中远山峰峦起伏呈现出节奏感的轮廓线，由地形变化所带来的人之仰俯、平视构成的空间变化，开阔的水面或蛇曲所带来的水体空间和曲折多变的岸际线，以及自然树群所形成的平缓延续的绿色树冠变化线等。

概括起来，园林景观空间的表现有以下几个方面：
1. 空间形式多样，如大小、高低、开合、明暗、对比等。
2. 景深与序列，可为人提供行为与心理享受的场所。
3. 体现自然之美，符合自然景物变化规律。
4. 园林景观与建筑布局融为一体，体现人工与自然的和谐统一。

四、当代园林景观的发展

20世纪80年代中期前后，我国园林景观设计行业正处在发展的初级阶段，效果图的表现手段以传统的手绘技法为主（水粉、水彩），相对较为写实。时隔近二十年，中国的园林景观设计行业有了较快的发展，到目前为止，效果图的表现形式与初级阶段形成了一个轮回。但在它的意义、作用和价值上却有了较大的不同，现在的手绘表现图的适用空间更大了，表现方法更为灵活。设计师们正是瞄准了这一点，与当前设计领域的发展需要相对应，根据表现图的特点，采取多种形式和技法，凭借扎实的表现基础和积累的经验，与目前的装饰设计的需要相结合，在画法上与传统画法求同存异，变化发展。

由于计算机在各个专业运用，出现了电脑效果图，各类设计师适应了当今的社会需求，园林景观领域也不例外。当今社会，辅助设计正在向各行各业领域渗透，越来越受到当代设计师的青睐。

第二节　Photoshop 在景观效果图后期设计中的应用

一、平面彩色效果图

平面彩色效果图简称平彩图，它是景观设计方案的重要组成部分，AutoCAD 和 Photoshop 是平彩图的主要绘制软件。AutoCAD 主要用于绘制平彩图填充的线形边界，Photoshop 主要用来分层绘制图层样式，渲染图像的最终效果，相比之下前者更为理性，后者则更具感性。用 AutoCAD 和 Photoshop 来绘制平彩图是景观设计专业从业人员进行方案设计图纸表现的基本能力。

当今社会经济快速发展，人们对生活环境的要求越来越高，景观设计也得到了长足的发展，从而影响了景观设计的专业课程体系建设和当前景观设计发展导向，计算机辅助设计为绘制效果图带来了更大的可操作性，Photoshop 绘制的景观平彩图以其整体性、美观性、直观性、可读性强等特点得到社会的认可。如图 1-2-1 所示为广场景观设计平面彩色效果图。

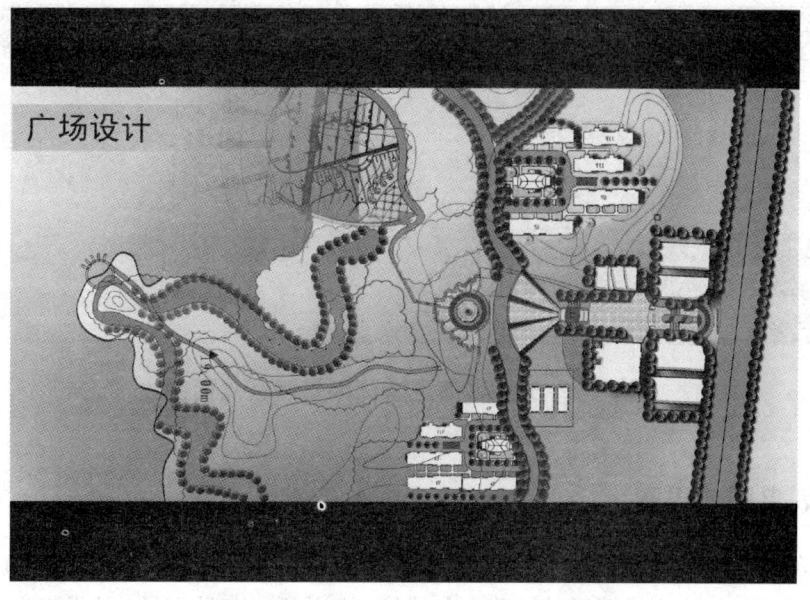

图 1-2-1　广场景观设计平彩图

二、景观透视效果图

与手工绘制的效果图相比较，Photoshop CS2 制作的透视效果图透视关系非常准确，更加逼真。Photoshop CS2 强大的功能能完美地处理建筑、植物、铺装、天空、道路等各自的颜色及相互关系，细致表现效果图。如图1-2-2所示为建筑景观透视效果图。

图1-2-2　建筑景观透视效果图

三、景观立面效果图

景观立面效果图的制作，是了解景观立面垂直空间的地形地势变化的一个很好的途径。

景观立面效果图能够使人更清晰地认识到各个景观元素之间的垂直空间关系，更具有层次性、结构性等特征。如图1-2-3所示为浉河上游休闲景观区立面图。

图1-2-3　浉河上游休闲景观区立面图

四、规划鸟瞰效果图

鸟瞰图表现总体规划，便于读者理解空间地形关系，而且用Photoshop CS2渲染得到的鸟瞰图修改了3DSMAX渲染成图后的缺陷和色彩校正，并添加各种配景，效果真实，透视准确。如图1-2-4所示为休闲度假山庄鸟瞰图。

图 1-2-4　休闲度假山庄鸟瞰图

思考与练习

简答题：

1. 简要阐述园林景观的概念。
2. 景观的构成要素有哪些？
3. 景观效果图制作的软件有哪些？
4. 简述色彩的三要素及其关系。
5. 效果图的质量和哪些因素有关？
6. 一般景观效果图的构图有哪几种？
7. 效果图的一般格式有哪些？
8. 想一想，作为一个当代景观设计师应掌握的技能。

第二章 Photoshop基础知识

● 学习目标：在学习 Photoshop 图像后期处理之前，必须了解一些关于图形图像方面的专业术语以及基本概念，这样，才能更好地发挥 Photoshop 辅助设计软件所带来的优越功能进行创意、设计。

● 学习重点：图像色彩、图像处理相关基础以及 Photoshop 中的部分关键性概念。

● 学习难点：理解不同颜色模式的特点和应用领域，矢量图和位图的区别，分辨率的概念。

第一节 图像的色彩

园林景观是绚丽的色彩世界，色彩以它神奇的力量把我们生活的世界装点得多姿多彩。在园林景观效果图处理中，色彩是非常重要且富有艺术魅力的语言。

一、色彩与光

色彩和光有着不可分割的联系，我们在园林中所看到的绚丽多彩的美丽景色，都是由于光的作用才使我们感觉和认识，正是有了光，我们才能看到一切物体的色彩与形态。没有光就没有色彩，光是人们感知色彩存在的必要条件，色彩来源于光。

太阳的光谱是由不同波长的色光组成，色彩是人们对色光的感觉，即通过发光体的辐射光线或不发光体的反射光线在空气中以不同速度和长度的光波运动，作用在人的视网膜上的结果。日光中包含有不同波长的可见光，混合在一起并同时刺激我们的眼睛时，看到的是白光。英国科学家牛顿发现，太阳光经过三棱镜折射，投射到白色屏幕上，会呈现出一条美丽的光谱，依次为红、橙、黄、绿、青、蓝、紫七色。人眼可见色光的波长在 400～700nm（十亿分之一米）之间。按波长大小顺序排列为红、橙、黄、绿、青、蓝、紫。在可见光谱内，不同波长的辐射引起不同的色彩感知。

任何物体对光线有吸收和反射的本能，物体的色彩是对光线吸收和反射的结果。若物体吸收了其他色光，只将红色反射出来，则物体表现为红色。物体将色光全部反射则表现为白色,将色光全部吸收则表现为黑色。

二、色彩的基本知识

在自然界中,正是由于各种色彩的不同混合,才呈现出五彩缤纷的世界。

(一)三原色

三原色是无法用色彩(或色光)混合出来的色。色光的三原色是红、绿、蓝紫,色光的三原色相混可得白光;色料的三原色是品红、柠檬黄、湖蓝,色料的三原色相混合得灰黑色。

(二)间色、复色与补色

三原色的任何两色等量混合而得的颜色为间色。红与黄混合得橙色;黄与蓝混合得绿色;红与蓝混合得紫色。橙、绿、紫三种颜色叫"三间色"。

复色是用原色与间色相混或用间色与间色相混而成的。复色是最丰富的色彩家族,千变万化,丰富异常,复色包括了除原色和间色以外的所有颜色。

三原色中两原色产生的间色与另一原色为互补色,习惯称为对比色,如红与绿互为补色等。互补色对比关系最强。

(三)色彩的三要素

任何一种颜色都可以用色相、亮度和色饱和度三个物理量来确定,它们叫色彩的三要素。

1. 色相

色相就是色彩的相貌,是色彩之间相互区别的名称。我们认识的基本色相为:红、橙、黄、绿、蓝、紫。如果将这些单色按光谱顺序环形排列,就形成了色相环。12色相环按光谱顺序为:红、橙红、黄橙、黄、黄绿、绿、绿蓝、蓝绿、蓝、蓝紫、紫、红紫。

2. 亮度

亮度指色彩的明暗程度,也称明度、深浅度等。明度最亮是白,最暗是黑。如六种标准色相的明度依次降低的顺序为黄、橙、绿、红、蓝、紫。色彩可以通过加减黑、白来调节明度。任何颜色如果加白,其明度就增高;如果加黑,其明度就降低。

3. 色饱和度

色饱和度指色彩的鲜艳度,也称彩度、纯度。黑白灰属无彩色系,任何一种单纯的颜色,若加入无彩色系中的任何一色的混合即可降低它的纯度。在色环上,纯度最高的是三原色(红、黄、蓝),其次是三间色(橙、绿、紫),再次为复色。在同一色相中,纯度最高的是该色的纯色,而随着渐次加入其他色,其纯度则逐渐降低。

在艺术设计中,色彩的三要素变化是综合存在的,同一画面在色彩三要素上的不同变化会带来不同的色彩表现力。

三、色彩的感情与应用

不同的色彩会对人们产生不同的心理和生理影响,这些影响总是在不知不觉中发生作用,影响我们的情绪。色彩对人的影响随着人们的年龄、性别、经历、民族、个人爱好及所处环境等不同而有所差异。但由于人类生理构造和生活环境等方面存在共性,因此在色彩的心理方面,对大多数人还是具有很多共性的感觉特征。在进行景观效果图后期处理时,应根据容易引起人们感情变化的客观反映和一般规律去选择色彩。

（一）色彩的冷暖感

红、橙、黄色常常使人联想到阳光、火热等，因此有温暖的感觉；蓝、青色则常常使人联想到碧海蓝天，因此有寒冷的感觉。故而凡是带红、橙、黄色调的都带暖感，凡是带蓝、青色调的都带冷感。

（二）色彩的轻重感

色彩的轻重感一般由明度决定。高明度具有轻感，低明度具有重感。白色最轻而黑色最重。

（三）色彩的前进与后退感

暖色和明亮色给人前进的感觉，冷色和暗色给人后退的感觉。凡对比度强的色彩具有前进感，对比度弱的色彩具有后退感等。

（四）色彩的膨胀与收缩感

同一面积、同一背景的物体，由于色彩不同，造成大小不同的视觉效果。凡色彩明度高的，看起来面积大些，有膨胀的感觉；凡色彩明度低的，看起来面积小些，有收缩的感觉。

（五）色彩的软硬感

色彩的软硬感与明度、纯度有关。明度较高的含灰色系具有软感，明度较低的含灰色系具有硬感。纯度越高越有硬感，纯度越低越有软感。强对比色调具有硬感，弱对比色调具有软感。

（六）色彩的强弱感

高纯度色有强感，低纯度色有弱感；有彩色系比无彩色系更有强感；对比度高的有强感，对比度低的有弱感。

（七）色彩的明快与忧郁感

它往往与纯度有关，明度高而鲜艳的色具有明快感，深暗而混浊的色具有忧郁感。低明度的色调易产生忧郁感，高明度的色调易产生明快感。强对比色调具有明快感，弱对比色调具有忧郁感。

（八）色彩的兴奋与沉静感

这与色相、明度、纯度都有关系，其中纯度的作用最为明显。在色相方面，暖色如红、橙等色彩皆有兴奋感，而蓝、青的冷色则具有沉静感；在明度方面，明度高的色彩有兴奋感，明度低的色彩有沉静感；在纯度方面，纯度高的色有兴奋感，纯度低的色有沉静感。因此，暖色系中明度最高且纯度也最高的色彩兴奋感最强，冷色系中明度低纯度也低的色彩具有沉静感。强对比色调具有兴奋感，弱对比色调具有沉静感。

（九）色彩的华丽与朴素感

纯度关系中，鲜艳而明亮的色彩具有华丽感，浑浊而深暗的色彩具有朴素感；有彩色系具有华丽感，无彩色系具有朴素感；明度关系中，强对比色调具有华丽感，弱对比色调具有朴素感。

四、园林效果图的色彩处理

园林效果图的色彩处理中常用的艺术处理手法有单色或类似色处理、对比色处理、多色处理等。在多色处理中既有调和色，又有对比色，调和色应用是大量的。同时在色彩处理中，一定要注重主次，避免杂乱。

天空的色彩往往作背景，以远看为主。若天空以明色调为主，主景宜采用暗色调或与蔚蓝天空有对比的白色、金黄色、橙色、灰白色。用天空作背景的主景，形象要简洁，轮廓要清晰。

天然山石、地面在色彩构图中一般也作背景，以远看为主。常见的天然山石的色彩以灰白、灰、灰黑、灰绿、紫红、褐红、褐黄等为主，大部分属暗色调，因此，在以暗色调山石为背景布置园林主景时，主景色彩宜采用明色调。

道路、广场一般多为灰、灰白、灰黑、青灰、黄褐等色，色调比较暗淡、沉静，其色彩处理不要刺目、突出，要简洁、淡雅，暗色调。

假山石色彩宜以灰、灰白、黄褐等为主，给人沉静、古朴、稳重感觉。

园林建筑、构筑物的色彩设计与环境的色彩既要协调又要取得对比。树丛、树群中宜用红、橙、黄等暖色调。山边宜选用与山体土壤、裸岩表面相似的色彩。水边宜选用米黄、灰白、淡绿等以淡雅和顺为主的色彩。

色彩是一件设计作品获取注意力的首要印象，设计师最容易通过色彩表达自己的设计理念和对作品的理解。但对配色的掌握并非一日之功，需要在掌握色彩基本理论的基础上，留心观察并注重经验的积累。

第二节 图像的类型

在计算机中，图像是以数字方式来记录、处理和保存的。所以，图像也可以说是数字化图像。图像类型大致可以分为以下两种：位图图像与矢量图像。这两种类型的图像各有特点，认识它们的特色和差异，有助于创建、编辑和应用数字图像。在处理时，通常将这两种图像交叉运用，下面分别介绍位图图像和矢量图像的特点。

一、位图图像

位图是由许多方格状的不同色块组成的图像，其中每一个小色块称为像素，而每个色块都有一个明确的颜色。由于一般位图图像的像素都非常多而且小，因此看起来仍然是细腻的图像，当位图放大时，组成它的像素点也同时成比例放大，放大到一定倍数后，图像的显示效果会变得越来越不清晰，从而出现类似马赛克的效果，如图2-2-1、图2-2-2所示。

图2-2-1 位图图像

图2-2-2 位图图像局部放大的显示效果

Photoshop一般处理的都是位图图像。鉴别位图最简单的方法就是将显示比例放大，如果放大的过程中产生了锯齿，那么该图片就是位图。

位图图像的优点在于表现颜色的细微层次，更接近于实际观察到的真实画面，例如照片的颜色层次，且处理也较简单和方便。缺点在于不能任意放大显示，否则会出现锯齿边缘或类似马赛克的效果，而且图像文件往往比较大。

二、矢量图像

矢量图像也称为向量图，其实质是以数字方式来描述的线条和曲线，其基本组成单位是锚点和路径。矢量图可以随意地放大或缩小，而不会使图像失真或遗漏图像的细节，也不会影响图像的清晰度。但矢量图不能描绘丰富的色调或表现较多的图像细节，并且绘制出的图形不逼真。

矢量图形适合于以线条为主的图案和文字标志设计、工艺美术设计和计算机辅助设计等领域。另外，矢量图像与分辨率无关，无论放大或缩小多少倍，图形都有一样平滑的边缘和清晰的视觉效果，即不会出现失真现象。如图2-2-3所示。将图像放大后，可以看到图片依然很精细，并没有因为显示比例的改变而变得粗糙。

图2-2-3　矢量图像局部放大后对比显示效果

矢量图与位图的区别：位图所编辑的对象是像素，而矢量图编辑的对象是记载颜色、形状、位置等属性的物体，矢量图善于表现清晰的轮廓，它是文字和线条图形的最佳选择。存储矢量图形文件要比存储位图图像文件占用空间少。

第三节　图像的分辨率

与任何图像编辑程序一样，Photoshop是以处理位图图像为主，为了更好地对位图图像中的像素的位置进行定量化，我们通常要谈到图像的分辨率。图像的分辨率一般以每英寸含有多少个像素点来表示，其缩写为DPI。为了制作高质量的图像，就要理解图像的像素数据是如何被测量与显示的，这里主要涉及如下几个概念。

一、像素

像素是组成图像的基本单元。可以把像素看成一个极小的方形颜色块。每个小方块为一个像素，也可以称为栅格。一幅图像通常由许多像素组成，这些像素排列成行和列。每个像素都有不同的颜色值，单位面积内的像素越多，所存储的信息就越多，文件就越大，图像的效果就越好。

二、分辨率

分辨率是图像处理中的一个非常重要的概念，一般用于衡量图像细节的表现能力，其不仅与图像的本身有关，还与显示器、打印机、扫描仪等设备有关。在图形图像处理中，常常涉及的分辨率的概念有以下几种不同的形式。

（一）图像分辨率和图像尺寸

1. 图像分辨率

图像分辨率指图像中存储的信息量，是用来衡量图像清晰度的一个概念。即指图像中单位长度中包含的像素数，通常以"像素/英寸"（pixel/inch）来表示，简称 ppi。图像分辨率也可以描述为组成一帧图像的像素个数。例如：800×600 的图像分辨率表示该幅图像由 600 行，每行 800 像素组成。它既反映了该图像的精细程度，又给出了该图像的大小。

在显示分辨率一定的情况下，图像分辨率越高，图像越清晰，但图像的文件越大。在实际应用中我们应合理地确定图像的分辨率，例如，用于打印的图像的分辨率可以设高一些（因为打印机有较高的打印分辨率），用于网络的图像的分辨率可以设低一些（以免传输太慢），用于屏幕显示的图像的分辨率也可以设低一些（因为显示器本身的分辨率不高）。

如果原始图像的分辨率较低，由于图像中包含的原始像素的数目不能改变，因此，简单地提高图像分辨率不会提高图像品质。

2. 图像尺寸

除了可以用横向和纵向上的像素数量来表示一个图像的大小之外，也可以根据图像的分辨率以及横向和纵向上的像素数量计算出图像的实际尺寸。如果以英寸为单位的话，可以通过下面的公式来了解。

$$图像尺寸 = 像素数目/分辨率$$

例如，对于一个分辨率为 100ppi 的图像来说，如果它的横向和纵向上的像素数量分别为 200 和 100，则它的宽和高分别为 2 英寸和 1 英寸。如果像素固定，那么提高分辨率虽然可以使图像比较清晰，但尺寸却会变小；反之，降低分辨率图像会变大，但画质比较粗糙。

（二）显示器分辨率

显示器分辨率指显示器每单位长度上能够显示的像素点数，通常以"点/英寸"（dpi）为单位。显示器的分辨率取决于显示器的大小及其显示区域的像素设置情况，通常为 96dpi 或 72dpi。由于显示器的尺寸大小不一样，我们习惯用显示器横向和纵向上的像素数量来表示显示器的分辨率。常用的显示器分辨率有 800×600、1024×768。前者表示显示器在横向上分布 800 个像素，在纵向上分布 600 个像素；后者表示显示器在横向上分布 1024 个像素，纵向上分布 768 个像素。我们在屏幕上看到的各种文本和图像正是由这些像素组成的。

(三)输出分辨率

输出分辨率是指图形或图像输出设备的分辨率,一般以每英寸含多少点来计算(dot/inch),简称"dpi"。图像分辨率可以更改,而设备分辨率不可以更改。目前,PC 显示器的设备分辨率在 60~120dpi 之间。而打印设备的分辨率则在 360~1440dpi 之间。在实际的设计工作中一定要注意保证图形或图像在输出之前的分辨率,而不要依赖输出设备的高分辨率输出来提高图形或图像的质量。

"ppi"与"dpi"都可以用来度量分辨率,它们的区别在于:"dpi"指的是在每一英寸中表达出的打印点数,而"ppi"指的是在每一英寸中包含的像素。大多数用户都以打印出来的单位来度量图像的分辨率,因此通常以"dpi"作为分辨率的度量单位。

分辨率的高低直接影响图像的效果,分辨率太低,导致图像粗糙,在打印输出时图像模糊,而使用较高的分辨率会增大图像文件的大小,并且降低图像的打印速度,确定使用的图像分辨率,应考虑图像最终发布的媒介。现列举一些常用的图像分辨率参考标准:

1. 在 Photoshop 软件中,系统默认的显示分辨率为 72ppi。
2. 发布于网络上的图像分辨率通常为 72ppi 或 96ppi。
3. 报纸杂志图像分辨率通常为 120ppi 或 150ppi。

第四节 图像文件格式

图像的格式即图像存储的方式,它决定了图像在存储时所能保留的文件信息及文件特征。在保存数字图像信息时必须选择一定的文件格式,若文件格式未选择正确,则以后读取文件时可能会产生变形。各种文件格式通常是为特定的应用程序创建的,不同的文件格式可以用扩展名来区分(如 PSD、BMP、TIF、JPG 等),这些扩展名在文件以相应格式存储时加到文件名中。下面介绍几种常见的图像文件格式。

一、PSD(.PSD)格式

PSD 是 Photoshop 中使用的一种标准图像文件格式,是唯一能支持全部图像色彩模式的格式。PSD 文件能够将不同的物体以层的方式来分离保存,便于修改和制作各种特殊效果。以 PSD 格式保存的图像可以包含图层、通道及色彩模式。

以 PSD 格式保存的图像通常含有较多的数据信息,可随时进行编辑和修改,是一种无损失的存储格式。*.psd 或 *.pdd 文件格式保存的图像没有经过压缩,特别是当图层较多时,会占用很大的硬盘空间。若需要把带有图层的 PSD 格式的图像转换成其他格式的图像文件,需先将图层合并,然后再进行转换;对于尚未编辑完成的图像,选用 PSD 格式保存是最佳的选择。

二、TIFF(.TIF)格式

TIFF 图像文件格式是在平面设计领域中最常用的图像文件格式,它是一种灵活的位图图像格式,文件扩展名为".tif"或".tiff",几乎所有的图像编辑和排版类程序都支持这种文件格式。TIFF 文件最大可以达到4GB 或更多。Photoshop CS2 支持以 TIFF 格式存储的大型文件。但是,大多数其他应用程序和旧版本的 Photoshop 不支持大小超过2GB 的文件。

TIFF 格式是一种无损压缩格式,可以支持 Alpha 通道信息、多种 Photoshop 的图像颜色模式以及图层和剪贴路径。

三、GIF(.GIF)格式

GIF(图形交换格式)图像文件格式是各种平台的各种图形图像软件上均能处理的一种经过压缩的图像文件格式。GIF 是一种用 LZW 压缩的格式,目的在于最小化文件大小和传输时间。此格式文件同时支持线图、灰度和索引图像,只要软件可以读取这种格式,即可在不同类型的计算机上使用,另外,GIF 格式保留索引颜色图像中的透明度,但不支持 Alpha 通道。

四、JPEG(.JPG、JPE)格式

JPEG 图像文件格式文件扩展名为".jpg"或".jpeg",是一种有损压缩格式,压缩技术极为先进,故存储空间小,主要用于图像预览及超文本文档,如 HTML 文档等。它支持 RGB、CMYK 及灰度等色彩模式。使用 JPEG 格式保存的图像经过高倍率的压缩,可使图像文件变得较小,但会丢失部分不易察觉的数据,因此,在印刷时不宜使用这种格式。JPEG 是一种很灵活的格式,具有调节图像质量的功能,允许用不同的压缩比例对文件进行压缩,可以支持24bit 真彩色,普遍应用于需要连续色调的图像。

在 Photoshop CS2 中将图像文件保存为 JPEG 格式时,系统将显示如图 2-4-1 所示的"JPEG 选项"对话框,下面介绍该对话框的主要设置:

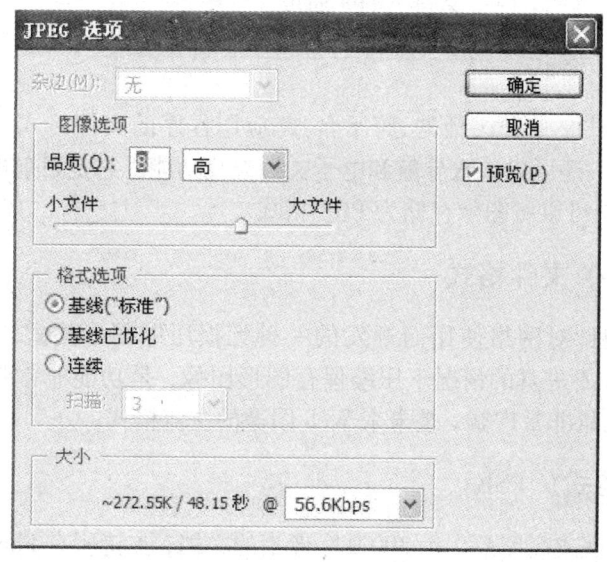

图 2-4-1 "JPEG 选项"对话框

杂边：由于 JPEG 格式不支持透明，故此选项采用默认设置为"无"。

图像选项：该选项用于调整图像文件的压缩比例。在"品质"右侧的文本框中输入 0～10 之间的数值或者用鼠标拖动其下的滑块均可调整图像的压缩比例。其数值越大，图像失真也越大，但保存后的图像文件占用空间越小。另外，也可直接从右侧的下拉列表框中选择"低"、"中"、"高"或"最佳"以调整压缩比例。

格式选项：用于设置图像的品质。

大小：用于预览图像文件的大小以及估计图像下载的时间。从其右侧下拉列表框中可选择所需的调制解调器速度值。

若图像文件不用作其他用途，只用来预览、欣赏，或为了方便携带，存储在软盘上，可将其保存为 JPEG 格式。

五、BMP（.BMP）格式

BMP 图像文件格式是一种标准的点阵式图像文件格式，使用非常广。支持 RGB、Indexed Color、灰度和位图色彩模式，但不支持 Alpha 通道。由于 BMP 格式是 Windows 中图形图像数据的一种标准，因此在 Windows 环境中运行的图形图像软件都支持 BMP 格式。以 BMP 格式存储时，可以节省空间而不会破坏图像的任何细节，唯一的缺点就是存储及打开时的速度较慢。

六、EPS（.EPS）格式

EPS 图像文件格式是一种 PostScripr 格式可以同时包含矢量图形和位图图形，并且几乎所有的图形、图表和页面排版程序都支持该格式。在排版软件中能以较低的分辨率预览，在打印时则以较高的分辨率输出，这是其最显著的优点。支持 Photoshop 中所有的色彩模式，并能在 BMP 模式中支持透明，但不支持 Alpha 通道。

七、PDF（.PDF）格式

PDF 图像文件格式是一种灵活的、跨平台、跨应用程序的文件格式。PDF 格式可以包含矢量图形和位图图形，还可以包含导航和电子文档查找功能。它是目前电子出版物最常用的格式。在 Photoshop 中可以将图像存储为 PDF 格式。

八、PNG（.PNG）文件格式

PNG 格式是专门针对网络使用而开发的一种无损压缩图形格式。格式结合了 GIF 与 JPEG 的特性，可以在不失真的情况下压缩保存图形图像，是功能非常强大的网络用文件格式。PNG 格式发展前景非常广阔，是未来 Web 图像的主流格式。

九、大型文档格式（.PSB）

PSB 格式支持宽度或高度最大为 300 000 像素的文档，支持所有 Photoshop CS2 功能。可以将高动态范围 32 位/通道图像存储为 PSB 文件。必须先在"首选项"中启用"启用大型文档格式（.PSB）"选项，然后才能以 PSB 格式存储文档。目前，只有在 Photoshop CS 或 Photoshop CS2 中才能打开以 PSB 格式存储的文档。

第五节　色彩模式

　　色彩模式也称为图像模式，是指用来提供将图像中的颜色转换成数据的方法，从而使颜色能够在不同的媒体中得到连续的描述，能够跨平台进行显示。色彩模式决定最终的显示和输出，不同的色彩模式对颜色的表现能力可能会有很大的差异。常见的色彩模式有：RGB、CMYK、Lab 颜色和灰度，另外，Photoshop 还包括用于特殊色彩输出的颜色模式，如索引颜色和双色调。

一、RGB 颜色模式

　　RGB 色彩模式是 Photoshop 默认的颜色模式，也是最常用的模式之一，这种模式以三原色红（R）、绿（G）、蓝（B）为基础，通过不同程度的相互叠加，可以调配出 1670 万多种颜色。红、绿、蓝三色称为光的基色。这三种基色中每一种都有一个 0～255 的范围值，通过对红、绿、蓝的各种值进行组合来改变像素的颜色。当 RGB 色彩数值均为 0 时，为黑色；当 RGB 色彩数值均为 255 时，为白色；当 RGB 色彩数值相等时，产生灰色。在 Photoshop 中处理图像时，通常先设置为 RGB 模式，只有在这种模式下，图像没有任何编辑限制，可以做任何的调整编辑，所有的效果才能使用。

二、CMYK 颜色模式

　　CMYK 颜色模式是一种印刷模式。因为该模式是以 C 代表青色（Cyan），M 代表品红（Magenta），Y 代表黄色（Yellow），K 代表黑色（Black）四种油墨色为基本色。它表现的是白光照射在物体上，经过物体吸收一部分颜色后，反射而产生的色彩，又称为减色模式。

　　CMYK 色彩被广泛应用于印刷和制版行业，每一种颜色的取值范围都被分配一个百分比值，百分比值越低，颜色越浅；百分比值越高，颜色越深。在 CMYK 模式中，当 CMYK 百分比值都为 0 时，会产生纯白色，而给任何一种颜色都添加黑色，图像的色彩都会变暗。

三、位图模式

　　位图模式图像使用黑色和白色表现图像，所以又称为"黑白图像"。位图模式无法用来表现色调复杂的图像，但可以用来制作黑白的线条或特殊的双色调高反差图像。在进行图像模式的转换时，会损失大量的细节，因此它一般只用于文字的描述。由于它记录的颜色信息单调，所以占有的磁盘空间最小。当图像转换为位图模式后，无法进行其他编辑，也不能恢复灰度模式时的图像。

　　执行［图像］→［模式］→［位图］命令，弹出如图 2-5-1 所示的对话框，主要设置介绍如下：

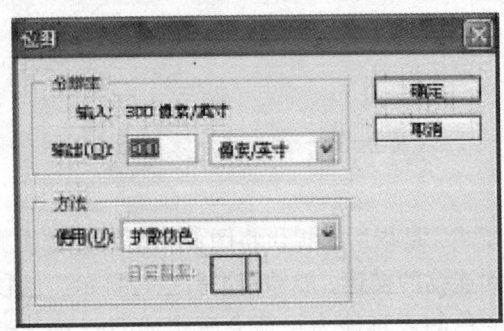

图 2-5-1 "位图"对话框

分辨率:主要是用来设定图像的分辨率。其中,"输入"选项显示的是原图的分辨率,在"输出"文本框中设定的则是转换后图像的分辨率;其取值范围在 1~10 000,如果设定值大于原图的分辨率,图像就会增大,反之则会缩小。

方法:主要是用来设定转换为位图模式时,处理中间色的方式。常见的转化方式有以下几种:(a)50% 阈值:以 50% 为界限,将图像中大于 50% 的所有像素全部变成黑色,小于 50% 的所有像素全部变成白色。(b)半调网屏:产生一种半色调网版印刷的效果。其网线数可设值为 85~200lpi,例如,报纸通常采用 85lpi,彩色杂志通常采用 133~175lpi,其网角可设值为 -180°~180°,连续色调或半色调网版通常使用 45°。(c)扩散仿色:转换图像时,产生颗粒状的效果。(d)图案仿色:使用一些随机的黑、白像素点来抖动图像。(e)自定图案:可选择图案列表中的图案作为转换后的纹理效果。

位图模式的图像虽然简单,但是如果在设计中运用得当,也能表现颇具艺术意味的黑白世界。如图 2-5-2 所示不同的位图效果。

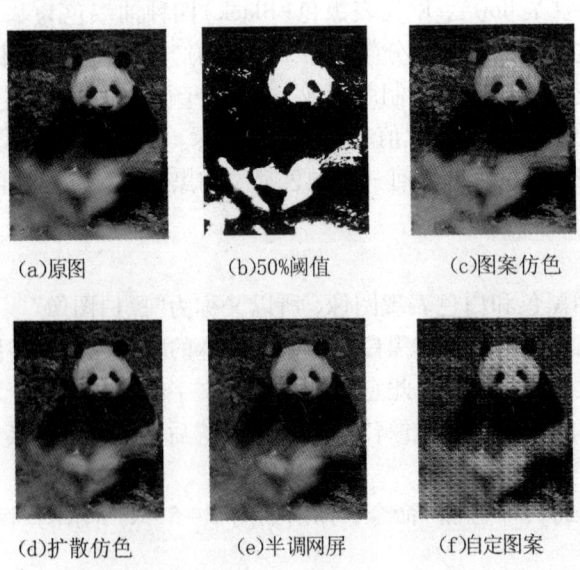

图 2-5-2 不同的位图

四、灰度模式

使用灰度模式保存图像,意味着一幅彩色图像中的所有色彩信息都会丢失,该图像将成为一个由介于黑色、白色之间的 256 级灰度颜色所组成的图像。与位图色彩模式相比,灰度色彩模式表现出来的图像层次效果更好。

在该模式中,图像中所有像素的亮度值变化范围都为 0~255。0 表示灰度最弱的颜色,即黑色;255 表示灰度最强的颜色,即白色。其他的值是指黑色渐变至白色的中间过渡的灰色。

灰度文件中,图像的色彩饱和度为零,亮度是唯一能够影响灰度图像的选项。

位图模式和彩色图像都可转化为灰度模式。为了彩色图像转换为高品质的灰度图像,Photoshop 放弃原图像中的所有颜色信息,转换后的像素的灰阶(色度)表示原像素的亮度。当从灰度模式向 RGB 转换时,像素的颜色值取决于其原来的灰色值。灰度图像也可转换为 CMYK 图像或 Lab 彩色图像。

五、Lab 颜色模式

Lab 颜色是 Photoshop 在不同颜色模式之间转换时使用的内部颜色模式。它由亮度或光亮分量 L 和两个颜色分量 a、b 组合而成,L 表示色彩的亮度值,它的取值范围为 0~100;a 表示由绿到红的颜色变化范围,b 表示由蓝到黄的颜色变化范围,它的取值范围为 -120~120。即 a 分量(从绿到红)和 b 分量(从蓝到黄)。

Lab 颜色模式可以表示的颜色最多,是目前所有颜色模式中色彩范围最广的颜色模式,可以产生明亮的颜色,并且其处理与 RGB 模式同样快,比 CMYK 模式快很多。因此,我们可以放心大胆地在图像编辑中使用 Lab 模式。在转换成 CMYK 模式时色彩没有丢失或被替换。最佳避免色彩损失的方法是:应用 Lab 模式编辑图像,在转换为 CMYK 模式时打印输出。

Lab 颜色模式的最大优点是与设备无关,无论使用什么设备(如显示器、打印机、扫描仪)创建或输出图像,这种颜色模式所产生的颜色都可以保持一致。

六、HSB 模式

该模式是利用颜色的三要素来表示颜色的,它与人眼观察颜色的方式最接近,是一种定义颜色的直观方式,其中,H 表示色相、S 表示饱和度、B 表示亮度,其色相沿着 0°到 360°的色环来进行变换,只有在色彩编辑时才可以看到这种色彩模式,其中色相(H):表示组成可见光谱的单色,在 0°到 360°的标准色轮上,按位置度量色相。例如红色在 0°,绿色在 120°,蓝色在 240°,一般色相由颜色名称标识,如红色、橙色或绿色。饱和度(S):表示色彩的鲜艳程度。它使用从 0%(灰色)至 100%(完全饱和)的百分比来度量。在最大饱和度时,每一色相具有最纯的色光。亮度(B):色彩的明暗程度,如果是白色则明度最高,如果是黑色则明度最低。

图像的色调通常是指图像的整体明暗度,例如,如果图像中亮部像素较多的话,则图像整体上看起来较为明快。反之,如果图像中暗部像素较多的话,则图像整体上看起来较为昏暗。对于颜色图像而言,图像具有多个色调。通过调整不同颜色通道的色调,可对图像进行细微的调整。

七、双色调模式

将图像模式转换为双色调模式后，会打开"双色调选项"对话框。如图2-5-3所示，在"类型"选项中，可选择色调类型，供选择的类型有：单色调、双色调、三色调、四色调。单击油墨色块，可打开"颜色库"对话框，进行"色库"和"颜色"的修改。

双色调模式是具有两种颜色的图像颜色模式，使用这种颜色模式保存图像的优点是，在印刷领域使用这种颜色模式进行印刷比常规的CMYK四色印刷成本有所降低。

要得到双色调模式的图像，应先将其他模式的图像转换为灰度模式，然后执行[图像]→[模式]→[双色调]命令，弹出如图2-5-3所示的对话框。对话框重要参数及选项含义如下：

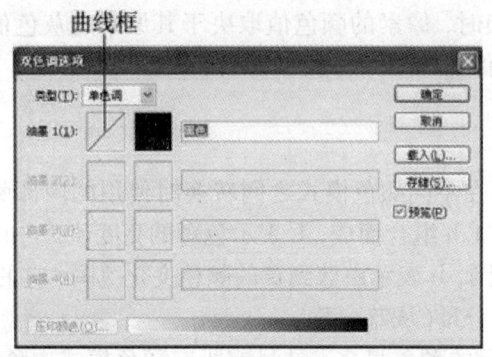

图2-5-3 "双色调"对话框

类型：在此下拉列表中选择色调类型，包括"单色调"、"双色调"、"三色调"和"四色调"。选择"单色调"选项，则只有"油墨1"被激活，此选项生成仅有一种颜色的图像。选择"双色调"选项，可激活"油墨1"和"油墨2"，此时，可以同时设置两种图像色彩，生成双色调图像，其他依次类推。

曲线框：单击油墨颜色框左侧的曲线框，在弹出的对话框中可以调整每种油墨颜色的双色调曲线。如图2-5-4所示的对话框。

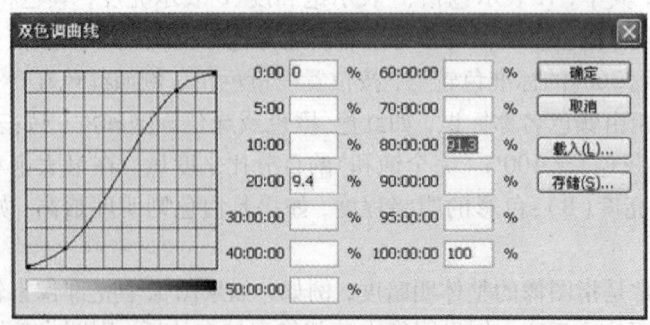

图2-5-4 "双色调曲线"对话框

颜色框：单击油墨的颜色框，在弹出的"拾色器"或"自定义颜色"对话框中可以选择用于构成双色调图像的油墨颜色。

要将其他模式的图像转换成双色调模式的图像，必须先转换成灰度模式。

下面通过一个小的示例，展示如何将其他模式的图像转换成双色调模式。

1. 打开一幅图像，如图2-5-5所示，执行[图像]→[模式]→[灰度]命令，在弹出的对话框中单击"确定"，从而将RGB模式的图像转换为灰度模式。

图2-5-5　素材图像

2. 执行[图像]→[模式]→[双色调]命令，弹出如图2-5-6所示设置参数后，单击"确定"，则此图像被转换为双色调图像。最终效果如图2-5-7所示。

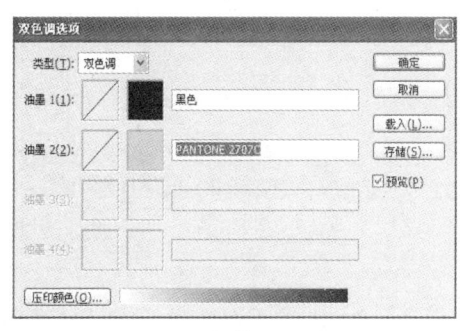

图2-5-6　"双色调选项"对话框　　　图2-5-7　双色调图像效果

八、索引颜色模式

与 RGB 和 CMYK 颜色模式图像不同,使用索引颜色模式保存的图像只能显示 256 种颜色。索引颜色模式的图像含有一个颜色表,如图 2-5-8 所示,颜色表中包含了图像中使用最多的 256 种颜色,如果原图像中的某种颜色没有出现在该表中,则 Photoshop 将选取现有颜色中最接近的一种,或使用现有颜色模拟该颜色。

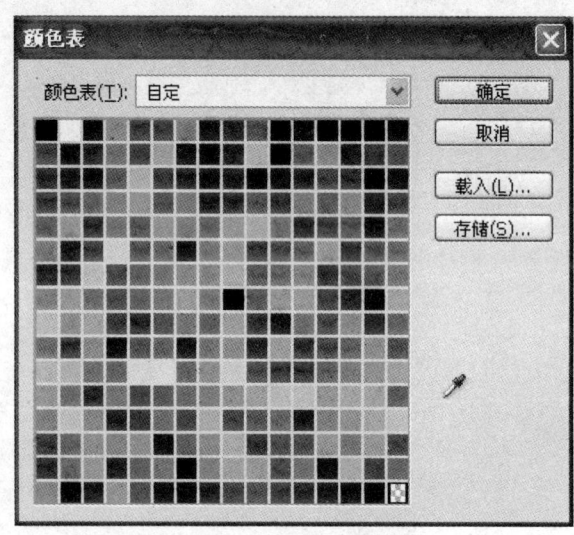

图 2-5-8 "颜色表"对话框

这种模式的图像大小比 RGB 颜色模式的图像小得多,通常仅有 RGB 颜色模式图像大小的 1/3,因此使用这种模式可以大大减少文件所占的磁盘空间。

思考与练习

一、选择题:

1. 关于矢量图和位图的说法,正确的是(   )。
A. 矢量图是由像素排列组合而成的
B. 位图放大后容易失真
C. 在计算机中只能加工位图
D. 矢量图适合用在照片和复杂图像上

2. Photoshop 图像的最小单位是(   )。
A. 像素   B. 位   C. 路径   D. 密度

3. Photoshop 可以将文件存储为下列哪些图像格式(   )。
A. PSD 格式   B. JPEG 格式   C. GIF 格式   D. PDF 格式

4. 图像分辨率的单位是(   )。

第二章　Photoshop 基础知识

A. dpi　　　　　　B. ppi　　　　　　C. lpi　　　　　　D. pixel

5. 下列属于图像颜色模式的有(　　)。
A. CMYK 模式　　B. RGB 模式　　C. Lab 模式　　D. 灰度模式

6. 对于色彩模式 CMKY,字母 C,M,Y,K 分别代表(　　)。
A. 青色,黄色,黑色和洋红　　　　B. 蓝色,洋红,黄色和白色
C. 青色,洋红,黄色和黑色　　　　D. 白色,洋红,黄色和黑色

7. 下列哪种色彩模式可直接转换为"位图"模式。(　　)
A. 双色调模式　　B. Lab 颜色　　C. CMYK 颜色　　D. RGB 颜色

二、填空题:

1. 数字化图像按照记录方式可以分为_____图像与_____图像。
2. Photoshop 默认的保存格式是_____。
3. 在 RGB 颜色面板中,R 是_____色,G 是_____色,B 是_____色。
4. 像素图的图像分辨率是指_____。
5. 当 RGB 模式转换为 CMYK 模式时,可以使用_____模式用来作为转换的中间过渡模式。

三、简答题:

1. 什么是矢量图像?它与位图图像的区别是什么?
2. 什么是图像分辨率?
3. 常见的色彩模式有哪些?RGB 颜色模式的概念是什么?
4. 在 Photoshop 中常见的图像文件格式有哪些?Photoshop 默认的图像文件格式是什么?

第三章 Photoshop基础操作

- ●学习目标：认识 Photoshop 工作环境，了解 Photoshop 基本功能和新增功能。
- ●学习重点：Photoshop 工作环境、Photoshop 功能与特点、Photoshop 新增功能。
- ●学习难点：熟悉 Photoshop 工作环境及界面。

第一节 Photoshop 工作环境及界面

Photoshop CS2 作为 Photoshop 系列软件中的流行版本，功能丰富实用，界面简洁，集成化程度高。它涉及图像合成、色彩校正、图层调板、通道使用、动作调板、路径工具、滤镜等图像处理功能。几乎在所有的广告、出版和图片处理公司，Photoshop 都是首选的平面图像处理工具。

Photoshop 必须先进行安装才能使用，安装了 Photoshop CS2 中文版后，系统会自动在 Windows 的程序菜单里建立两个图标[Adobe Photoshop CS2]和[Adobe ImageReady CS2]，安装后可以选择菜单命令开始→程序→Adobe Photoshop CS2，可启动 Photoshop CS2 程序并进入其主操作界面，如图 3－1－1 所示。其操作界面由标题栏、菜单栏、工具箱、图像窗口、各种面板等组成，与以前版本界面略有不同的，只是将状态栏显示在图像窗口上。

图 3－1－1 Photoshop CS2 主操作界面

一、标题栏

标题栏位于界面的最上端。标题栏最左侧显示的是软件图标和名称。当用户正在对某个文件进行操作时，还将显示该文件的文件名，该文件名紧跟在软件名称后面。最右侧为窗口控制按钮，分别用于实现对图像窗口进行最大化（或恢复）、最小化、关闭操作。

二、菜单栏

位于标题栏下方，提供了进行图像处理所需的菜单命令，共九个菜单，分别是文件、编辑、图像、图层、选择、滤镜、视图、窗口和帮助。

菜单栏中包含了所有的图像处理命令，用户可打开各菜单项选择所需的命令对图像文件进行处理。也可以按相应快捷键快速执行相应的命令。如[文件]→[打开]命令，可按"Ctrl + O"来实现。

三、工具箱

工具箱默认位置位于界面左侧，是 Photoshop 软件的重要组成部分，主要用于图像的设计和编辑，如图3-1-2所示，其中包括50多种工具。这50多种工具又分成了若干组排列在工具箱中，使用这些工具可对图像进行选择、绘制、取样、编辑、移动和查看等操作，将光标指向工具图标，略停顿将显示该工具的名称和快捷键。单击工具图标或按快捷键就可选择该工具。

工具箱中部分工具按钮右下角有小黑三角，表示该工具下还有其他隐藏工具，单击后按住该工具按钮，就可弹出其下隐藏的工具按钮列表。

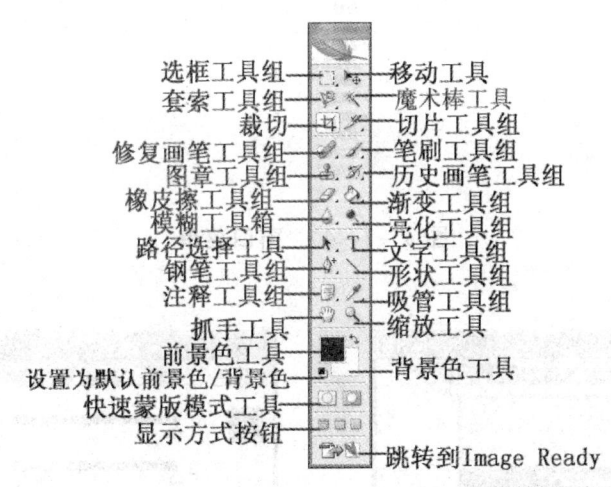

图3-1-2　Photoshop CS2 工具箱中各工具的名称

四、属性栏

属性栏又称工具选项栏，位于菜单栏下方，用来设置当前工具的各种属性，以产生不同的效果。如单击工具箱中的矩形选框工具按钮，即可在属性栏中显示矩形选框工具的各种属性设置，如图3-1-3所示。属性栏的选项是根据所选工具的不同而相应变化的。

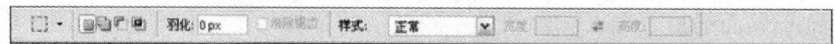

图3-1-3　矩形选框工具属性栏

五、控制面板

控制面板也称为面板，默认状态下，位于工作界面最右侧，是 Photoshop 工作界面中非常重要的一个组成部分，也是在进行图像处理时实现选择颜色、编辑图层、新建通道、编辑路径和撤销编辑操作的主要功能面板。面板最大的优点是需要时可以打开，以进行图像处理操作，不需要时可以将不用的控制面板予以隐藏，把空间留给图像。可以利用"窗口"菜单命令进行面板的显示和隐藏，如图3-1-4所示。在默认情况下，Photoshop CS2 的面板分为4组，每一组由2~3个面板组合在一起，如图3-1-5、图3-1-6、图3-1-7、图3-1-8所示分别是"导航器"面板、"颜色"面板、"图层"面板、"历史记录"面板。

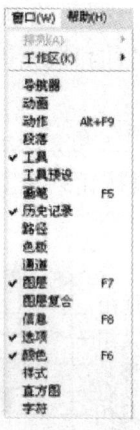

图3-1-4　窗口菜单

图3-1-5　"导航器"面板

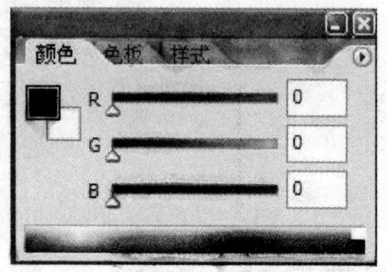

图3-1-6　"颜色"面板

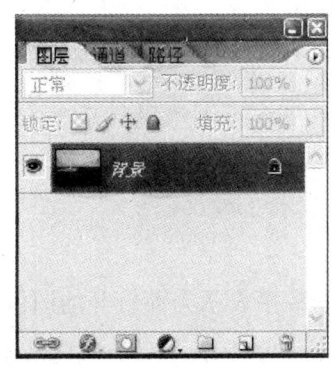
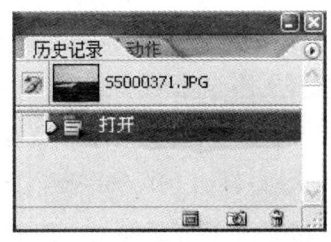

图3-1-7 "图层"面板　　　　图3-1-8 "历史记录"面板

在默认状态下,每一个面板组中的第一个面板为当前可操作面板,如"颜色控制面板组"中的当前打开面板为"颜色"控制面板。如果需要打开其他面板,只需单击相应的面板标签即可。如果需要关闭某组面板,最简便的方法是单击该面板组右侧的 ▨ 按钮,单击 ▨ 按钮可以收缩除面板标题栏及标签部分,单击 ▨ 按钮,便可还原面板的显示。

在实际操作中,可以根据需要只显示部分常用面板,但通过选择"窗口"菜单下的面板组命令,只能显示或隐藏某一个组面板,而不能对个别面板的显示进行控制,这时便可以将面板组中要使用的面板拆分出来单独使用,也可以将其合并到其他面板中。

拆分或合并面板只需将鼠标光标移动到需要拆分的面板选项卡上,单击鼠标并按住不放,拖动至工作界面的空白处或其他面板组的面板选项卡旁,然后释放鼠标即可。

六、状态栏

状态栏位于工作窗口的最底端,用来显示图像处理的各种信息。如图3-1-9所示。

图3-1-9 状态栏

(一)图像显示比例

用于控制图像的显示比例,输入适当的数值后按"Enter"键,可以改变图像窗口的显示比例。

(二)图像文件信息

该部分有一个右三角形,可打开如图3-1-10所示的菜单,从中选择显示文件的不同信息。

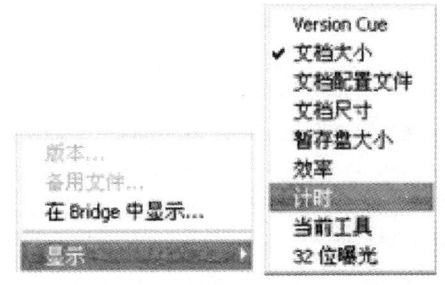

图3-1-10 状态栏选择文件信息菜单

1. 文档大小:图像文件大小。例如 9.00M/9.00M,在数字栏中"/"左面的数字表示的是文件发往打印机的大小,它不包含层的信息;右边的数字表示的是包含所有层和通道信息的文件大小。如果右侧的数字显示为"0",说明当前的文件是一个新建的空层文件,文件中没有任何像素信息。

2. 文档配置文件:选择此方式,在状态栏中将显示文档的概况。

3. 文档尺寸:显示文件的高度和宽度。

4. 暂存盘大小:例如 101.6M/964.2M,"/"左面的数字表示当前打开的图像文件占用的内存,包含背景层、通道及剪贴板占用的内存。"/"右面的数字表示当前计算机能供给 Photoshop 使用的内存总量。当左面的数字大于右面的数字时,说明现有内存已经不够,需要用虚拟内存,此时软件处理图像的速度要变慢。

5. 效率:表示 Photoshop 使用内存的效率,以百分数形式显示,如果低于 60%,表明硬件设备可能无法满足 Photoshop 工作的需要。

6. 计时:表示执行上次操作所需时间。

7. 当前工具:显示当前正使用的工具名称。

七、图像窗口

图像窗口显示图像文件,是编辑与处理图像的主要操作区域。上方标题栏显示图像文件名、图像格式、显示比例、色彩模式和控制按钮,如图 3-1-11 所示。

图 3-1-11 图像窗口

八、Photoshop 工作界面

窗口界面中大片灰色区域称为 Photoshop 工作界面,工具箱、面板和图像窗口等都处于 Photoshop 工作界面内。

第二节　Photoshop 的环境优化设置

在使用 Photoshop 前需要进行一些优化设置，通过优化可以使用户在操作时更为方便和快捷。下面主要介绍 Photoshop CS2 的几个常用优化设置。

一、自定义工作界面

自定义工作界面是为了减少 Photoshop 默认工作界面中不需要的部分，如在进行图像轮廓绘制或处理时，往往只需要使用工具箱和"历史记录"面板，这时可以隐藏界面不需要的部分，以获得更大的屏幕显示空间，但如果每次都需要手动设置则相对比较麻烦，因此可以在调整好工作界面后执行[窗口]→[工作区]→[存储工作区]命令进行存储，如图 3-2-1 所示，待下次使用时只需切换到自定义的工作界面状态下即可。

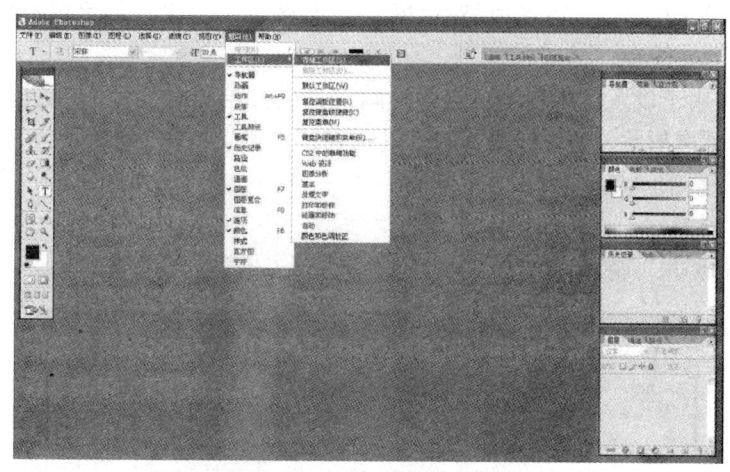

图 3-2-1　存储工作区

二、设置首选项

首选项设置是 Photoshop 的[编辑]→[首选项]子菜单下各个命令的选项设置，包括设置常规选项、文件处理、显示与光标、透明度与色域、单位和标尺等，下面主要介绍几个常用的首选项的设置。

（一）常规设置

打开"首选项"对话框，选择"常规"命令。在"历史记录状态"文本框可以输入"历史记录"面板中记录历史操作的最大条数选，一般系统默认保留最近 20 条记录，如图 3-2-2 所示。其中"选项栏"中各主要复选框的介绍如下：

1. 输出剪切板：表示可以使用剪切板来暂存需粘贴的图像，以便交换文件。该复选框一般都要选中。

2. 显示工具提示：表示将鼠标光标移至各工具图标上时是否显示工具名称等提示，一般要选中该选项。

3. 存储跳板位置：表示在退出 Photoshop 时是否保存退出前面板的位置等状态。

（二）显示与光标设置

选择"显示与光标"命令，如图 3-2-3 所示。其中"通道用原色显示"复选框用于设置是否显示通道的颜色，若选中该复选框，通道中的图像以原色显示，若不选中则显示为灰色。

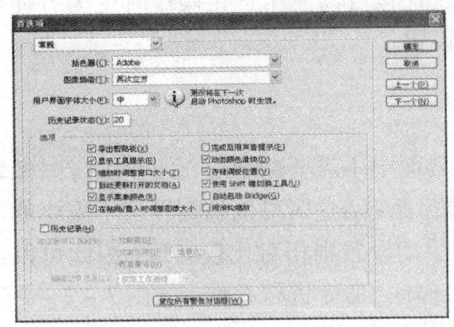 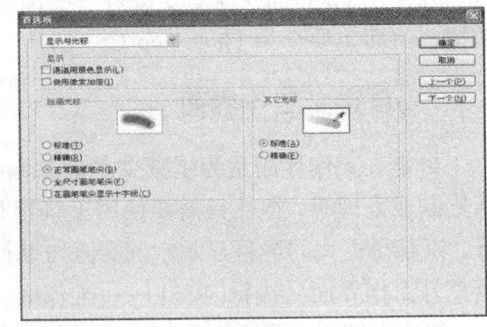

图 3-2-2　"首选项"对话框　　　图 3-2-3　显示和光标

绘画光标栏：用于设置使用画笔工具等绘画工具进行绘画时光标的形状。其中，"标准"光标表示默认的标准形状，即绘画工具的工具图表；"精确"光标表示十字状的精确定位形状；"画笔大小"表示笔刷形状。

（三）单位和标尺

选择"单位和标尺"命令，如图 3-2-4 所示。其主要参数介绍如下：

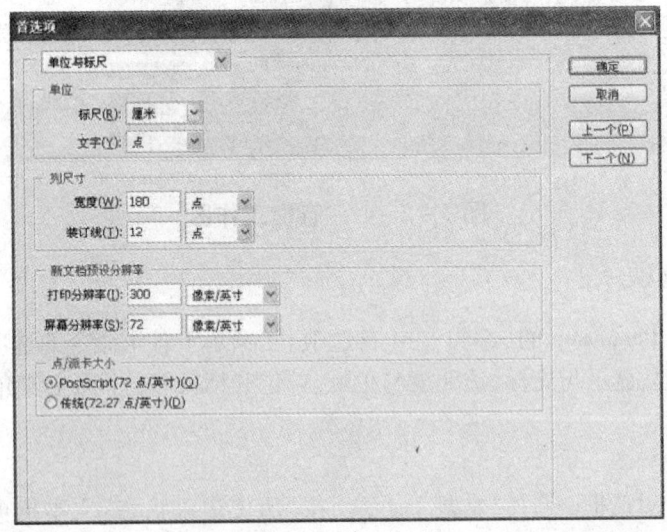

图 3-2-4　单位和标尺

单位：用于设置标尺和文字的单位。

列尺寸：用于设置列尺寸的大小和单位。

新文档预设分辨率：用于设置新建文档时"新建"对话框中的文档默认的分辨率大小。

· 28 ·

第三章 Photoshop 基础操作

第三节 Photoshop 的功能与特点

Adobe 公司出品的 Photoshop 系列软件是目前最常用也最有效的图像处理工具。Photoshop 具有广泛的兼容性，采用开放式结构，能够外挂其他的处理软件和图像输入输出设备；支持多种图像格式以及多种色彩模式，并且提供了强大的选取图像范围的功能；被誉为目前最强大的图像处理软件之一，具有十分强大的图像处理功能。

一、Photoshop 的功能

Photoshop 主要处理像素（Pixels）所构成的数字图像，利用编修与绘图工具，可以更有效地进行图片编辑工作。独特的历史记录浮动面板和可编辑的图层效果功能使用户可以方便地测试效果。对各种滤镜的支持使用户能够轻松创造出各种奇幻的效果。目前，Photoshop 正在被更多地用于处理网络图片。Photoshop 的几个后续版本中捆绑了一个独立的软件 ImageReady，加强了 Photoshop 对网络图像的支持功能。而在 CS3 中 ImageReady 被 Fireworks 所代替。Photoshop CS3 允许用户更容易升级到最新的硬件平台，支持苹果的 Intel 为核心的系统。2010 年 4 月 12 日发布的 Photoshop CS5 版将本地支持 64 位技术。如图 3－3－1 Adobe Photoshop CS2 运行于 Windows XP 系统中。

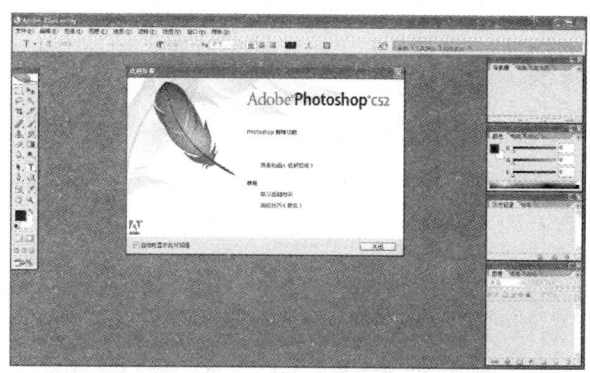

图 3－3－1 Adobe Photoshop CS2 运行于 Windows XP 系统中

二、Photoshop 的特点

Photoshop 具有风格独特、功能完善、兼容性强、高效、灵活等主要特点。具体介绍如下：

1. 操作界面良好、风格独特：界面风格很统一，典型的 Windows 应用呈窗口界面，用户容易上手；在工作环境的设置上也有相应的特点，设有浮动的控制面板；用户也可根据需要定制和优化其工作环境。

2. 设有专业的图像处理技术和多种辅助设计手段：功能完善，且具有独特而专业的图形处理技术，实用的工具和高效的设计处理手段。

3. 兼容性强：Photoshop 可兼容多种外围设备，如键盘鼠标扫描仪、数码相机、视频摄像机、各种打印机和图像照相机；对于不同软件生成的图像文件具有很强兼容性，可处理多种格式图形图像文件;设计和处理WEB图像及GIF动画;在色彩的位深处理上也可适应不同要求;兼容第三方开发的特效滤镜操作及插件等。

4. 编辑、撤销、重做与无间断工作流:在Photoshop中可借助于特殊的历史记录面板快速跳回到以前的任何一个编辑处理动作;提供了设计WEB图形的内置优化功能,使工作流不出现任何间断。

5. 帮助快捷、技术资料翔实:提供多种简便而快速的获取帮助的方法和手段,使用户快速熟悉Photoshop的常用概念和基本操作方法,进一步深入学习Photoshop的多种特殊处理技术与技巧;还可利用联机帮助方式,通过Internet及时获取Photoshop的最新技术资料。

6. 完整的动态与静态数据交换功能:支持在多种应用程序间或在内部多个文件间进行数据的传递与交换。

第四节　Photoshop 的新增功能

Photoshop CS2是对数字图形编辑和创作专业工具的一次重要更新,除了拥有Photoshop CS的所有功能外,还带来很多的新功能:更多的创作性选项,更方便地按照用户使用习惯定制Photoshop,增加了更多可以节省工作效率的文件处理功能。

一、新增的变化转换工具

Photoshop CS2在[编辑]→[变换]菜单中新增了一个变形的转换类型。使用新增的变形命令可以转换图层到多种预设形状,或者可以使用自定义选项拖拉图像,效果如图3-4-1所示。

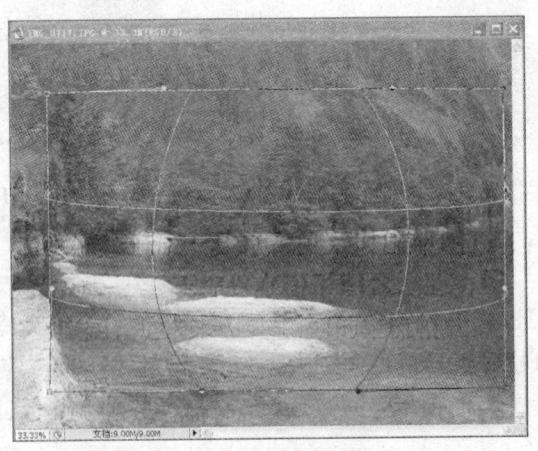

图3-4-1　变形转换工具

二、污点修复画笔

污点修复画笔工具不同于以前的修补工具,在使用之前它不需要选区或者定义源点。我们可以为修复选择混合模式,并能在近似匹配和创建纹理两者中选择。还可以选择所有允许使用污点修复工具的图层,在一个新图层中进行无损编辑。处理前后的效果对比如图 3-4-2 所示。

图 3-4-2　污点修复画笔工具的使用

三、智能对象

Photoshop CS2 引入了一个称之为智能对象图层的新型图层。使用智能对象,可以对单个对象进行多重复制,当复制的对象其中之一被编辑时,所有的复制对象都能够相应更新,并且使用者仍然可以将图层样式和调整图层应用到单个的智能对象,而不影响其他复制的对象,这就极大地提高了工作的便利性。

四、灭点工具

Photoshop CS2 中新的灭点工具可在"滤镜"菜单下使用到。该工具能在处理的图像中自动按透视进行调整。在一些情况下,灭点工具可以快速地完成将图中的对象移除的操作,处理前后的效果对比如图 3-4-3 所示。

图 3-4-3　使用灭点工具移除灯笼

五、智能锐化滤镜

Photoshop CS2 带来了称之为智能锐化滤镜的新的高级锐化滤镜。相较于标准的 USM 锐化滤镜,智能锐化的开发目的适用于改善边缘细节、阴影及高光锐化。在阴影和高光区域,它对锐化提供了良好的控制,使用者可以从三个不同类型的模糊中选择移除——高斯模糊、运动模糊和镜头模糊。处理前后的效果对比如图 3-4-4 所示。非常符合"近实远

"虚"的规律。

图 3-4-4　使用智能锐化前后的效果对比

六、使用 Adobe Bridge 更快处理图片

Photoshop 的文件浏览器已经被完全重新改造，并命名为 Adobe Bridge。Adobe Bridge 是一个能够单独运行的完全独立的应用程序，可以通过 Windows 的"开始"菜单启动，也可以通过[文件]→[浏览]命令启动。如图 3-4-5 所示。

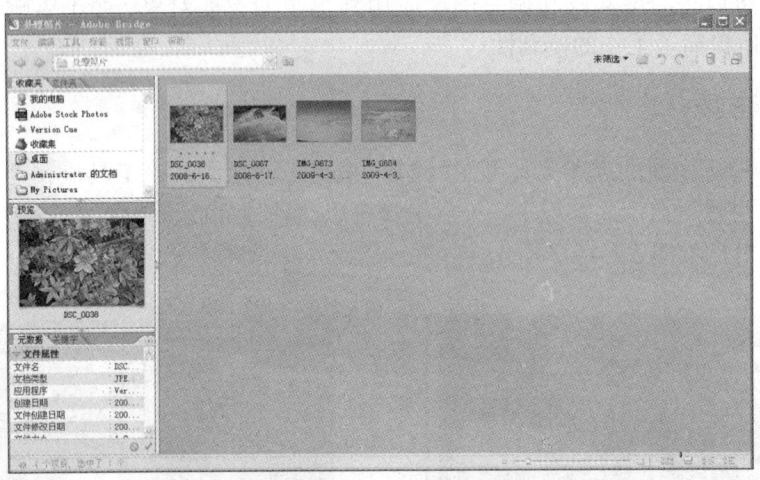

图 3-4-5　Adobe Bridge 文件浏览器

七、红眼工具

红眼工具也是从 Photoshop Elements 3 中带入到 Photoshop CS2 的工具。多数时候无须改变默认的设置，它即能对图像各种红眼有很好的消除作用。现在只需两次单击即可从多数照片中消除红眼。处理前后的效果对比如图 3-4-6 所示。

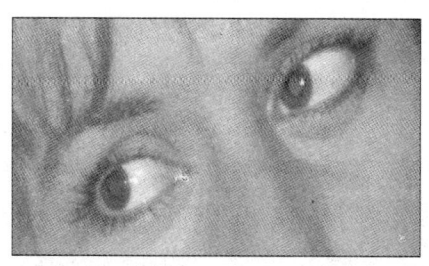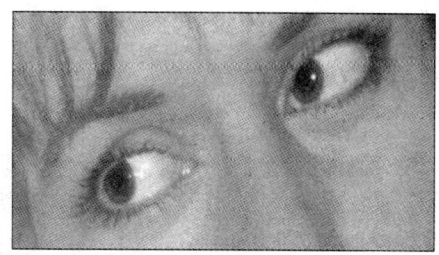

图 3-4-6　消除红眼效果对比

八、镜头校正工具

该工具可以校正许多普通照相机镜头变形失真的缺陷，例如桶状畸变或枕行畸变、色差、晕影、透视缺陷等。通过［滤镜］→［扭曲］→［滤镜校正］命令，可以打开该功能，如图 3-4-7 所示。

图 3-4-7　使用镜头校正工具进行校正

九、字体浏览

Photoshop CS2 现在提供了所见即所得的字体菜单，在字体名称旁边会显示该字体的外观样式浏览，如图 3-4-8 所示。

十、定制 Photoshop CS2 菜单

Photoshop CS2 增加了更多的定制选项，它具有除了定制键盘快捷键外其他自定义菜单的功能，如图 3-4-9 所示。

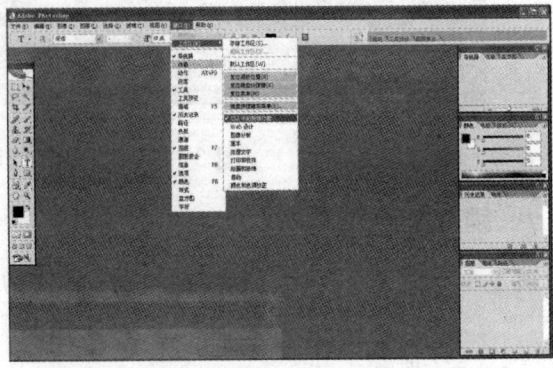

图 3-4-8　字体预览效果　　　图 3-4-9　自定义 Photoshop 菜单

思考与练习

1. 简要阐述 Photoshop CS2 工作环境及界面。
2. Photoshop CS2 的环境优化设置有哪些？
3. Photoshop CS2 的功能与特点有哪些？
4. Photoshop CS2 新增功能有哪些？

第四章　Photoshop 图像文件操作基础

- ●**学习目标**：学习图像文件基本操作知识，了解辅助工具的应用、图像显示的控制，掌握变换图像的方法。
- ●**学习重点**：文件和图像的基本操作、辅助工具的应用、图像显示的控制。
- ●**学习难点**：熟练图像的基本操作，灵活运用辅助工具。

第一节　文件的基本操作

一、新建图像文件

在启动 Photoshop 后，如果需要建立一个新的图像文件进行编辑，则需要首先新建一个图像文件，操作步骤如下：

选择[文件]→[新建]命令，或按"Ctrl + N"键，即可弹出"新建"对话框，如图 4 -1 -1 所示。

图 4 -1 -1　"新建"对话框

名称:在此可输入新文件的名称。若不输入,Photoshop默认的新建文件名为"未标题-1",如连续新建多个,则文件按顺序默认为"未标题-2""未标题-3",依次类推。

预设:该选择框中可选择系统默认的文件尺寸。如需自行设置文件尺寸,可在"宽度"和"高度"选项中分别设置图像的宽度和高度值。但在设置前需要确定文件尺寸的单位,即在其后面的下拉列表中选择需要的单位,包括像素、英寸、厘米、毫米、点等。

分辨率:可设置图像的分辨率,也可在其后面的下拉列表中选择分辨率的单位,其单位有"像素/英寸"与"像素/厘米"。通常使用的单位为"像素/英寸"。一般用于显示的图像,其分辨率设置为72或96"像素/英寸"。

颜色模式:可选择图像的色彩模式,同时可在该列表框后面设置色彩模式的位数,有1位、8位与16位。

背景内容:右侧的下拉列表框中可设置新图像的背景颜色,其中有"白色"、"背景色"与"透明"三种方式。如果选择"白色"选项,将创建白色背景的文件;选择"背景色"选项,将创建与当前工具箱中背景颜色框中的颜色相同;选择"透明"选项,将创建一个背景为透明效果的文件。

高级:可设置颜色配置文件和像素的长宽比例。

设置好参数后,单击"确定",即可新建一个空白图像文件。如图4-1-2所示。

图4-1-2　新建空白图像文件

二、打开图像文件

在Photoshop中打开图像文件,操作步骤如下:

选择[文件]→[打开]命令或按"Ctrl+O"组合键,弹出如图4-1-3所示的"打开"对话框。

选择要打开的文件,该文件的名称就会出现在"文件名"文本框中。

在"文件类型"下拉列表中选择打开文件的类型,默认情况下是"所有格式"。

单击"打开"按钮,即可打开该文件,如图4-1-4所示。如需一次打开多个图像文件,

第四章　Photoshop 图像文件操作基础

可配合"Ctrl"键或"Shift"键。

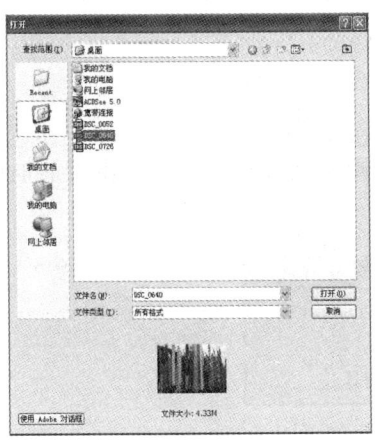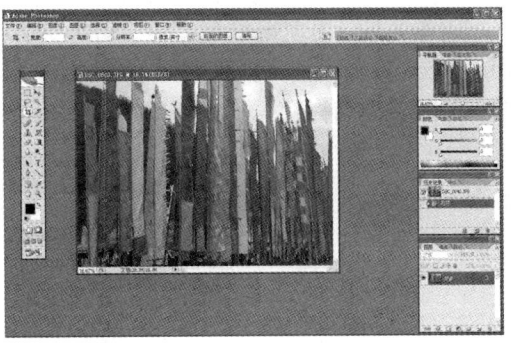

图 4-1-3　"打开"对话框　　　图 4-1-4　打开文件

三、保存图像文件

在编辑完图像文件后，需要将文件保存，操作步骤如下：

选择[文件]→[存储命令]或按"Ctrl + S"组合键，弹出如图 4-1-5 所示的"存储为"对话框。

在"保存在"下拉列表中选择该文件的保存位置。

在"文件名"下拉列表中输入该文件的名称"熊猫家园"。

在"格式"下拉列表中设置好该文件的存储格式，单击"保存"按钮即可。

此时打开相应的文件夹，可以看到刚才保存的文件，如图 4-1-6 所示。

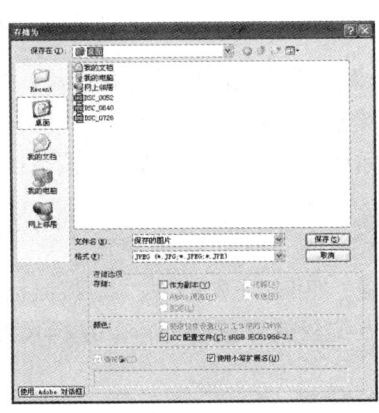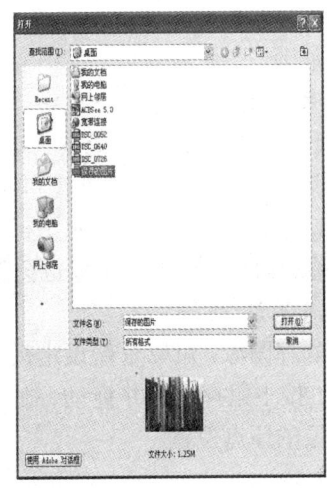

图 4-1-5　"存储为"对话框　　　图 4-1-6　保存的文件

如保存的文件为第一次存储，则执行"存储"命令后，就会打开如图 4-1-5 所示的"存储为"对话框。如已保存过的图像，重新编辑后执行[文件]→[存储]命令，将不再打开"存储为"对话框，而是直接覆盖原文件进行保存。

四、关闭图像文件

关闭图像文件，单击窗口右上角"关闭"按钮，或执行[文件]→[关闭]命令，或使用快捷键"Ctrl + W"。若关闭的文件进行了修改而没有保存，则系统会打开一个提示对话框询问用户是否在关闭文件前保存。如图4－1－7所示。

图4－1－7　"关闭提示"对话框

第二节　图像标尺与参考线

在使用Photoshop处理图像时，常需要使用标尺、参考线、网格线等辅助工具，以便于准确定位图形和文字的位置。

一、标尺的使用

标尺用来显示鼠标当前所在位置的坐标和图像尺寸。使用标尺可以更准确地对齐图像对象和选定的范围。

（一）标尺的显示

执行[视图]→[标尺]命令或按"Ctrl + R"组合键，即可以显示或隐藏标尺，如图4－2－1所示。默认设置下，标尺的原点在窗口左上角，其坐标为(0,0)。

当在窗口中移动鼠标时，在水平标尺和垂直标尺上会出现一条虚线，该虚线标出当前位置的坐标，移动鼠标，该虚线位置也会随之移动。

（二）标尺的设置

为方便处理图像，可以重新设定标尺原点位置，如图4－2－2所示，将鼠标指向标尺左上角方格内，按下鼠标左键并拖动，在要设定原点位置放开鼠标即可。在标尺左上角双击，即可还原标尺的原点位置。

第四章　Photoshop 图像文件操作基础

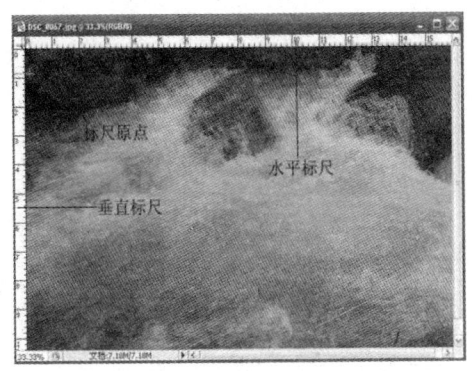

图 4-2-1　显示标尺

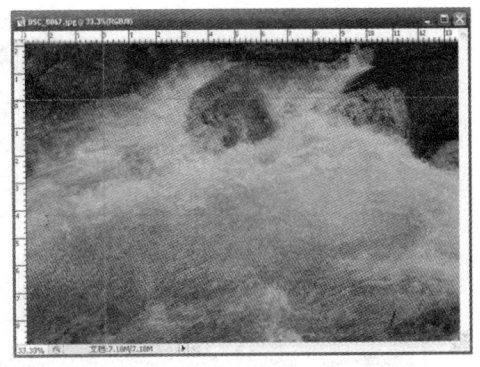

图 4-2-2　重新设定标尺坐标原点

在处理图像时，有时需要更改标尺的设置，方法如下：

单击[编辑]→[首选项]→[单位与标尺]命令，弹出如图 4-2-3 所示对话框，根据实际需要在对话框中设置标尺的单位等选项。

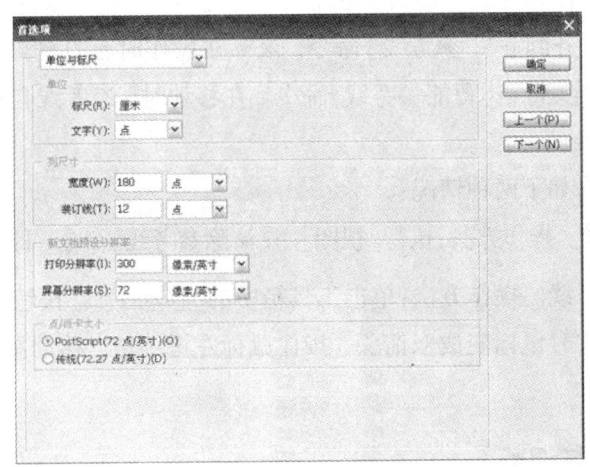

图 4-2-3　更改标尺设置

二、参考线的使用

参考线是用于对齐目标，其优点是可以任意设定其位置。可以对参考线进行移动、删除、锁定等操作。

（一）参考线创建方法

1.直接将鼠标移到标尺上，按住左键不放，拖动鼠标到需要放置参考线的地方，松开鼠标即可。如图 4-2-4 所示。其中单击水平标尺并向下拖动可创建水平参考线，单击垂直标尺并向右拖动可创建垂直参考线，且参考线可根据需要创建多条。

2.执行[视图]→[显示]→[新建参考线]命令，弹出如图 4-2-5 所示对话框。

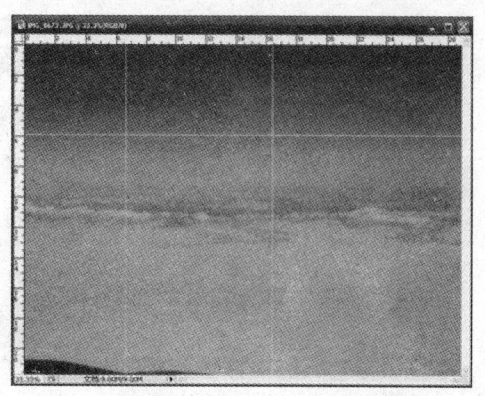
图4-2-4　使用标尺和参考线
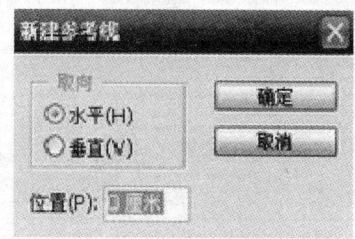
图4-2-5　新建参考线

（二）参考线的移动

移动参考线的方法比较简单，单击工具箱中的"移动工具"按钮，或按"Ctrl"键将鼠标移到参考线上，此时鼠标变成双箭头，按住鼠标左键不放，移动鼠标即可。

执行[视图]→[对齐到]→[参考线]命令，鼠标在操作时会自动贴近参考线，使绘制更精确；执行[视图]→[显示]→[智能参考线]命令，在移动时，参考线自动对齐到图像。

（三）参考线的删除

参考线的删除分为如下两种情况：

1. 删除所有参考线。操作方法：执行[视图]→[清除参考线]命令，即可删除所有参考线。

2. 删除某一条参考线。操作方法：单击工具箱中的"移动工具"按钮，或按"Ctrl"键将鼠标移到参考线上，此时鼠标变成双箭头，按住鼠标左键不放，移动鼠标到标尺外，再松开鼠标即可。

三、网格的显示与调整

网格的主要作用是对齐参考线，以便在操作中对齐图像对象。显示网格后，就可以沿着网格线的位置进行对象的选取、移动和对齐等操作。

（一）网格的显示

执行[视图]→[显示]→[网格]命令，可以显示或隐藏网格。如图4-2-6所示。

（二）网格的设置

执行[编辑]→[首选项]→[参考线、网格和切片]命令，如图4-2-7所示，在对话框里可以对网格进行调整和设置。可以设置颜色、样式等选项。执行[视图]→[对齐到]→[网格]命令，移动图像或选取范围时会自动贴齐网格。

第四章　Photoshop 图像文件操作基础

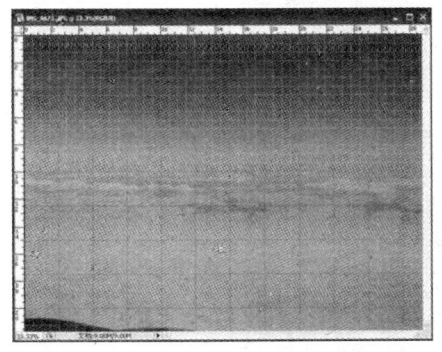

图 4-2-6　显示网格

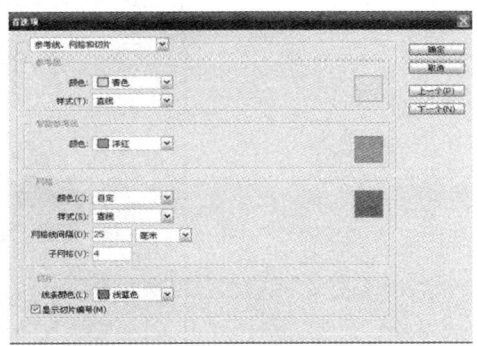

图 4-2-7　网格的设置

第三节　图像控制与显示

图像显示控制操作是在图像处理中使用较多的一种操作,其主要包括:图像的缩放,查看图像不同部分,设置屏幕显示模式。

一、图像缩放和平移

在 Photoshop 中可控制图像显示的方法有以下几种:

(一)使用缩放工具

单击工具箱中的缩放工具[🔍],在其属性栏中选择放大选项,单击图像可进行放大;若在选择放大选项后,按住"Alt"键在图像窗口中单击,则将图像缩小,此时光标显示为[🔍],继续单击会逐步缩小,如图 4-3-1 所示。

图 4-3-1　缩放工具属性栏

在进行缩放控制时,选定"缩放工具"后,再双击,则可将图像按实际像素显示,即显示比例为 100%;若在工具箱中的"抓手工具"上双击,则可将图像恢复成打开时的显示比例。

(二)使用"导航器"调板

执行[窗口]→[导航器]命令,显示导航器面板,如图 4-3-2 所示。在导航器面板左下角的文本框里可直接输入图像显示比例,也可用鼠标左键拖动导航器面板下方的缩放滑块改变图像显示比例。向左拖动滑块可进行图像的缩小,向右滑动是图像放大。

图4-3-2 "导航器"面板

(三)使用"视图"菜单

执行菜单栏中的"视图"命令,在下拉菜单中可以看到有关控制图像显示的命令。视图菜单中有五个与图像显示相关的命令,如下所示:

1. 放大:将图像放大显示。
2. 缩小:将图像缩小显示。
3. 按屏幕大小缩放:调整缩放级别和窗口大小,使图像正好填满可以使用的屏幕空间。
4. 实际像素:使图像以100%的比例显示。
5. 打印尺寸:使图像以实际打印尺寸显示。

二、切换屏幕显示模式

在工具箱中有三个用于切换屏幕模式的按钮,分别为"标准屏幕模式" 、"带有菜单栏的全屏模式" 和"全屏模式" 。单击三个按钮进行切换,可选择不同的显示模式。单击"F"键也可进行不同的显示模式切换。切换屏幕显示如图4-3-3、图4-3-4、图4-3-5所示。

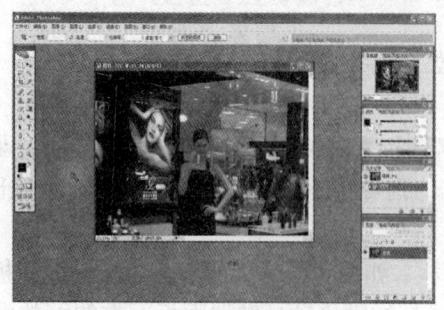

图4-3-3 标准屏幕模式

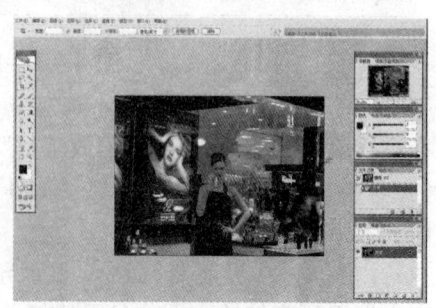

图4-3-4 带有菜单栏的全屏模式

图 4-3-5　全屏模式

第四节　改变图像尺寸

一、图像大小和分辨率的调整

导入图像以后，可能会需要调整其大小。在 Photoshop 中，可使用"图像大小"对话框来调整图像的像素大小、打印尺寸和分辨率，设置方法如下：

（一）执行［图像］→［图像大小］命令，打开如图 4-4-1 所示对话框。

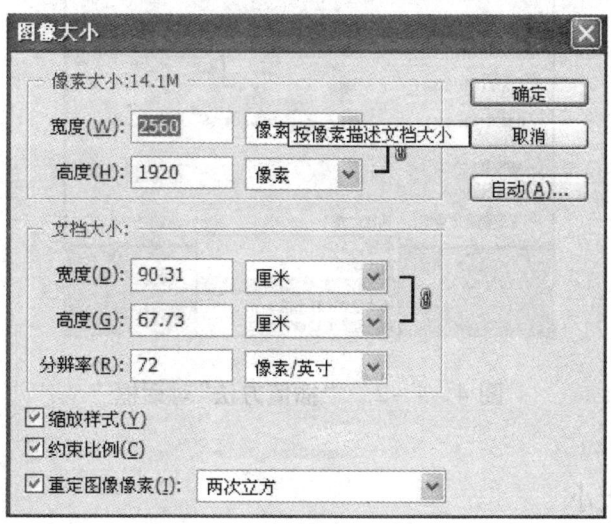

图 4-4-1　"图像大小"对话框

（二）在"图像大小"对话框中进行调整，更改图像尺寸或图像分辨率。

像素大小：图像的像素大小指的是位图图像在高度和宽度方向上的像素总量。"图像大小"选项下的"宽度"和"高度"是表示图像像素的数量,可以根据自己的需要进行更改。

文档大小:该选项下的"宽度"和"高度"用于设置图像的尺寸大小。打印尺寸和分辨率这两个度量单位称为文档大小,它们决定图像中的像素总量,从而也就决定了图像的文件大小;文档大小还决定图像置于其他应用程序内时的基本大小。在此可根据实际需要进行更改。

分辨率:在该输入框中可输入一个新值来更改图像分辨率的大小。新的度量单位可根据需要进行更改。

约束比例:选中该选项,更改图像尺寸时,可保持图像当前的宽高比例。如更改高度时,该选项将自动更新宽度。

重定图像像素:如果只更改打印尺寸或只更改分辨率,并且要按比例调整图像中的像素总量,则一定要选择该项,然后选取相应插值方法。关于"插值方法",如图4-4-2所示,有以下几种选择:

"邻近"方法速度快但精度低。

"两次线性"对于中等品质图像使用两次线性插值。

"两次立方"方法速度慢但精度高,可得到最平滑的色调层次。

放大图像时,建议使用"两次立方(较平滑)"。

缩小图像时,建议使用"两次立方(较锐利)"。

如果更改打印尺寸和分辨率而不更改图像中的像素总数,则取消选择"重定图像像素"。

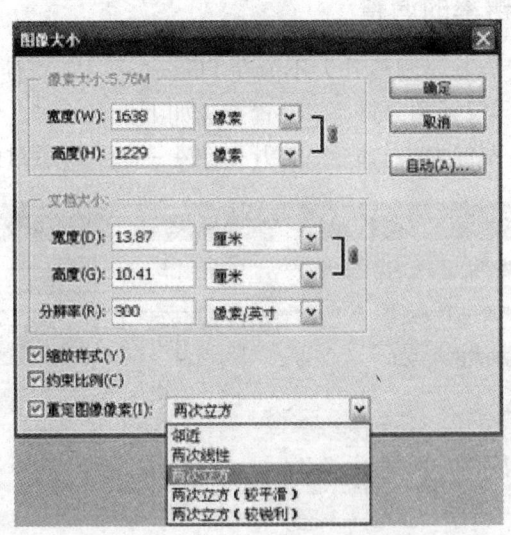

图4-4-2 "插值方法"对话框

二、改变画布大小

画布大小命令可用于添加或移去现有图像周围的工作区。该命令还可用于通过减小画布区域来裁切图像。操作步骤如下:

(一)执行[文件]→[打开]命令,打开一幅图像,如图4-4-3所示。

(二)执行[图像]→[画布大小]命令,打开如图4-4-4所示对话框。

第四章　Photoshop 图像文件操作基础

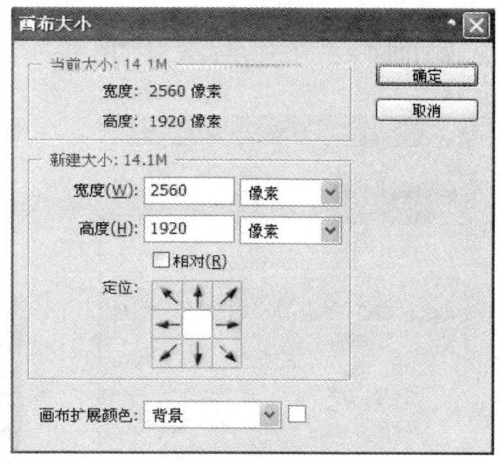

图 4-4-3　原　图　　　　　图 4-4-4　"画布大小"对话框

(三)在"画布大小"对话框中进行调整。

1. 当前大小："当前大小"选项用于显示当前图层尺寸。

2. 新建大小："新建大小"选项用于设置新的画布大小，也可在"宽度"和"高度"文本框中输入预设置的画布尺寸。从"宽度"和"高度"框旁边的下拉菜单选择所需的度量单位。

3. 相对：选项中选择，如果输入的数值小于原来的数值则可以剪切画布；不选该选项，如果输入的数值大于原来数值，可以扩展画布，扩展后的颜色可以在"画布扩展颜色"设置。

4. 定位：该选项可设置画布扩展或裁切的方向，根据需要单击相应的箭头即可，单击其中某一方块可实现图像在新画布上的位置。

5. 画布扩展颜色：该项有以下几个选项，如图 4-4-5 所示：

(1)"前景"：用当前的前景颜色填充新画布。

(2)"背景"：用当前的背景颜色填充新画布。

(3)"白色"、"黑色"或"灰色"：用指定颜色填充新画布。

(4)"其他"：使用拾色器选择新画布颜色。

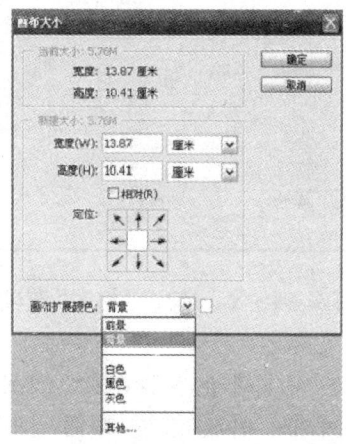

图 4-4-5　"画布扩展颜色"设置

（四）将图像右边缘和下边缘分别扩展 2 厘米，扩展颜色为黑色，设置"画布大小"对话框相关选项如图 4-4-6 所示，效果如图 4-4-7 所示。

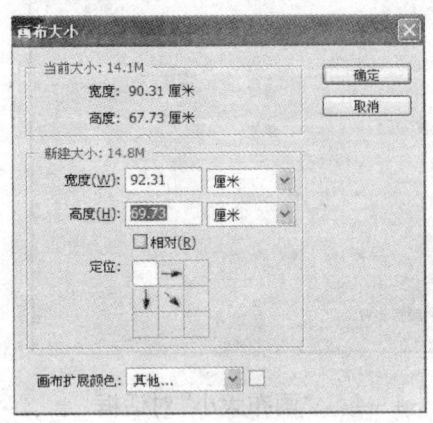

图 4-4-6　"画布大小"扩展设置　　　　图 4-4-7　扩展效果图像

（五）如在"画布大小"对话框中将相对选项勾选，参数设置如图 4-4-8 所示，也可以得到同样的扩展效果。

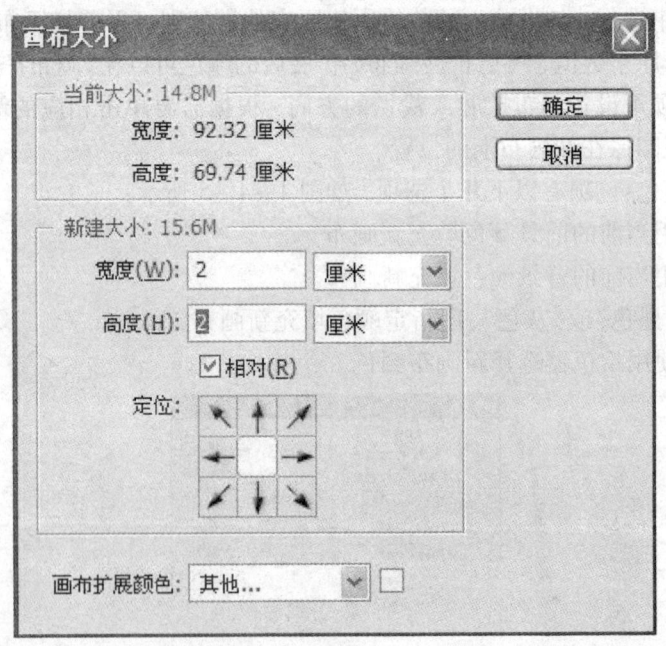

图 4-4-8　勾选"相对"选项

（六）如果重新设置"画布大小"对话框的参数设置，如图 4-4-9 所示，单击"确定"按钮，将弹出如图 4-4-10 所示对话框，单击"继续"按钮，图像将被剪切。

第四章　Photoshop 图像文件操作基础

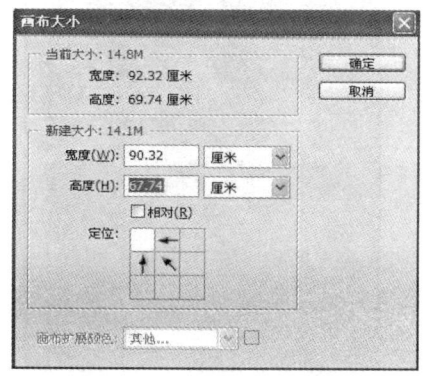

图 4-4-9　重置"画布大小"对话框　　　图 4-4-10　剪切画布

（七）剪切后图像如图 4-4-11 所示。

图 4-4-11　剪切后图像

三、使用裁切工具裁切图像

裁切工具主要是裁掉图像中不需要的部分，以形成突出或加强构图的效果。可以使用工具箱中的"裁剪工具"　或"裁剪"命令来裁切图像，如图 4-4-12 和图 4-4-13 所示。

（一）使用裁剪命令裁切图像

1. 创建一个选区，选取需要保留的图像部分。
2. 执行[图像]→[裁剪]命令。如未创建选区，则"裁剪"命令不可用。

· 47 ·

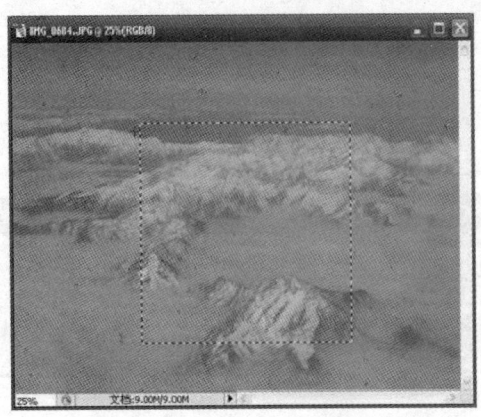 

图 4-4-12　裁切前　　　　　　　图 4-4-13　裁切后

（二）使用裁剪工具

1. 选择"裁剪工具" 。

2. 把光标放置在图像中要保留的部分上按住鼠标左键拖曳，就可以得到剪切框。选框不必十分精确，以后可以进一步调整。

3. 调整剪切框。

（1）剪切框之外的区域被蒙蔽，也就是要剪掉的区域。此时可以根据构图需要调整剪切框的大小，按住"Ctrl"键可以更加准确地调整剪切框的大小。如果要在改变选框大小的同时约束比例，拖动的同时需按住"Shift"键。

（2）如要旋转选框，将指针放在选框边界外（待指针变为弯曲的箭头）并拖移。

（3）若确定裁切区域，可以按"Enter"键；或单击选项栏中的"提交"按钮 ；或者在裁剪选框内双击。

（4）若取消裁切操作，可以按"Esc"键，或单击选项栏中的："取消"按钮 ；或可在待处理图像上右击鼠标，选择"取消"命令。如图 4-4-14、图 4-4-15、图 4-4-16 所示。

图 4-4-14　指定裁剪区域　　　　图 4-4-15　确定裁剪区域

第四章 Photoshop 图像文件操作基础

图 4-4-16 裁剪后效果

思考与练习

一、选择题：

1. 使用下面哪几个快捷键能够调用"新建"对话框？（   ）

   A. 按"Ctrl + N"键

   B. 按"Ctrl"键双击 Photoshop 的空白区域

   C. 按"Ctrl + Alt + Shift + N"键

   D. 按"Ctrl + N"键单击 Photoshop 的空白区域

2. 下列关于打开图像文件的正确操作包括：（   ）

   A. 按"Ctrl + O"键　　　　　　B. 将要打开的图像拖至 Photoshop 中

   C. 双击 Photoshop 的空白区域　　D. 按"Ctrl + N"键

3. 在 Photoshop 中允许一个图像的显示的最大比例范围是多少：（   ）

   A. 100%　　　　B. 200%　　　　C. 600%　　　　D. 1600%

4. 如何移动一条参考线：（   ）

   A. 选择移动工具拖动

   B. 无论当前使用何种工具，按住"Alt"键的同时单击鼠标

   C. 在工具箱中选择任何工具进行拖动

   D. 无论当前使用何种工具，按住"Shift"键的同时单击鼠标

5. 如何才能以 100% 的比例显示图像：（   ）

   A. 在图像上按住"Alt"键的同时单击鼠标

   B. 选择视图→满画布显示命令

   C. 双击[抓手工具]

   D. 双击[缩放工具]

二、填空题：

1. Photoshop 的工作界面包括 ＿＿＿＿＿、＿＿＿＿＿、＿＿＿＿＿、＿＿＿＿＿、＿＿＿＿＿、＿＿＿＿＿、＿＿＿＿＿ 和 ＿＿＿＿＿ 八个部分。

2. Photoshop 的工具箱中包括 ＿＿＿＿＿、＿＿＿＿＿、＿＿＿＿＿ 以及 ＿＿＿＿＿ 等几大类型。

3. Photoshop 为用户提供了四个常用的浮动面板，即 ＿＿＿＿＿、＿＿＿＿＿、＿＿＿＿＿ 和 ＿＿＿＿＿。

4. ＿＿＿＿＿ 位于窗口最底部，主要用于显示图像处理的各种信息。

5. 退出 Photoshop 时，可以选择"文件"菜单下的 ＿＿＿＿＿ 命令实现，还可以单击 Photoshop 界面右上角的 ＿＿＿＿＿ 按钮来实现。

6. Photoshop 主要有 ＿＿＿＿＿、＿＿＿＿＿ 和 ＿＿＿＿＿ 三种显示模式。

三、上机操作题

1. 新建一个尺寸为 800×600 像素，分辨率为 90 像素/英寸、其他属性随意的文件，并将其保存在"我的文档"中。

2. 结合第四章讲解知识，尝试使用裁切工具将图 1 尺寸为 1936×1296 的图像裁切为图 2 尺寸为 1682×660 的图像。

图 1　原图　　　　　　　　图 2　裁切后图像

3. 新建一个图像文件，设置该文件的名称为"图像设计 1"，画布的宽度为 600 毫米，高度为 400 毫米，背景浅蓝色，分辨率为 120 像素/英寸，颜色模式为 RGB 颜色和 8 位。以名称"600×400 毫米"保存预设。在该画布窗口内显示标尺和网格，标尺的单位设定为像素。

4. 将上面新建的图像文件画布的宽度更改为 800 像素，高度 600 像素，背景色为白色。

5. 打开一幅图像，改变图像显示比例的大小，并在三种显示模式之间切换。

6. 打开五幅图像，将这五幅图像的大小调整为一样，均为宽 600 像素，高 400 像素。

第五章　图像处理常用工具

● **学习目标**：学习图像处理常用工具对图像进行编辑。图像编辑也是 Photoshop 的基本操作，如图像变换命令可以随意对图像进行改变大小、扭曲或产生透视效果等，使图像得到不同的效果。

● **学习重点**：应用填充工具、应用选取工具、应用绘图工具、应用修饰工具、应用路径工具和应用文字工具。

● **学习难点**：熟练应用图像处理常用工具，绘制不同图像效果。

第一节　填充工具的应用

一、设置绘制颜色

在 Photoshop 中，主要通过设置前景色和背景色来绘画、填充和描边选区。我们可以使用 Photoshop 拾色器、吸管工具、颜色面板和色板面板来设置前景色和背景色的颜色。

前景色/背景色显示框在工具箱中，如图 5-1-1 所示。系统默认前景色、背景色分别为黑色和白色。

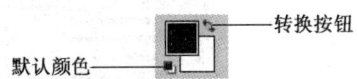

图 5-1-1

在工具箱中单击转换颜色按钮 ，可以转换前景色和背景色；单击默认颜色按钮 ，可以返回默认的前景色和背景色。

（一）Photoshop 拾色器

单击前/背景色色块，即可打开 Photoshop 拾色器，如图 5-1-2 所示。通过取样点从彩色域中选取颜色，或用数值定义颜色来设置前/背景色。颜色滑块右边的颜色矩形分别显示当前选取的颜色和前一次选取的颜色。

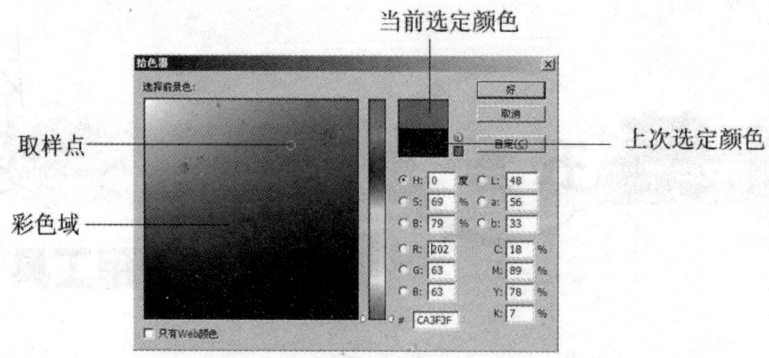

图 5-1-2

(二)吸管工具

使用吸管工具可以从图像中取样颜色,并可以制定为新的前景色或背景色。单击工具箱中的"吸管工具"按钮 ,其属性栏如图 5-1-3 所示。

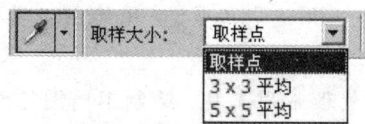

图 5-1-3

选择吸管工具,选择取样大小选项中的"取样点",在图像中想要的颜色上单击即可将该颜色设置为新的前景色;如果在单击颜色的时候,同时按住"Alt"键,则可以将选中的颜色设置为新的背景色。如果选择"3×3 平均"或"5×5 平均",则读取的颜色为单击区域内指定像素数的平均值。

(三)颜色面板

选择[窗口]→[颜色面板]命令,可打开颜色面板,如图 5-1-4 所示。

颜色面板左上角有前/背景色显示框,可以单击面板的前/背景色块设置颜色,也可以选择不同的颜色模式,使用面板中的滑块来设置前/背景色,如图 5-1-5 所示。

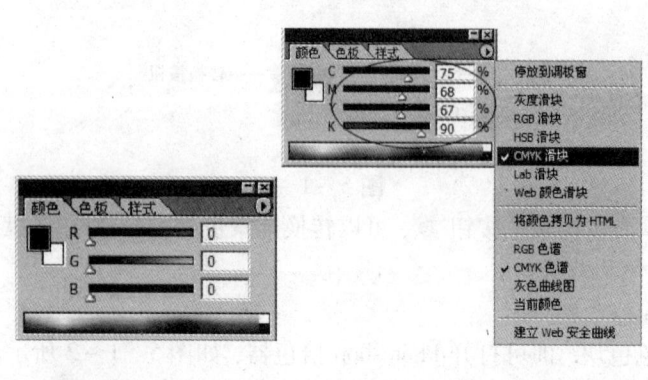

图 5-1-4　　　　　　　　图 5-1-5

（四）色板面板

选择［窗口］→［色板面板］命令，可打开色板面板，如图 5-1-6 所示。

使用色板面板，不仅可以设置前/背景色，而且可以创建自定色板集。

单击色板中的某一颜色即可将其设置为新的前景色；单击时按住"Alt"键，则可以将其颜色设置为新的背景色。

单击色板面板的新建按钮，可以将当前前景色添加到色板面板中；单击色板面板中的某一颜色，再单击删除按钮，可将该色删除。

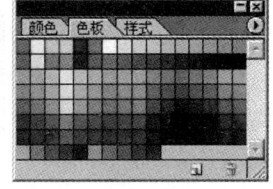

图 5-1-6

二、填充工具

（一）渐变工具

渐变工具可以给图像填充多种颜色之间的逐渐混合效果，应用非常广泛，常用来制作背景和立体物体等效果。单击工具箱中的"渐变工具"按钮，其属性栏如图 5-1-7 所示。

图 5-1-7

属性栏的选项介绍如下：

:单击三角形按钮，会弹出渐变效果列表，可在列表中选择渐变效果，如图 5-1-8 所示。如果需要更多的渐变效果，可单击列表菜单右侧三角形按钮，在列表菜单中选择需要添加的效果。

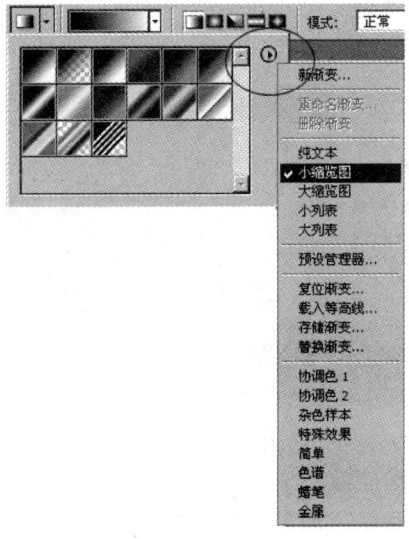

图 5-1-8

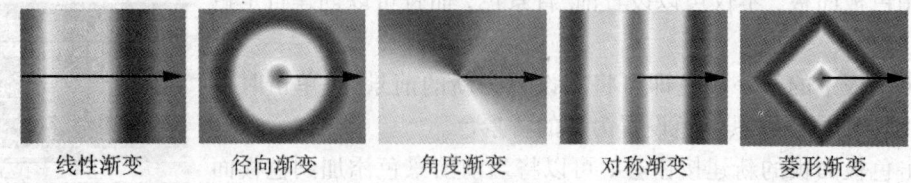:该项可以选择渐变的类型,包括线性渐变、径向渐变、角度渐变、对称渐变和菱形渐变五种,渐变填充效果如图5-1-9所示。图中箭头表示拖拽鼠标的位置和方向。

线性渐变　　径向渐变　　角度渐变　　对称渐变　　菱形渐变

图 5-1-9

反向:单击该选项,所得的渐变效果与所设置的渐变颜色相反。

仿色:单击该选项,可以使渐变效果过渡得更平滑。

透明区域:单击该选项,可启用编辑渐变时设置的透明效果,填充渐变时得到透明效果。

单击属性栏中的渐变条,会弹出"渐变编辑器"对话框,用户可以自己编辑渐变效果,如图5-1-10所示。

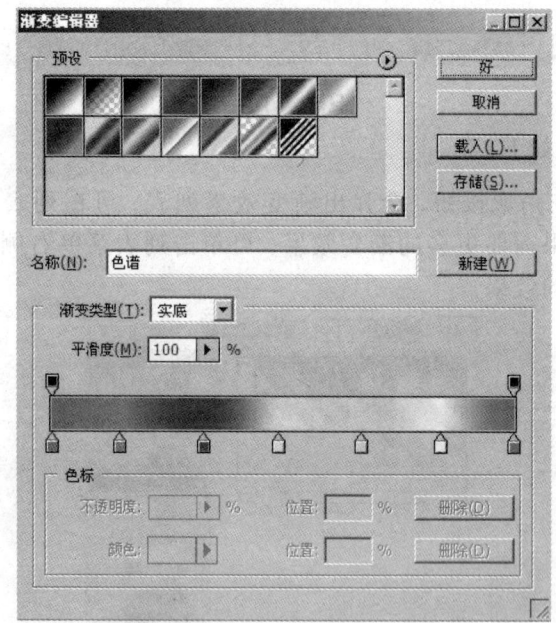

图 5-1-10

"渐变编辑器"对话框中的各项参数介绍如下:

预设:显示了系统提供的渐变效果。

渐变类型:该项包括实底和杂色两种。选择"实底"可以编辑均匀过渡的渐变效果;选择"杂色"可以编辑粗糙的渐变效果。

平滑度:该项可以调整渐变效果光滑细腻的程度。

渐变编辑条:该项用来编辑渐变效果。拖动渐变条上面的色标,可以更改渐变的不透明度,在渐变条上面单击可以添加不透明度;拖动渐变条下面的色标,可以更改实色渐变均匀

第五章 图像处理常用工具

过渡的程度,在渐变条下面单击可以添加实色;单击色标并拖出渐变条可以删除色标。

新建:渐变编辑完成后,输入名称,单击该按钮,可以将当前渐变效果添加到预设框中。

存储:该项可以将预设框中所有的渐变效果以指定的文件名保存至磁盘中。

载入:该项可以载入保存在磁盘中的更多的渐变效果。

(二)油漆桶工具

油漆桶工具可以快速给图像填充前景色或图案,单击工具箱中的"油漆桶工具"按钮,其属性栏如图 5 – 1 – 11 所示。

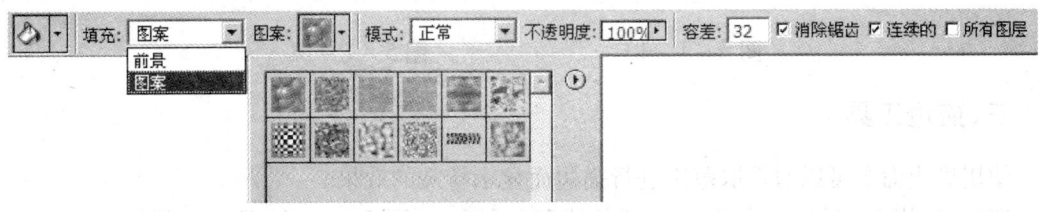

图 5 – 1 – 11

属性栏中"填充"包括前景和图案两种填充方式。选择"前景"填充时,填充的内容为当前的前景色颜色;选择"图案"填充时,可以在图案中选择所需的内容。做椭圆选区,填充图案后效果如图 5 – 1 – 12 所示。

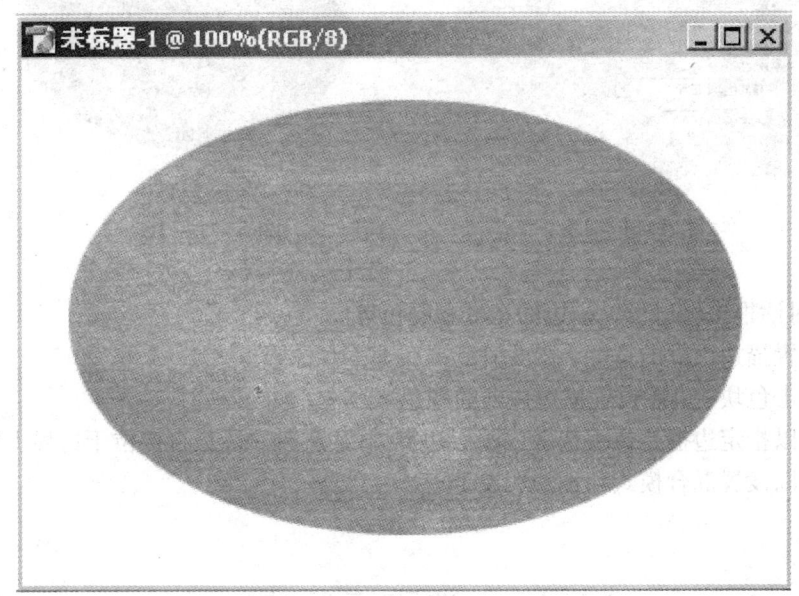

图 5 – 1 – 12

(三)填充命令

在编辑菜单,使用填充命令,可以给图像填充颜色、图案和快照等。

选择[编辑]→[填充]命令,弹出"填充"对话框,在"使用"选项可以选择要填充的内容,还可设置混合模式和不透明度,如图 5 – 1 – 13 所示。在图 5 – 1 – 12 中做矩形选区,填充效果如图 5 – 1 – 14 所示。

· 55 ·

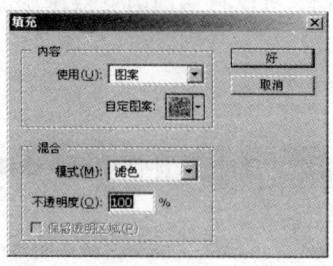 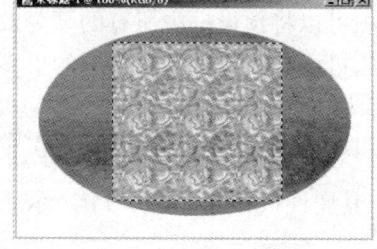

图 5-1-13　　　　　图 5-1-14

三、描边工具

使用描边命令可以对选取范围进行描边而显示特殊的效果。

选择[编辑]→[描边]命令,弹出"描边"对话框,如图 5-1-15 所示。描边后效果如图 5-1-16 所示。

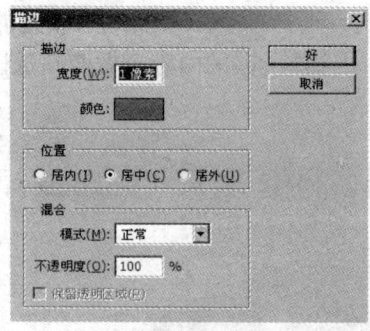 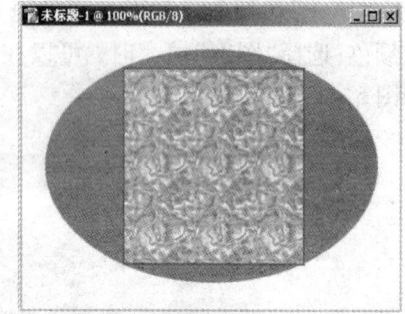

图 5-1-15　　　　　图 5-1-16

在描边对话框中可以设置描边的宽度和颜色等。

宽度:设置描边边框的宽度,宽度值范围在 1~16 像素。

颜色:单击色块,可以设置描边边框的颜色。

位置:可以指定边框是位于选区或图层边界内、边界外,还是直接位于边界上。

混合:可以设置混合模式和不透明度。

第二节　选取工具的应用

一、创建选区

(一)创建规则选区

规则选框工具包括矩形选框工具、椭圆选框工具、单行选框工具和单列选框工具四种,它们的使用方法基本相同。如图 5-2-1 所示为规则选框工具组。

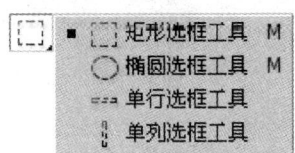

图 5-2-1

1. 矩形选框工具

使用矩形选框工具可以在图像中创建形状为矩形的选区。单击工具箱中的"矩形选框工具"按钮，在图像窗口单击并拖动鼠标即可创建矩形选区，其属性栏如图 5-2-2 所示。

图 5-2-2

属性栏的选项介绍如下：

：单击该按钮可创建一个新选区。

：单击该按钮可在图像中的原有选区基础上添加新的选区。

：单击该按钮可在图像中的原有选区基础上减去新的选区。

：单击该按钮可创建原有选区和新选区的相交部分。

：如图 5-2-3 所示，在该文本框中输入数值，可柔化选区边缘，产生渐变过渡的效果。其取值范围在 0~250 之间。数值越大，羽化效果越明显。

：选中该复选框可除去边缘的锯齿，使选区边缘更加平滑，该选项在使用矩形选框工具时为灰色，不可用。

：如图 5-2-4 所示，单击三角形按钮，下拉列表有三种样式，选择"正常"，在图像中单击并拖动鼠标可创建任意宽度和高度的选区；选择"固定长宽比"，输入宽度和高度比值，单击并拖动鼠标，可创建制定宽度和高度比例的选区；选择"固定大小"，输入宽度和高度值，直接单击即可创建制定大小精确的选区。

羽化值为0

羽化值为30

羽化值为80

图 5-2-3

图 5-2-4

2. 椭圆选框工具

使用椭圆选框工具，可在图像中创建形状为椭圆的选区。单击工具箱中的"椭圆选框工具"按钮，在图像中单击并拖曳鼠标即可创建椭圆选区，其属性栏如图5-2-5所示。

图 5-2-5

椭圆选框工具属性栏的各选项与矩形选框工具的基本相同。椭圆选区的宽度和高度分别为椭圆的长轴和短轴。消除锯齿如图5-2-6所示。

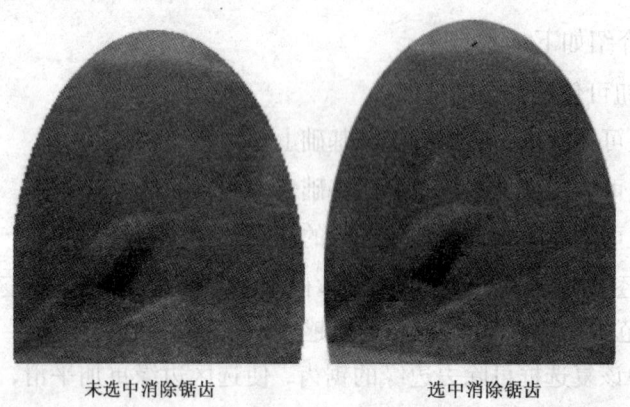

图 5-2-6

（1）在使用选框工具的同时按住"Shift"键，可以创建正方形或正圆形选区。
（2）在使用选框工具的同时按住"Alt"键，可以创建确定中心的矩形或椭圆形选区。
（3）使用选框工具，并同时按住"Shift"键和"Alt"键，可以创建确定中心的正方形或确定中心的正圆形选区。

3. 单行选框工具和单列选框工具

使用单行、单列选框工具可以在图像中创建一个像素宽的行或列的选区。单击工具箱中的"单行/单列选框工具"按钮，在窗口中直接单击，即可创建单行或单列选区，其属性栏如图5-2-7所示。

图 5-2-7

第五章　图像处理常用工具

（二）创建不规则选区

使用不规则选框工具可以在图像中创建任意曲边或多边形的选区。包括套索工具、多边形套索工具和磁性套索工具三种。如图 5-2-8 所示为不规则选框工具组。

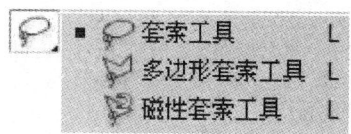

图 5-2-8

1. 套索工具

使用套索工具可以在图像中创建任意曲边的自由选区。单击工具箱中的"套索工具"按钮，其属性栏如图 5-2-9 所示。

图 5-2-9

套索工具属性栏的各选项与矩形选框工具基本相同。

选择套索工具，在图像中单击鼠标左键，并拖动鼠标可创建曲边的选区。如例题绘制图 5-2-10：

（1）创建曲边选区绘制草坪。
（2）设置前/背景色为(60,130,60)、(35,100,15)，绘制径向渐变效果。
（3）选择滤镜—杂色—添加杂色命令得到草坪效果，取消选区。
（4）创建曲边选区绘制水体。
（5）设置前/背景色为(56,78,170)、(255,255,255)，绘制蓝色到白色径向渐变，得到水体效果。

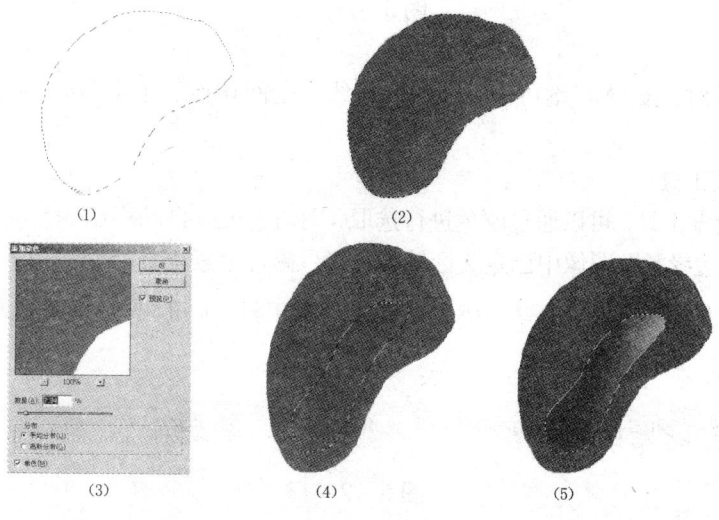

图 5-2-10

使用套索工具时，按住"Alt"键，可以创建直线段选区。单击"Delete"键，可以抹掉刚创建的线段。

2. 多边形套索工具

使用多边形套索工具，可以创建多边形选区，单击工具箱中的"多边形套索工具"按钮，其属性栏如图5－2－11所示。

图5－2－11

选择多边形套索工具，在图像中单击设置起点，再次单击即可创建一条直线段，继续单击，可以创建一系列直线段，最后回到起点位置，此时光标右下角有一个小圆圈，单击即可闭合选区，如图5－2－12所示，也可以双击鼠标左键，系统会将起点与终点自动闭合。

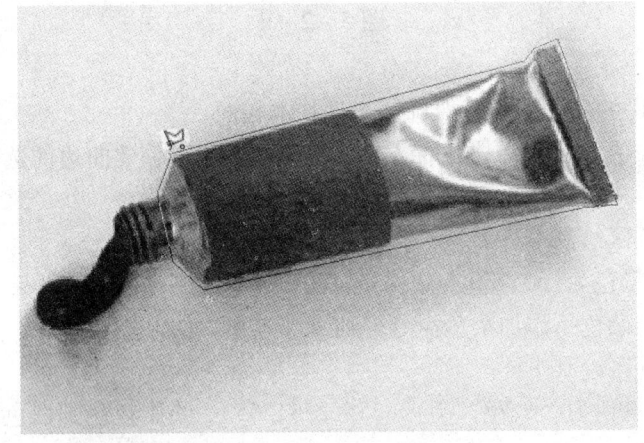

图5－2－12

在创建选区时，按"Alt"键可以在曲边和直线边之间切换。单击"Delete"键，可以删除创建的线段。

3. 磁性套索工具

使用磁性套索工具，可以通过颜色进行选取，因为它可以自动根据颜色的反差来确定选取的边缘，使选区边缘紧贴图像中已定义区域的边缘。磁性套索工具特别适用于快速选择边缘与背景有强烈对比的对象。单击工具箱中的"磁性套索工具"按钮，其属性栏如图5－2－13所示。

图5－2－13

属性栏的选项介绍如下：

`宽度：10像素`：可以设置磁性套索工具在进行选取时，能够检测到的边缘宽度，其取值范围在 0～256 像素之间。数值越小，所检测的范围就越小，选取也就越精确，但同时鼠标因为更难控制，稍有不慎就会移出图像边缘。

`边对比度：10%`：可以设置磁性套索工具在选取时的敏感度，其取值范围在 1%～100% 之间。数值越大，选取的范围就越精确。

`频率：57`：可以设置选取时的关键点数（以小方框显示），其取值范围在 0～100 之间。数值越大，标记的关键点就越多，选择就越精细。

`钢笔压力`：选中该复选框可以使用频率来控制检测的范围。该选项只有在配置光笔或绘图板时才有效。

选择磁性套索工具，在图像中单击设置第一个关键点，然后松开鼠标，将光标沿着所要选取的对象移动，此时，光标会紧贴图像中颜色对比度最大的地方创建选区线。当光标移至起点位置时，光标右下角有一个小圆圈，单击即可闭合选区。如图 5-2-14 所示。

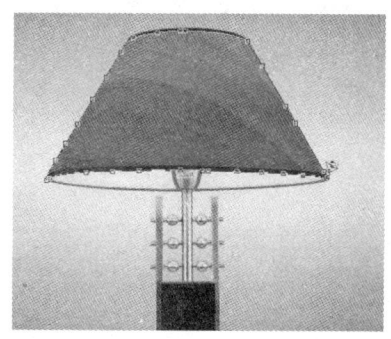

图 5-2-14

光标移动过程中，如果由于颜色对比度不大，没有紧贴想要选取的边缘，可以单击鼠标，手动添加关键点。

（三）魔棒工具

使用魔棒工具，可以根据指定的容差值，选择色彩一致的选区。单击工具箱中的"魔棒工具"按钮 ，其属性栏如图 5-2-15 所示。

图 5-2-15

在属性栏的选项中："容差"可以设置选定颜色的范围，其取值范围在 0～255 之间。数值越大，颜色选取范围越广；选中"连续的"复选框，选取时只选择与单击点位置相邻且颜色相近的区域，不选则选择图像中所有与单击点颜色相近的区域，而不管这些区域是否相连，如图 5-2-16 所示；选中"用于所有图层"复选框，选取时对所有图层起作用，不选则选取时只对当前图层起作用。

 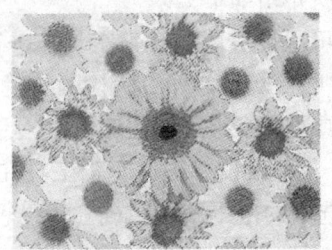

选中连续的　　　　　　未选连续的

图 5-2-16

创建选区工具可以组合使用,从而创建较复杂的选区,如图 5-2-17 所示。

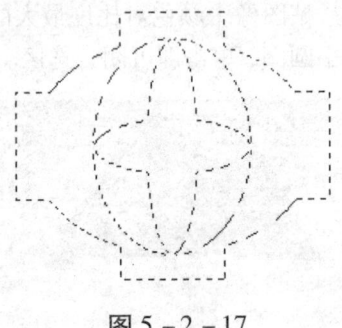

图 5-2-17

二、调整、编辑选区

调整、编辑选区的命令多在"选择"菜单,如图 5-2-18 所示。

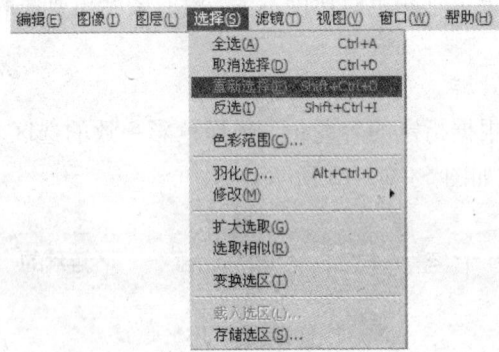

图 5-2-18

（一）移动选区

建立选区后将光标移动到选区内,当光标变为　　时,单击鼠标左键,并拖动鼠标可以移动选区,如图 5-2-19 所示。

·62·

第五章　图像处理常用工具

创建选区　　　　　　　　　　　　移动选区

图 5-2-19

移动选区可以在同一个图像窗口，也可以在不同图像窗口。

键盘上的"↑、↓、←、→"键，每按一次，可以将选区移动一个像素的距离。按住"Shift"键使用键盘上的"↑、↓、←、→"键，每按一次，可以将选区移动 10 个像素的距离。

（二）全选选区和取消选区

使用全选命令，可以将图像的全部作为选择区域。选择[选择]→[全选]命令，如图 5-2-20 所示。

选择[选择]→[取消选择]命令，可以取消当前选区。

图 5-2-20

(三) 反选选区

使用反选命令，可以将选择区域和非选择区域进行相互转换，通常用于所选择内容复杂而背景简单的图像的选取。如图 5 - 2 - 21 所示，选取蓝色背景，选择[选择]→[反选]命令可选择植物选区。

创建选区　　　　　　　　　　　　反选选区

图 5 - 2 - 21

(四) 羽化

使用羽化选区命令，可以使选区的边缘产生模糊效果。选择[选择]→[羽化]命令，如图 5 - 2 - 22 所示，可在数值框中输入羽化值。

图 5 - 2 - 22

羽化选区命令在创建选区后设置羽化值，创建选区工具属性栏的羽化值必须在选区创建之前设置。

(五) 修改选区

修改选区包括四个子命令：边界、平滑、扩展和收缩，主要用来修改选区的边缘。

1. 边界

使用边界命令可以做出原选区的扩边的选择区域，即给原选区加框。

在图像窗口创建选区，如图 5 - 2 - 23 所示，选择[选择]→[修改]→[边界]命令，弹出"边界选区"对话框，输入宽度值，如图 5 - 2 - 24 所示，单击"好"，边界效果如图 5 - 2 - 25 所示。

第五章　图像处理常用工具

图 5 – 2 – 23

图 5 – 2 – 24

图 5 – 2 – 25

2．平滑

使用平滑命令可以通过增加或减少边缘像素，使选区的边缘达到平滑的效果。

在图像窗口创建选区，如图 5 – 2 – 23 所示，选择［选择］→［修改］→［平滑］命令，弹出"平滑选区"对话框，输入取样半径值，如图 5 – 2 – 26 所示，单击"好"，平滑效果如图 5 – 2 – 27 所示。

·65·

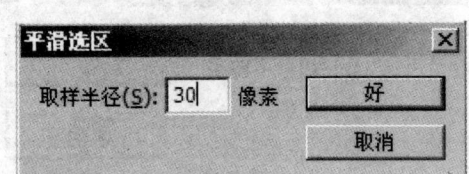

图 5-2-26　　　　　　　图 5-2-27

3. 扩展

使用扩展命令可以将选区按所设置像素向外扩大。

在图像窗口创建选区,如图5-2-23所示,选择[选择]→[修改]→[扩展]命令,弹出"扩展选区"对话框,输入扩展值,如图5-2-28所示,单击"好",扩展效果如图5-2-29所示。

图 5-2-28　　　　　　　图 5-2-29

4. 收缩

使用收缩命令可以将选区按所设置像素向内收缩。

在图像窗口创建选区,如图5-2-23所示,选择[选择]→[修改]→[收缩]命令,弹出"收缩选区"对话框,输入收缩值,如图5-2-30所示,单击"好",收缩效果如图5-2-31所示。

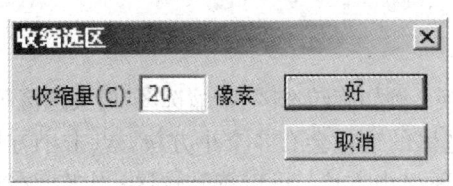

图 5-2-30　　　　　　　图 5-2-31

（六）扩大选取

使用扩大选取命令，可以将图像中与选区内色彩相近，并连续的区域增加到原选区中。在图像窗口创建选区，选择[选择]→[扩大选取]命令，效果如图 5-2-32 所示。

原选区　　　　　　　　　　　扩大选取后选区

图 5-2-32

（七）选取相似

使用选取相似命令，可以将图像中与选区内色彩相近但不连续的区域增加到原选区中。在图像窗口创建选区，选择[选择]→[选取相似]命令，效果如图 5-2-33 所示。

原选区　　　　　　　　　　　　选取相似后选区

图 5-2-33

（八）变换选区

使用变换选区，可以对图像中的选区做形状变换，例如旋转选区、收缩选区、放大选区等。

创建选区，选择[选择]→[变换选区]命令，选区的边框会有 8 个小方块，点击小方块并移动，可以缩小或放大选区；当光标在选区外靠近顶角小方块，可以旋转选区；当光标在选区内，可以移动选区。如图 5-2-34 所示为旋转效果。

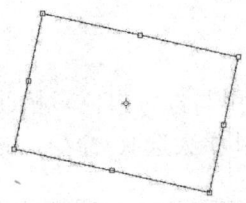

图 5-2-34

（九）存储选区和载入选区

存储选区命令可以将当前选区存储在通道中，当要再次使用该选区时，将选区载入。

在图像窗口创建选区，选择[选择]→[存储选区]命令，弹出"存储选区"对话框，如图 5-2-35 所示。输入该选区的名称与参数，按"好"保存。

当要使用所存储的选区时，选择[选择]→[载入选区]命令，弹出"载入选区"对话框，如图 5-2-36 所示。在通道中选择选区名称，确认后，图像窗口即显示该选区。

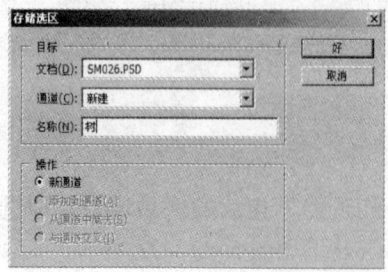 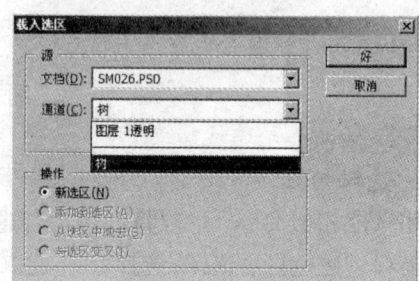

图 5-2-35　　　　　　　　　　　　图 5-2-36

第三节　绘图工具的应用

一、画笔工具组

绘图工具组包括画笔工具和铅笔工具，是用来绘制图形的，它们的使用方法基本相同。

（一）画笔工具

使用画笔工具，可以绘制柔软而有明显粗细变化的图形。单击工具箱中的"画笔工具"按钮 ，其属性栏如图 5-3-1 所示。

图 5-3-1

属性栏的选项介绍如下：

画笔：单击三角形按钮，可显示画笔样式列表，如图 5-3-2 所示。在此可调整画笔大小、选择画笔笔尖形状。在列表菜单中可以追加更多的笔尖形状。

模式：单击三角形按钮，显示模式列表，如图 5-3-3 所示。单击可选择画笔颜色与原图像的颜色叠加模式。

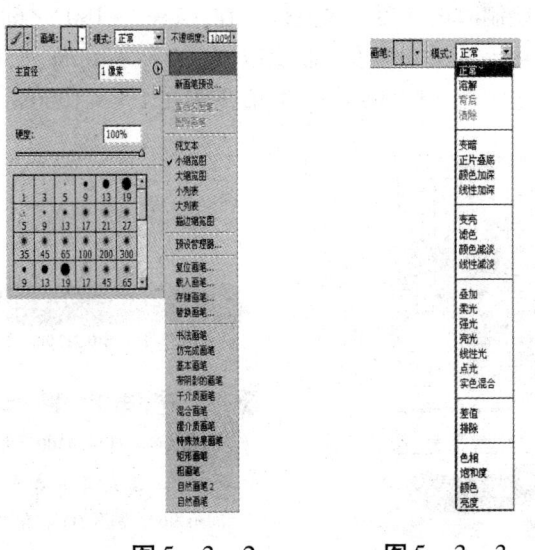

图 5-3-2　　　　图 5-3-3

不透明度：该选项可设置画笔色彩的不透明度。

流量：该选项可设置当前画笔颜色的浓度。

：单击该按钮可将画笔作为喷枪使用，能绘制出边缘更柔和的图形。

：单击该按钮，显示画笔面板，如图 5-3-4 所示。通过在画笔面板设置画笔的属性可绘制出更多效果图形。

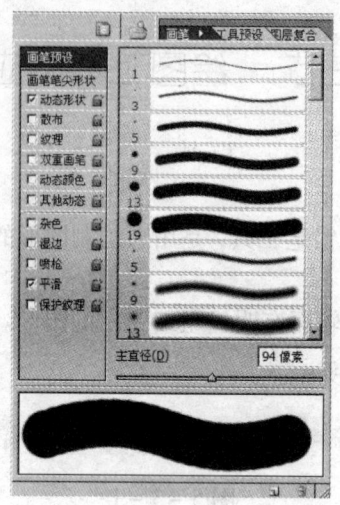

图 5-3-4

画笔面板的选项介绍如下：

1. 画笔笔尖形状：单击该选项，如图5-3-5所示，可以选择画笔笔尖的形状，设置笔尖大小、角度、硬度、间距等属性。取值不同绘制效果对比如图5-3-6所示。

（1）直径：设置画笔笔尖的大小，取值范围在1~2500之间。

（2）角度：设置画笔绘制时的角度，取值范围在-180°~180°之间。

（3）硬度：设置画笔边界的柔和程度，取值范围在0%~100%之间。

（4）间距：设置两个绘制点之间的距离，取值范围在1%~1000%之间。

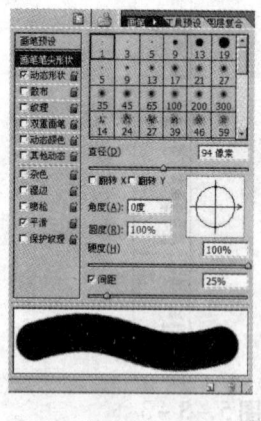

图 5-3-5

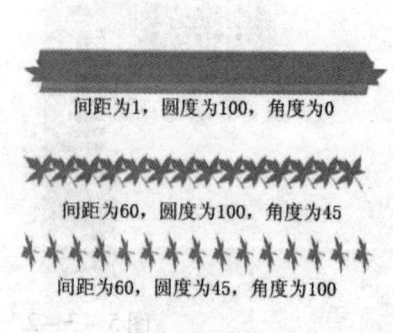

图 5-3-6

2. 动态形状：单击该选项，如图5-3-7所示，可以设置画笔绘制时的动态特征。绘制效果对比如图5-3-8所示。

（1）大小抖动：设置画笔绘制时笔尖大小随机抖动的效果，取值范围在0%~100%之间。输入值越大，抖动越明显。

(2)角度抖动:设置画笔绘制时笔尖角度随机抖动的效果,取值范围在0%～100%之间。输入值越大,抖动越明显。

(3)圆度抖动:设置画笔绘制时笔尖圆度随机抖动的效果,取值范围在0%～100%之间。输入值越大,抖动越明显。

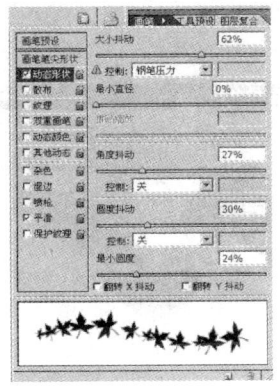

大小抖动为60,角度为0,圆度为0

大小抖动为60,角度为30,圆度为0

大小抖动为60,角度为30,圆度为30

图 5-3-7   图 5-3-8

3.散步:单击该选项,可以设置画笔绘制时笔尖随机散布的效果,如图5-3-9预览所示为枫叶笔尖散布效果。

(1)散布:设置画笔绘制时笔尖随机散布的程度。

(2)数量:设置画笔绘制时笔尖随机散布的点数。

(3)数量抖动:设置画笔绘制时笔尖随机散布的抖动数量。

4.纹理:单击该选项,可以设置笔尖的不同纹理效果,如图5-3-10预览所示为尖角笔尖纹理效果。

(1)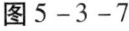:单击下拉菜单可以选择绘制的纹理图案。

(2)缩放:设置纹理图案的缩放比例。

(3)模式:设置画笔和纹理之间的混合模式。

(4)深度:设置纹理显示的明暗程度。

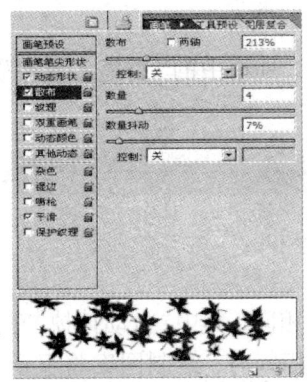 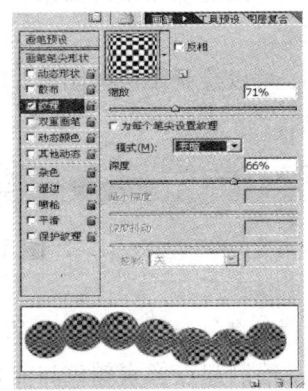

图 5-3-9   图 5-3-10

5. 动态颜色：单击该选项，如图 5-3-11 所示，可以设置画笔颜色的显示效果。尖角笔尖绘制效果如图 5-3-12 所示。

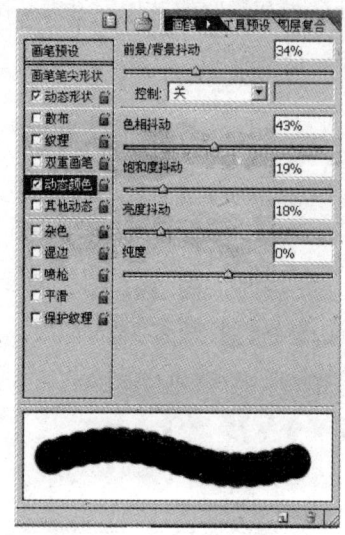

图 5-3-11

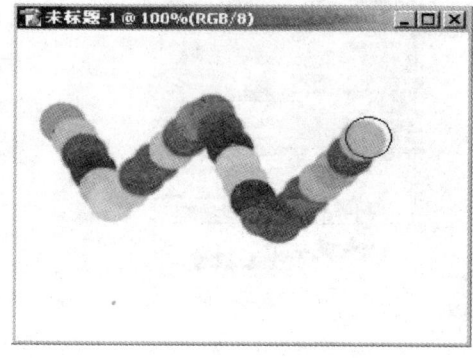

图 5-3-12

（1）前景/背景抖动：设置画笔在绘制时颜色的抖动范围。
（2）色相抖动：设置画笔在绘制时颜色的色相抖动。
（3）饱和度抖动：设置画笔在绘制时颜色的饱和度抖动。
（4）亮度抖动：设置画笔在绘制时图案的亮度抖动。
（5）纯度：设置画笔在绘制时颜色的纯度。
（6）杂色：选中该选项，可以使绘制的图案产生杂点效果。
（7）湿边：选中该选项，可以使绘制的图案产生水印效果。
（8）喷枪：选中该选项，可以模拟传统的喷枪效果。
（9）平滑：选中该选项，可以使绘制的线条产生更顺畅的曲线。
（10）保护纹理：对所有的画笔使用相同的纹理图案和缩放比例，选中该选项后，当使用多个画笔时，可模拟一致的画布纹理效果。

（二）铅笔工具

使用铅笔工具，可以绘制硬边的图形，单击工具箱中的"铅笔工具"按钮 ⌀，其属性栏如图 5-3-13 所示。

图 5-3-13

铅笔工具属性栏的各选项与画笔工具的基本相同，其中"自动抹掉"有擦除的功能。选中该复选框使用铅笔，绘制起点像素颜色与前景色相同时，绘制图案将显示背景色，与前景色不同时，则显示前景色。

（三）自定义画笔

画笔样式列表中所列的笔尖形状是常用的形状，除了使用这些画笔笔尖形状外，还可以使用"画笔预设命令"，将指定图形定义成画笔笔尖形状，具体操作如下：

1. 打开一幅图像，选择"矩形选框工具"，用矩形选框工具选定要定义的图形，如图 5-3-14 所示。

图 5-3-14

2. 选择[编辑]→[定义画笔预设]命令，弹出"画笔名称"对话框，如图 5-3-15 所示。

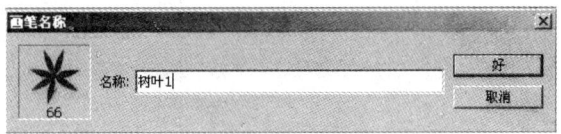

图 5-3-15

3. 输入画笔名称，单击"好"，画笔定义完成。打开画笔面板，面板中将会显示所定义画笔，如图 5-3-16 所示。

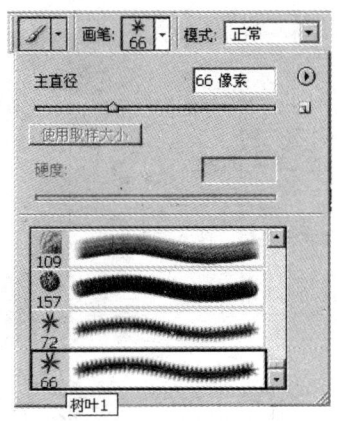

图 5-3-16

4. 在画笔面板设置画笔大小、间距等属性，用新定义的画笔绘制效果如图5-3-17所示。

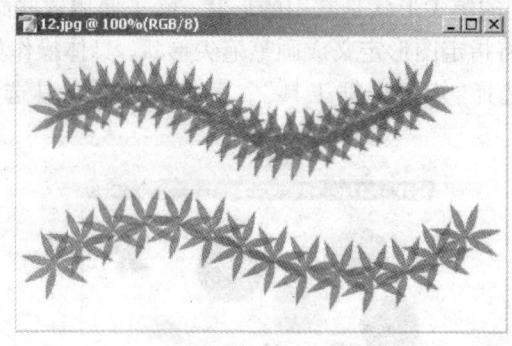

图 5-3-17

二、橡皮擦工具组

橡皮擦工具组包括橡皮擦工具、背景色橡皮擦工具和魔术橡皮擦工具三种。如图5-3-18所示为橡皮擦工具组。

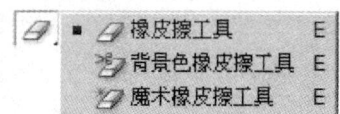

图 5-3-18

（一）橡皮擦工具

使用橡皮擦工具，可以擦除图像内容，单击工具箱中的"橡皮擦工具"按钮，其属性栏如图5-3-19所示。

图 5-3-19

选中"抹到历史记录"复选框，可以将擦除区域恢复到未擦除前的状态。

如果当前图层为背景图层，擦除后的区域以背景色填充，效果如图5-3-20所示；如果当前图层为非背景图层，擦除后的区域为透明，效果如图5-3-21所示。

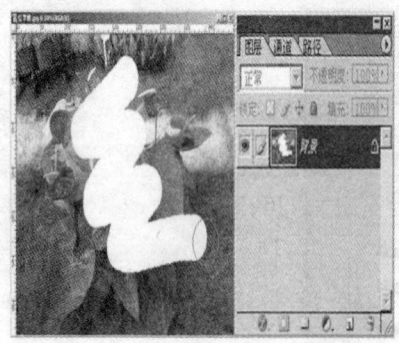

图 5-3-20

图 5-3-21

(二) 背景橡皮擦工具

使用背景色橡皮擦工具，可以擦除画笔范围内与单击点颜色相近的区域，被擦除区域为透明。单击工具箱中的"背景色橡皮擦工具"按钮 ，其属性栏如图 5-3-22 所示。

图 5-3-22

选中"保护前景色"复选框，擦除时图像中与前景色相近的区域受保护，不会被擦除。画笔笔尖大小可以限制擦除的范围，如图 5-3-23 所示。

图 5-3-23

(三) 魔术橡皮擦工具

使用魔术橡皮擦工具，可以一次性擦除与单击点颜色相近的区域，擦除后区域为透明。单击工具箱中的"魔术橡皮擦工具"按钮 ，其属性栏如图 5-3-24 所示。

图 5-3-24

选择魔术橡皮擦工具，单击背景，如图 5-3-25 所示。

图 5-3-25

第四节 修饰工具的应用

一、图章工具的使用

图章工具是用来修改图像，使图像更加完美的，包括仿制图章工具和图案图章工具。如图 5-4-1 所示为图章工具组。

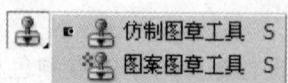

图 5-4-1

（一）仿制图章工具

使用仿制图章工具可以从图像中取样，然后将取样应用到其他图像或同一图像的不同部分上，达到复制图像的效果。单击工具箱中的"仿制图章工具"按钮，其属性栏如图5-4-2所示。属性栏的各选项与画笔工具基本相同。

图5-4-2

选中"对齐的"复选框，每次绘制图像时会重新对位取样；不选，则取样不齐，绘制的图像具有重叠性。选中"用于所有图层"复选框，取样为所有显示的图层；不选，则只从当前图层中取样。

选择仿制图章工具，按下"Alt"键，在要复制的图像内容上单击设置取样点，此时，光标变为十字标记 ⊕，如图5-4-3所示。选中"对齐的"复制图像，图像整齐，效果如图5-4-4所示；不选"对齐的"复制图像，图像重叠，效果如图5-4-5所示。

图5-4-3

图5-4-4　　　　　　　　　图5-4-5

（二）图案图章工具

使用图案图章工具，可以用定义的图案来绘制，达到复制图案的效果。单击工具箱中的"图案图章工具"按钮，其属性栏如图5-4-6所示。属性栏的各选项与仿制图章工具的基本相同。

图5-4-6

单击属性栏中"图案"的三角形按钮，选择要复制的图案，在图像中绘制即可。如图5-4-7所示。

图5-4-7

二、图像的修复

修复工具的功能类似于图章工具的，包括修复画笔工具、修补工具和颜色替换工具三种。如图5-4-8所示为修复工具组。

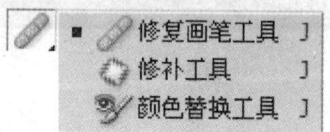

图5-4-8

（一）修复画笔工具

修复画笔工具综合了仿制图章工具和图案图章工具的功能，同时可以将复制内容与图像底色相融合，互为补色图案。单击工具箱中的"修复画笔工具"按钮，其属性栏如图5-4-9所示。属性栏的各选项与图章工具相同，使用方法也相同。

图5-4-9

选择[源]→[取样]，在图像中选择取样点，并复制图像，如图5-4-10所示。
选择[源]→[图案]，复制图像，如图5-4-11所示。

图 5-4-10　　　　　　　　　　　图 5-4-11

（二）修补工具

修补工具与修复画笔工具相似。单击工具箱中的"修补工具"按钮，其属性栏如图 5-4-12 所示。

图 5-4-12

选择修补工具，在属性栏中选中"目标"，在图像中单击并拖曳鼠标选出要复制的图像内容，然后将选区拖至要复制的区域即可，如图 5-4-13 所示。选择"源"，则与目标相反，先选择要复制的区域，再将其选区拖至要复制的图像内容上。

　　　选择目标内容　　　　　　　　　修补后效果

图 5-4-13

（三）颜色替换

颜色替换工具可以快速地将图像局部的颜色替换为另一种颜色。单击工具箱中的"颜色替换"按钮，其属性栏如图 5-4-14 所示。

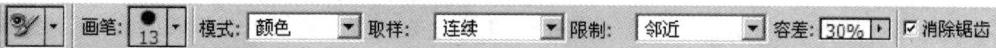

图 5-4-14

三、图像的修饰

修饰工具是用来对图像进行特殊处理的，包括模糊工具组和减淡工具组，如图5-4-15所示。

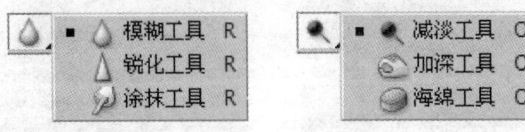

图5-4-15

(一)模糊工具和锐化工具

模糊工具可以软化图像中硬边或区域，减少细节，使边界变得柔和；锐化工具正好相反，可以锐化软边来增加图像的清晰度。模糊工具和锐化工具属性栏如图5-4-16所示。

图5-4-16

选择模糊工具和锐化工具，在图像中单击并涂抹，效果如图5-4-17所示。

原图

模糊后

锐化后

图5-4-17

(二)涂抹工具

涂抹工具可以模拟在未干的画中将湿颜料拖移后的效果。该工具挑选笔触开始位置的颜色，然后沿拖移的方向扩张融合。单击工具箱中的"涂抹工具"按钮，其属性栏如图5-4-18所示。使用涂抹工具后效果如图5-4-19所示。

图5-4-18

原图　　　　　　　　　涂抹后

图 5-4-19

选择涂抹工具，选中"手指绘画"，可以使用前景色涂抹，并且在每一笔的起点与图像中的颜色融合；不选此项，则以每一笔的起点颜色涂抹。

（三）减淡工具和加深工具

减淡工具和加深工具是用来加亮和变暗图像区域的。减淡工具和加深工具属性栏如图 5-4-20 所示。

图 5-4-20

选择减淡工具和加深工具，打开"范围"下拉菜单，选择修改图像的色调范围：

中间调：修改图像的中间色调区域，即介于暗调和高光之间的色调区域。

暗调：修改图像的暗色部分，如阴影区域等。

高光：修改图像高光区域。

绘制效果如图 5-4-21 所示。

原图　　　　　　　减淡后　　　　　　　加深后

图 5-4-21

（四）海绵工具

使用海绵工具，可以改变图像区域的色彩饱和度，在"灰度"模式中，海绵工具通过将灰色阶远离或移到中灰来增加或降低对比度。单击工具箱中的"海绵工具"按钮 ，其属性栏如图 5-4-22 所示。

图 5-4-22

选择海绵工具，在"流量"选框中输入压力值，激活菜单，选择更改颜色的方式如下：

加色：可以增加图像颜色的饱和度，使图像中的灰色调减少。当已是灰色图像时，则会减少中间灰度色调颜色。

去色：可以降低图像的饱和度，从而使图像中的灰度色调增加。当已是灰度图像时，则会增加中间灰度色调。

绘制效果如图 5-4-23 所示。

图 5-4-23

第五节　路径工具的应用

一、路径基本概念

路径可以是点、线条或形状，是由锚点和曲线段组成的，如图 5-5-1 所示。在园林效果图的绘制中，园路、模纹图案、花架等的绘制都要用到路径。

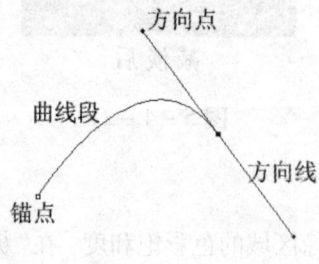

图 5-5-1

组成路径的基本点称为锚点，两个锚点之间的线段称为曲线段。由锚点拖曳出的线段称为方向线。方向线的端点称为方向点。拖动方向点，改变方向线的长度和角度，曲线段的形状随之改变。路径的形状是由锚点的位置、方向线的长度和角度决定的。

路径分为开放路径和闭合路径,如图 5-5-2 所示。闭合路径起点和终点相连,可以与选区之间相互转换。

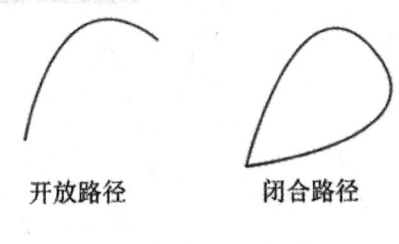

图 5-5-2

二、使用钢笔工具组

钢笔工具组是用来创建和修改路径的,包括钢笔工具、自由钢笔工具、添加锚点工具、删除锚点工具和转换点工具五种,如图 5-5-3 所示为钢笔工具组。

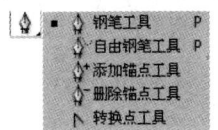

图 5-5-3

(一)钢笔工具

钢笔工具是创建路径的基本工具。使用钢笔工具,可以创建点、直线路径或曲线路径。单击工具箱中的"钢笔工具"按钮 ,其属性栏如图 5-5-4 所示。

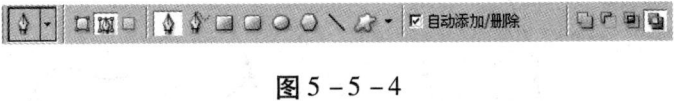

图 5-5-4

属性栏的选项介绍如下:

:单击该按钮,创建路径时,不但显示路径,同时还可创建形状图层。

:单击该按钮,创建路径时,只显示路径,不创建形状图层。

:单击该按钮,创建路径时,系统会自动以前景色填充所创建的区域,而不显示路径。

:可以在该组按钮中选择钢笔工具或自由钢笔工具,使两者之间相互转换。

:可以在该组按钮中选择要创建的基本形状,还可以在下拉菜单中设置参数,得到更多的形状。

:选中该复选框,当选择钢笔工具时,将光标移至曲线段单击,系统会自动添加锚点;当光标移至锚点单击,则自动删除该锚点。

选择钢笔工具,在图像窗口中单击确定起始锚点,然后继续多次单击,确定更多个锚点,最后按"Ctrl"键在路径外任一点单击,可创建开放的直线路径。最后一个锚点为实心小方块。如图 5-5-5 所示。

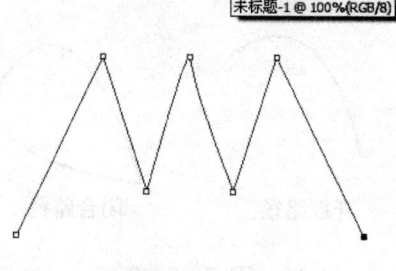

图 5-5-5

当最后一个锚点与起始锚点位置相同时,光标右下角会出现一个小圆圈,此时单击可创建闭合的直线路径。如图 5-5-6 所示。

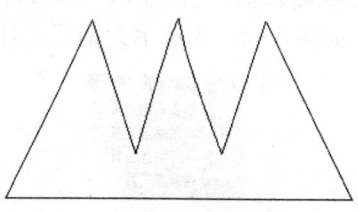

图 5-5-6

创建路径确定锚点时,单击鼠标拖拽出方向线,对方向线进行长度和角度的调整可创建开放和闭合的曲线路径。如图 5-5-7 所示。

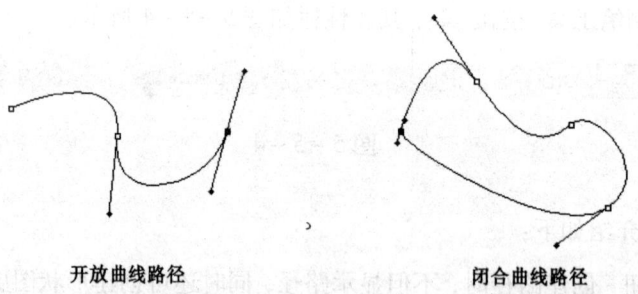

图 5-5-7

(二)自由钢笔工具

自由钢笔工具可以创建任意形状,使用方法与套索工具相似。单击工具箱中的"自由钢笔工具"按钮,在图像中单击并拖拽,系统会自动添加锚点,创建的路径为鼠标拖动的轨迹形状。自由钢笔工具属性栏如图 5-5-8 所示。

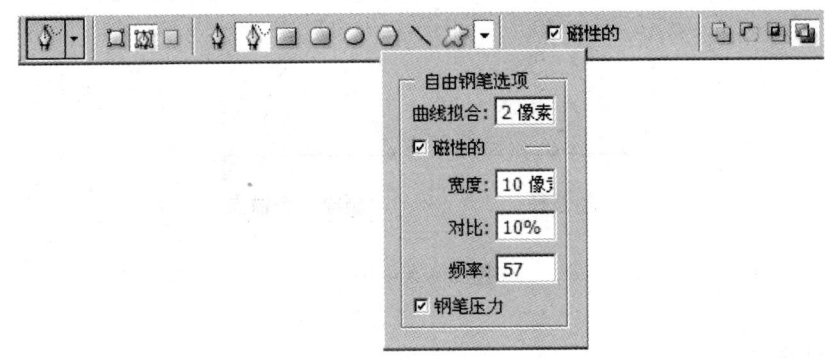

图 5-5-8

属性栏的选项介绍如下:

曲线拟合:确定路径中自动添加的锚点数量,输入值越大,锚点数越少。取值范围为 0.5~10.0 像素。

磁性的:选中该复选框,宽度、对比、频率属性被激活,此时,自由钢笔工具转换为磁性钢笔工具,使用方法与磁性套索工具相似。

宽度:设置磁性钢笔检测的范围,输入值越大,检测范围越大。

对比:设置边缘像素之间的对比度。

频率:设置路径中锚点的密度,输入值越大,路径上锚点密度越大。

钢笔压力:该选项只有选择磁性的复选框后才有效。如果使用的是光笔绘图板,选择该选项时,钢笔压力的增加将导致宽度的值减小。

(三)添加锚点工具

使用添加锚点工具,可以通过在路径上添加锚点来调整路径的形状。单击工具箱中的"添加锚点工具"按钮 ,将光标移至曲线段上要添加锚点的位置,光标右下角会出现"+",单击,则该处会增加一个锚点,如图 5-5-9 所示。

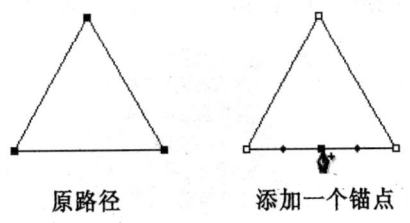

原路径　　　　添加一个锚点

图 5-5-9

(四)删除锚点工具

使用删除锚点工具,可以删除路径上不用的锚点来调整路径形状。单击工具箱中的"删除锚点工具"按钮 ,将光标移至曲线段上要删除锚点的位置,光标右下角会出现"-",单击,则该锚点被删除,如图 5-5-10 所示。

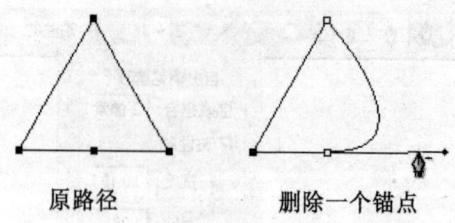

图 5-5-10

(五)转换点工具

使用转换点工具,可以调整路径的形状。单击工具箱中的"转换点工具"按钮,将光标移至需要转换的锚点上,单击并拖拽方向点来调整路径。

选择钢笔工具,单击顶端锚点并拖拽,调整其方向线的长度和角度,调整路径如图 5-5-11 所示。

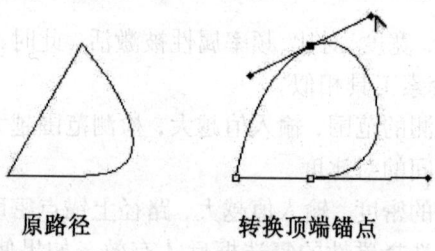

图 5-5-11

三、使用规则形状工具组

规则形状工具组包括矩形工具、圆角矩形工具、椭圆工具、多边形工具、直线工具和自定形状工具,如图 5-5-12 所示为规则形状工具组。在前面的例题中已使用过自定形状工具。

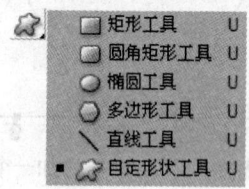

图 5-5-12

在该组工具中可以选择要创建的基本形状,还可以单击属性栏中的形状选择按钮,设置参数,创建更多的形状,如图 5-5-13 所示。

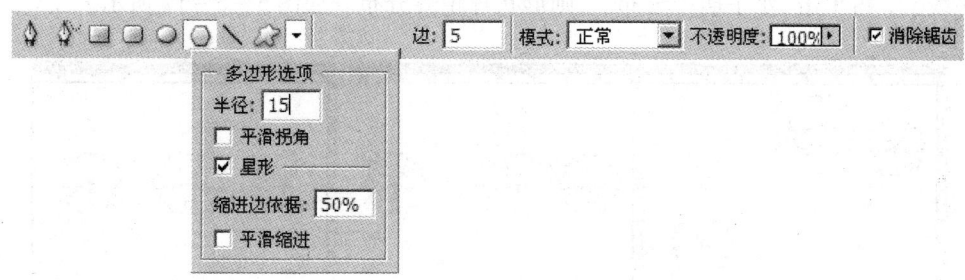

图 5-5-13

四、选择工具

选择工具是对路径或锚点进行位置调整的,包括路径选择工具和直接选择工具。如图 5-5-14 所示为路径选择工具组。

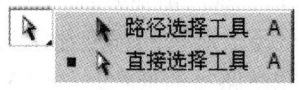

图 5-5-14

(一)路径选择工具

路径选择工具主要用来调整路径的位置。单击工具箱中的"路径选择工具"按钮,其属性栏如图 5-5-15 所示。

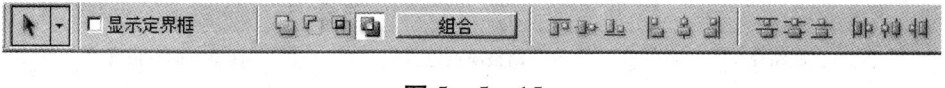

图 5-5-15

在图像窗口创建路径,选择路径选择工具,将光标移动到路径内单击并拖动,可以移动路径。此时,被移动路径上的锚点全部显示为实心小方块。如图 5-5-16 所示。

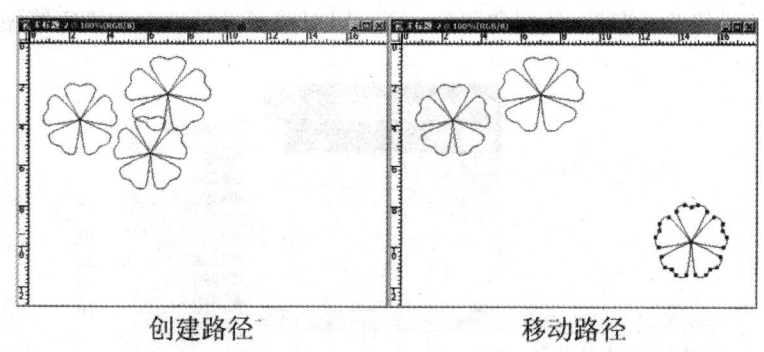

图 5-5-16

单击并拖拽选框,选择图像窗口所有路径,单击属性栏中"垂直中齐",则形状排列在同一水平线上,再单击"水平居中分布",则形状等距离分布。如图 5-5-17 所示。

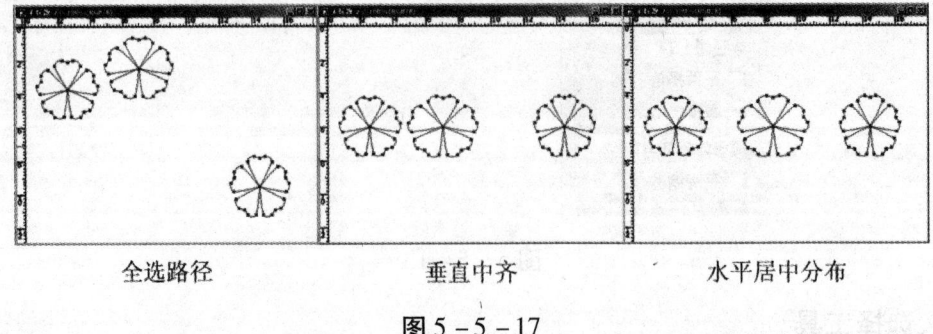

图 5-5-17

(二)直接选择工具

直接选择工具主要用来调整路径上锚点的位置。在图像窗口创建路径,单击工具箱中的"直接选择工具"按钮 ,此时,路径上所有的锚点显示为空心小方块,单击锚点调整该锚点的位置,单击并拖动方向点,可调整路径的形状。如图 5-5-18 所示。

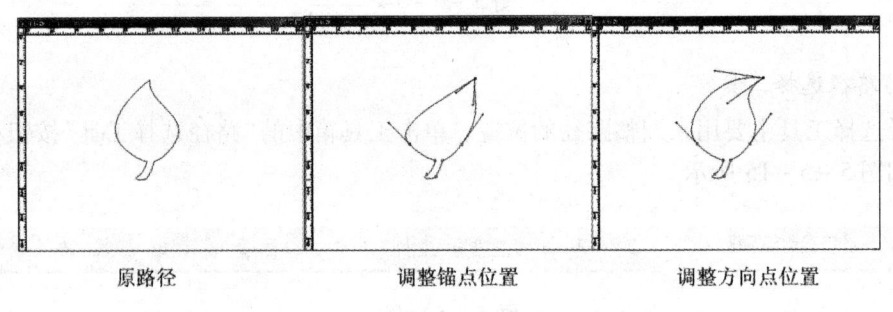

图 5-5-18

五、编辑路径与应用

(一)路径面板

路径面板可以将路径存储、复制和删除,还可以对路径进行填充和描边等操作。

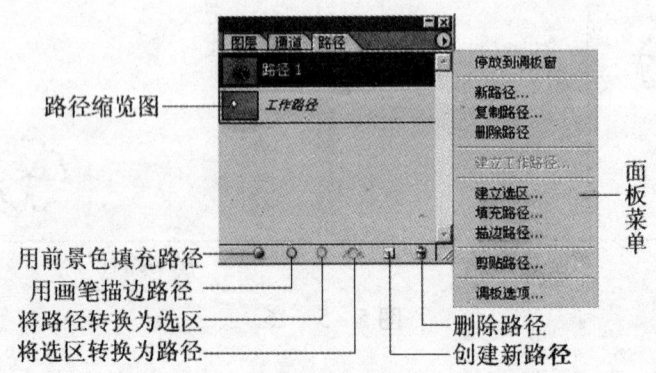

图 5-5-19

选择[窗口]→[路径]命令，打开路径面板，如图5-5-19所示。

(二)路径的编辑与应用

新建图像文件，在路径面板单击"新建"按钮，创建"路径1"，如图5-5-20所示。

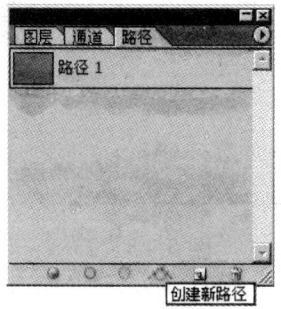

图5-5-20

选择"自定形状工具"，创建路径，如图5-5-21所示。

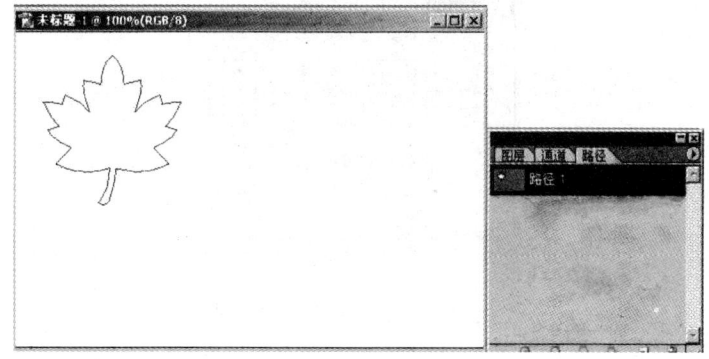

图5-5-21

选择路径面板菜单中"复制路径"命令，创建"路径1副本"，单击"好"，如图5-5-22所示。

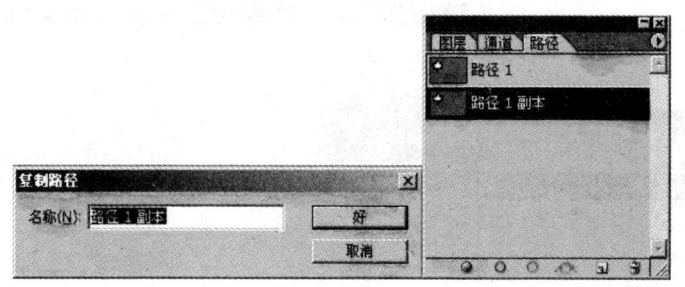

图5-5-22

选择"路径1"，设置前景色为绿色，在路径面板单击"用前景色填充路径"按钮，填充效果如图5-5-23所示。

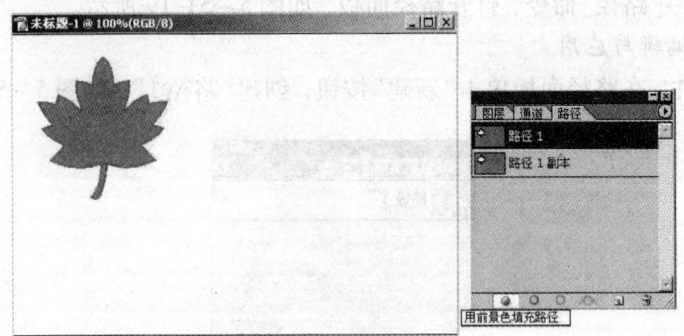

图 5-5-23

设置画笔笔尖形状,如图 5-5-24 所示。选择"路径 1 副本",调整路径位置至右下角,单击画笔工具,再单击路径面板"用画笔描边路径"按钮,描边效果如图 5-5-25 所示。

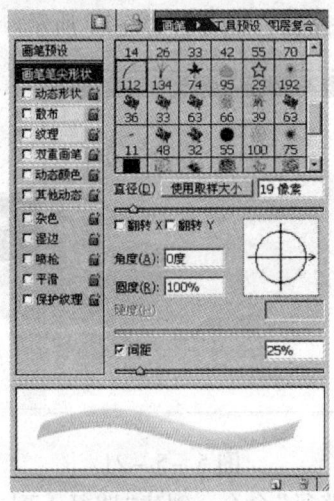

图 5-5-24

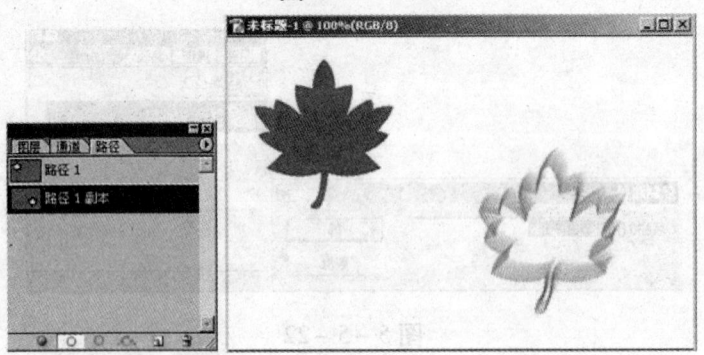

图 5-5-25

在路径面板,选择"路径 1 副本",单击"删除"按钮,如图 5-5-26 所示,弹出路径删除对话框，单击"是"，可删除该路径。

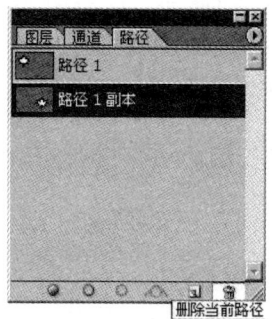

图 5-5-26

选择"路径1"，调整路径位置，单击路径面板"将路径作为选区载入"按钮，可以将路径转换为选区，如图 5-5-27 所示。再单击路径面板将"选区生成路径"按钮，则可以将选区转换为路径。

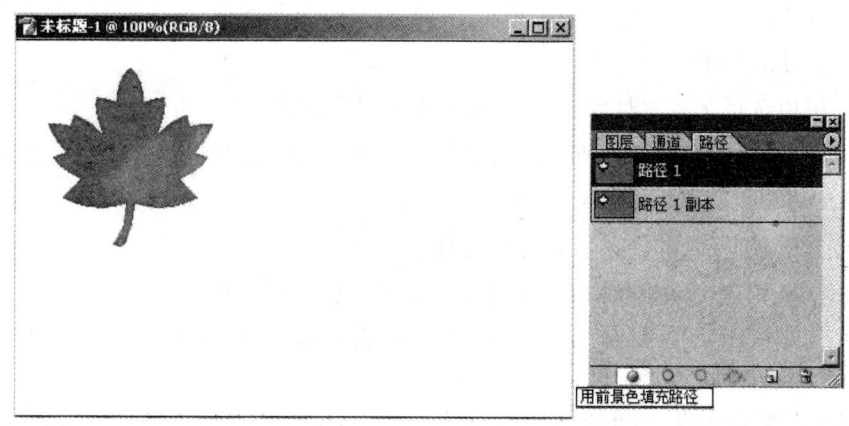

图 5-5-27

第六节　文字工具

一、输入文字

文字工具包括横排文字工具、直排文字工具、横排文字蒙版工具和直排文字蒙版工具四种。如图 5-6-1 所示为文字工具组。

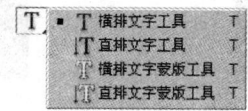

图 5-6-1

(一)横排文字工具

使用横排文字工具可以在图像中输入水平排列的文字,单击工具箱中的"横排文字工具"按钮 T ,其属性栏如图5-6-2所示。

图 5-6-2

属性栏的选项介绍如下:

:单击该按钮,可以将文字在横排文字工具和直排文字工具之间相互切换。

:单击三角形按钮,可在弹出的下拉列表中选择需要的字体。

:单击三角形按钮,可在弹出的下拉列表中选择需要的字体样式。

:单击三角形按钮,可在弹出的下拉列表中选择需要的字体的字号。预设大小最大为75,也可以直接输入字号大小。

:单击该三角形按钮,可在弹出的下拉列表中选择消除文字边缘锯齿的样式,包括无、锐利、犀利、浑厚和平滑五种。

:可以选择文字左对齐、居中或右对齐的对齐方式。

:单击该按钮,可以设置所需的文字颜色,默认颜色为当前前景色。单击色块,在弹出的拾色器中可以设置其他颜色。

:单击该按钮可以设置文字的变形类型。

:单击该按钮,弹出字符和段落面板,可以对文字和段落进行编辑。

选择横排文字工具,在打开的图像窗口直接单击鼠标左键,光标闪动,即可输入点文字内容,如图5-6-3所示。

单击鼠标左键并拖拽,此时出现一个文本框,文本框内有闪动的光标,此时可以输入段落文字,如图5-6-4所示。

图 5-6-3

图 5-6-4

(二)直排文字工具

使用直排文字工具可以在图像中输入垂直排列的文字,单击工具箱中的"直排文字工具"按钮 ,其属性栏如图5-6-5所示。属性栏的各选项与横排文字工具的相同。

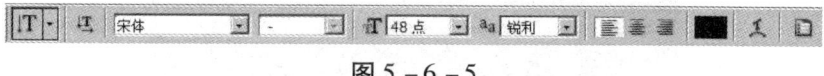

图5-6-5

选择直排文字工具,在图像窗口输入文字内容,效果如图5-6-6所示。

图5-6-6

(三)横排文字蒙版工具和直排文字蒙版工具

使用横排文字蒙版工具和直排文字蒙版工具,可以将输入的文字转化成蒙版或选区。单击工具箱中的"横排文字蒙版工具"按钮 和"直排文字蒙版工具"按钮 ,其属性栏如图5-6-7所示。文字转化为选区后,可对它像其他选区一样进行编辑,如图5-6-8所示。

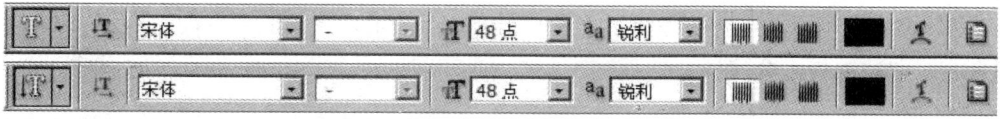

图5-6-7

图 5-6-8

二、文字编辑

Photoshop 中主要使用字符面板和段落面板对文字进行编辑调整。

（一）字符面板

选择[窗口]→[字符]命令或单击文字属性栏的"切换字符和段落调板"按钮，可以打开字符面板，字符面板中各属性功能如图 5-6-9 所示。

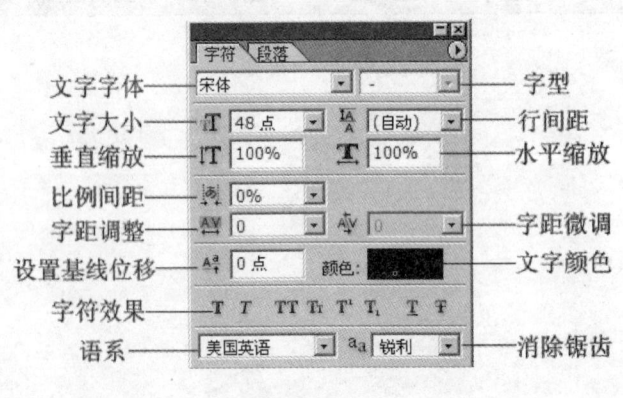

图 5-6-9

(二)段落面板

选择[窗口]→[段落]命令或单击文字属性栏的"切换字符和段落调板"按钮,可以打开段落面板,段落面板中各属性功能如图 5-6-10 所示。

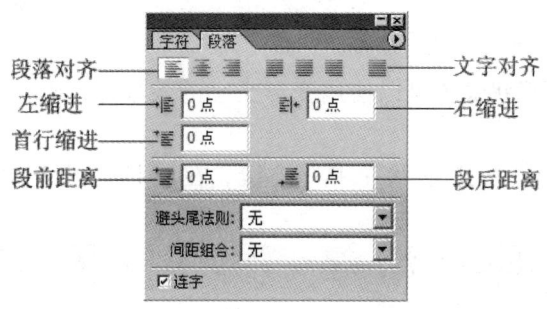

图 5-6-10

(三)变形文字

选择工具选项栏中的"变形文字"按钮,可以对文字进行变形处理,各属性功能如图 5-6-11 所示。

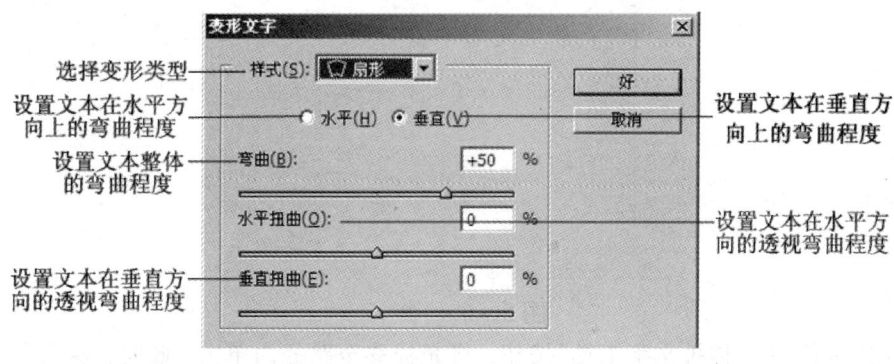

图 5-6-11

三、处理文字图层

使用文字工具输入文字后,系统会在图层中自动生成一个文字图层,如图 5-6-12 所示。

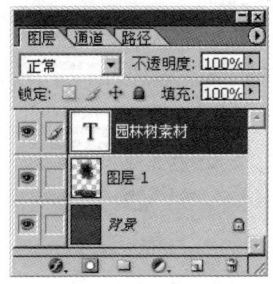

图 5-6-12

选择文字图层为当前图层,可对其文字进行编辑和调整,但在文字图层上不能直接使用绘图等工具和命令,如要使用这些工具和命令,需将文字栅格化。

选择[图层]→[栅格化]命令,可将文字图层栅格化为普通图层。

四、文字与路径

Photoshop 中的文字形状除了可以使用变形文字的效果外,还可以通过创建路径得到更多的文字形状效果。

1. 单击工具箱中的"自定形状工具"按钮,在属性栏中选择"绘制路径"。如图 5-6-13 所示。

图 5-6-13

2. 在图像窗口创建任意闭合路径,如图 5-6-14 所示。

图 5-6-14

3. 单击工具箱中的"横排文字工具"按钮,将光标移至路径内单击,此时,输入文字,文字会在路径范围内依次排列,如图 5-6-15 所示。

图 5-6-15

4. 单击工具箱中的"钢笔工具"按钮，在属性栏中选择"绘制路径"。在图像窗口创建任意开放路径，如图 5-6-16 所示。

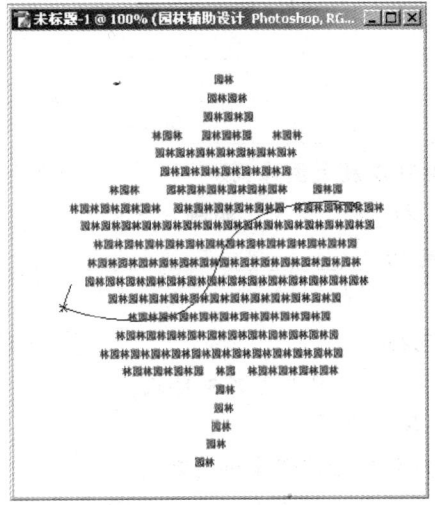

图 5-6-16

5. 单击工具箱中的"横排文字工具"按钮，将光标移至路径输入文字，文字会沿所绘制路径排列，效果如图 5-6-17 所示。

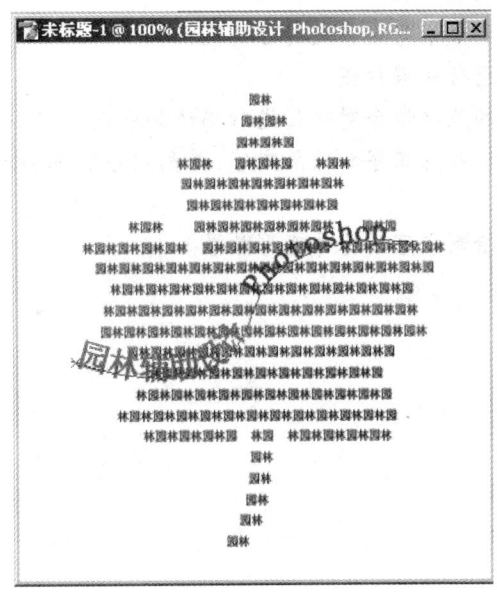

图 5-6-17

思考与练习

一、填空题：

1. 规则选区工具包括 _____、_____、_____ 和 _____ 四种。
2. 修改选区命令包括 _____、_____、_____ 和 _____ 四种。
3. 绘图工具包括 _____ 和 _____ 两种。
4. 按 _____ 快捷键可以放大图像，按 _____ 快捷键可以缩小图像。
5. 路径分为 _____ 和 _____ 两种。
6. 绘制路径工具主要包括 _____、_____、_____、_____ 和 _____ 五种。
7. 创建文字选区的工具包括 _____ 和 _____ 两种。
8. Photoshop 提供了 _____ 种变形文本样式。
9. 按 _____ 键可以取消选区。
10. 按 _____ 键可以将整幅图像全部选取。
11. _____ 工具的工具属性栏中有磁性的选项。
12. 在创建选区工具中，_____ 工具的工具属性栏中有消除锯齿选项。
13. 套索工具适用于 _____ 图像。
14. 不规则选区工具包括 _____、_____ 和 _____ 三种。

二、上机操作题：

1. 练习使用选区工具创建选区。
2. 练习使用编辑选区命令来对选区进行各种变换。
3. 练习使用路径工具进行精确抠图。
4. 练习使用路径面板的菜单命令对路径进行描边和填充。
5. 练习使用文字工具输入点文字和段落文字，并利用字符面板和段落面板对其进行各种设置。
6. 练习使用文字路径绘制文字的特殊变形效果。

第六章 滤镜和图像色彩调整

●学习目标：掌握滤镜操作。本章将循序渐进地讲解滤镜的使用和技巧，并通过实例使读者加深对滤镜的认识，从而能够更加灵活地使用滤镜。

●学习重点：熟练掌握滤镜和图像色彩处理的基本操作及应用技巧。

●学习难点：能够更加灵活地使用滤镜，对图像进行特效的处理和色彩的优化，使普通的图像产生特殊的效果。

第一节 滤镜的使用技巧

一、滤镜概述

滤镜，是应用于图片后期处理的。所谓滤镜就是把原有的画面进行艺术过滤，得到一种艺术或更完美的展示。滤镜功能是 Photoshop 的强大功能之一。在 Photoshop 中，提供了像素化、扭曲、杂色等 13 大类滤镜，而每一大类滤镜下又包含了若干不同的滤镜命令，同时还包含了抽出、滤镜库、液化、图案生成器及消失点等五个实用的滤镜插件。

滤镜产生的复杂数字化效果源自摄影技术，滤镜不仅可以改善图像的效果并掩盖其缺点，还可以在原有图像的基础上产生许多特殊的效果。滤镜主要有以下特点。

1. 滤镜只能应用于当前可视图层，并且可以反复应用，连续应用。但一次只能应用在一个图层上。

2. 滤镜不能应用于位图模式，索引颜色和 48 位 RGB 模式的图像，某些滤镜只对 RGB 模式的图像起作用，如素描滤镜和纹理滤镜就不能在 CMYK 模式下使用。滤镜只能应用于图层的有色区域，对完全透明的区域没有效果。

3. 文本图层要使用滤镜命令必须先进行栅格化。

4. 滤镜以像素为单位进行图像处理，因此即使滤镜的参数设置完全相同，但因为图像本身的分辨率不同，会造成处理后的图像产生不同效果。

5. 有些滤镜完全在内存中处理，所以内存容量对滤镜的生成速度影响很大。

在应用滤镜前，执行[编辑]→[清理]命令来释放内存等，将更多的内存分配给Photoshop。

二、使用传统滤镜

Photoshop CS3 提供有 13 类传统滤镜，分别是艺术效果滤镜、模糊滤镜、画笔描边滤镜、扭曲滤镜、杂色滤镜、像素化滤镜、渲染滤镜、锐化滤镜、素描滤镜、风格化滤镜、纹理滤镜、视频及其他滤镜。

（一）滤镜库

滤镜库的作用是可以在当前图像中方便地应用多种滤镜命令，产生滤镜叠加的效果。其操作方法与图层操作类似，具体操作方法如下。

1. 在 Photoshop 中打开图像，然后执行菜单命令[滤镜]→[滤镜库]命令，打开"滤镜库"对话框，如图 6-1-1 所示。

2. 在对话框中对图像应用某种滤镜效果，此时，对话框右下角将自动创建当前滤镜效果层，滤镜效果层上部会显示当前滤镜的各种参数值，我们可对各参数进行调节，控制滤镜效果，而对话框左侧图像则显示为图像应用滤镜后的效果预览，如图 6-1-2 所示。

图 6-1-1

图 6-1-2

3. 如需对当前图像应用另外的滤镜效果，可先单击对话框右下角的"新建效果层"按钮，然后在新建效果层上应用其他滤镜效果，如图 6-1-3 所示。

图 6-1-3

第六章　滤镜和图像色彩调整

4. 如需对当前图像再次应用其他的滤镜效果,可重复上一步操作;若希望删除某种滤镜效果,则选中该滤镜后,单击对话框右下角的"删除效果层"按钮 🗑。完成后,单击确定可对图像应用所有的滤镜效果。

多种滤镜效果共同应用时,滤镜顺序不同效果也不同,可直接拖动各滤镜进行滤镜顺序调整,而点击各滤镜效果层前部的 👁 按钮,则可选择是否显示该滤镜层效果。

(二)艺术效果滤镜

艺术效果滤镜组主要是用来模拟传统绘画手法,为图像添加艺术效果,滤镜组中包含了塑料包装、壁画、干画笔、底纹效果、彩色铅笔、木刻、水彩、海报边缘、海绵、涂抹棒、粗糙蜡笔、绘画涂抹、胶片颗粒、调色刀和霓虹灯光等15个滤镜命令(本组滤镜只适用于RGB模式和多通道模式图像)。

1. 塑料包装

塑料包装滤镜可以给图像涂上一层光亮的塑料,以强调表面细节。其操作过程为:打开图像,执行[滤镜]→[艺术效果]→[塑料包装]。其应用示例如图6-1-4所示。

(1)高光强度:调整效果中高光的亮度。

(2)细节:调整效果的精细程度。

(3)平滑度:调整效果的平滑程度。

2. 壁画

壁画滤镜可使图像产生粗犷的古老壁画效果,其操作过程为:打开图像,执行[滤镜]→[艺术效果]→[壁画]。其应用示例如图6-1-5所示。

(1)画笔大小:调整图像中笔触的大小。

(2)画笔细节:调整图像中细节的保留程度。

(3)纹理参数:调整图像中颜色间的平滑程度。

图6-1-4

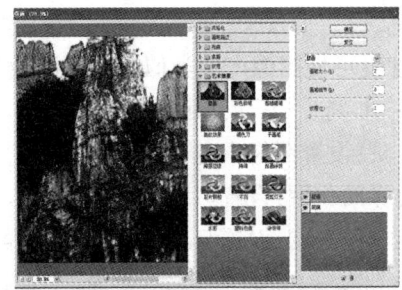
图6-1-5

3. 干画笔

干画笔滤镜可使图像产生一种不饱和的干枯的油画效果,其操作过程为:打开图像,执行[滤镜]→[艺术效果]→[干画笔]。其应用示例如图6-1-6所示。滤镜对话框中各参数的含义与壁画滤镜对话框中对应参数的含义基本相同。

4. 底纹效果

底纹效果滤镜可根据纹理类型和颜色值产生一种纹理喷绘效果,其操作过程为:打开图像,执行[滤镜]→[艺术效果]→[底纹效果]。其应用示例如图6-1-7所示。

(1)画笔大小:调整纹理的范围。

(2)纹理覆盖:调整纹理的精细程度。

(3)纹理:设置纹理的类型。

(4)缩放:调整纹理的缩放比例。

(5)凸现:调整纹理凸现的立体程度。

(6)光照:设置效果的光照方向,"反相"设置光照方向是否反转。

图6-1-6

图6-1-7

5. 彩色铅笔

彩色铅笔滤镜是模拟彩色铅笔在单色背景上绘图的效果,其操作过程为:打开图像,执行[滤镜]→[艺术效果]→[彩色铅笔]。其应用示例如图6-1-8所示。

(1)铅笔宽度:设置彩色铅笔笔触宽度。

(2)描边压力:设置彩色铅笔笔触强度。

(3)纸张亮度:设置图像背景的明暗程度。

6. 木刻

木刻滤镜可使图像产生类似木刻画的效果,其操作过程为:打开图像,执行[滤镜]→[艺术效果]→[木刻]。其应用示例如图6-1-9所示。

(1)色阶:设置图像中色彩的丰富程度。

(2)边缘简化度:设置边缘简化的程度。

(3)边缘逼真度:设置与原图像的相似程度。

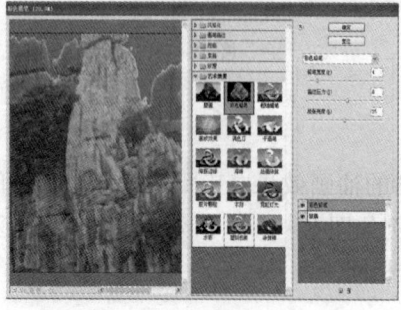

图6-1-8

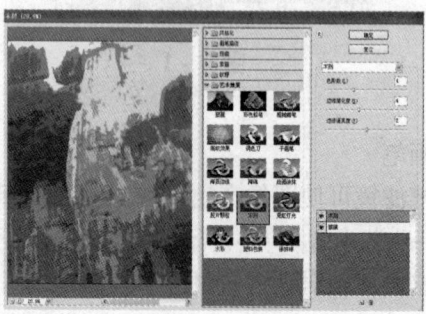

图6-1-9

第六章　滤镜和图像色彩调整

7. 水彩

水彩滤镜可对图像细节进行简化并模拟水彩画效果,其操作过程为:打开图像,执行[滤镜]→[艺术效果]→[水彩]。其应用示例如图6-1-10所示。

(1)画笔细节:设置图像中细节的保留程度。

(2)阴影强度:设置图像中加深的强度。

(3)纹理:设置图像中笔触的数量。

8. 海报边缘

海报边缘滤镜可减少图像中的颜色数量,并用黑色勾画轮廓使图像产生海报画的效果,其操作过程为:打开图像,执行[滤镜]→[艺术效果]→[海报边缘]。其应用示例如图6-1-11所示。

(1)边缘厚度:设置黑色边界的宽度。

(2)边缘强度:设置黑色边界的数量和可视度。

(3)海报化:设置颜色在图像上的渲染效果。

图6-1-10

图6-1-11

9. 海绵

海绵滤镜可使图像产生画面浸湿的效果,其操作过程为:打开图像,执行[滤镜]→[艺术效果]→[海绵]。其应用示例如图6-1-12所示。

(1)画笔大小:设置图像中画笔的大小。

(2)清晰度:设置图像中画面浸湿的程度。

(3)平滑度:设置笔触边缘的光滑程度。

10. 涂抹棒

涂抹棒滤镜可模拟模糊笔触所绘制的条状涂抹效果,其操作过程为:打开图像,执行[滤镜]→[艺术效果]→[涂抹棒]。其应用示例如图6-1-13所示。

(1)描边长度:设置笔触的长度。

(2)高光区域:设置图像中高光区域的大小,并增加其亮度。

(3)强度:设置笔触的强度。

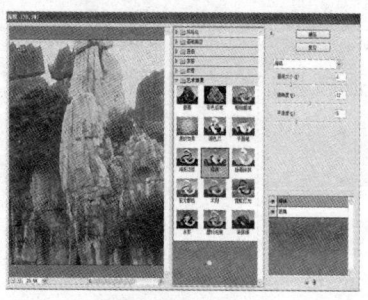

图 6-1-12　　　　　　　图 6-1-13

11. 粗糙蜡笔

粗糙蜡笔滤镜可模拟蜡笔在有纹理的背景上进行绘图并产生一种纹理浮雕的效果，其操作过程为：打开图像，执行［滤镜］→［艺术效果］→［粗糙蜡笔］。其应用示例如图 6-1-14 所示。滤镜对话框中各参数的含义与"底纹效果"滤镜对话框中对应参数的含义基本相似。

12. 绘画涂抹

绘画涂抹滤镜可使图像产生模糊涂抹的效果，其操作过程为：打开图像，执行［滤镜］→［艺术效果］→［绘画涂抹］。其应用示例如图 6-1-15 所示。

（1）画笔大小：设置笔刷的范围大小。

（2）锐化程度：设置笔刷的锐利程度。

（3）画笔类型：选择笔刷的类型。

图 6-1-14　　　　　　　图 6-1-15

13. 胶片颗粒

胶片颗粒滤镜可使图像产生胶片颗粒的纹理效果，其操作过程为：打开图像，执行［滤镜］→［艺术效果］→［胶片颗粒］。其应用示例如图 6-1-16 所示。

（1）颗粒：设置颗粒纹理的疏密程度。

（2）高光区域：设置高光区域的范围。

（3）强度：设置图像的局部亮度。

14. 调色刀

调色刀滤镜是以融合图像中相似颜色的方法使图像产生类似写意风格图画的效果，其操作过程为：打开图像，执行［滤镜］→［艺术效果］→［调色刀］。其应用示例如图 6-1-17 所示。

(1)描边大小:设置颜色融合区域的范围。
(2)描边细节:设置融合区域边缘细节的保留程度。
(3)软化度:设置融合区域边缘的柔化程度。

图 6-1-16　　　　　　　　　　图 6-1-17

15.霓虹灯光

霓虹灯光滤镜可用前景色和背景色的混合色给图像重新上色,并使图像产生霓虹灯光的效果,其操作过程为:打开图像,执行[滤镜]→[艺术效果]→[霓虹灯光]。其应用示例如图 6-1-18 所示。

(1)发光大小:设置霓虹灯的照射范围。
(2)发光亮度:设置霓虹灯灯光的亮度。
(3)发光颜色:设置霓虹灯灯光的颜色。

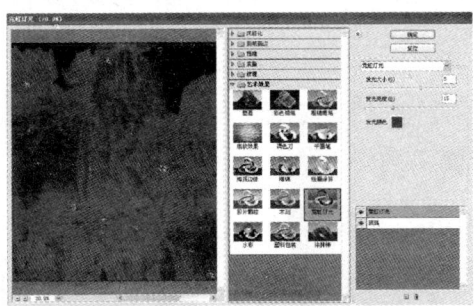

图 6-1-18

(三)模糊滤镜

所谓模糊就是将图像中所定义线条和阴影区域的硬边的邻近像素平均而产生平滑的过渡效果。使用模糊滤镜可以柔化选区或整个对象,这对于修饰非常有用。模糊滤镜包含了动感模糊、平均、形状模糊、径向模糊、方框模糊、模糊、特殊模糊、表面模糊、进一步模糊、镜头模糊和高斯模糊等 11 个滤镜命令。

1.动感模糊

动感模糊滤镜可通过对某一方向上的像素进行线性移动,而使图像产生运动的模糊效果,其操作过程为:打开图像,执行[滤镜]→[模糊]→[动感模糊]。其应用示例如图 6-1-19 所示。

(1)角度:控制模糊的方向。
(2)距离:通过调整像素移动的距离,控制模糊的强度。

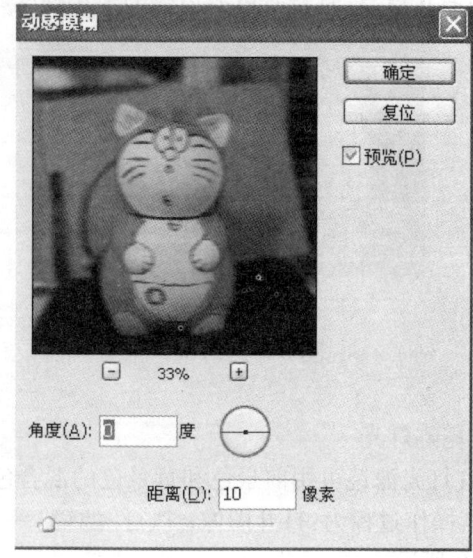

图6-1-19

2. 平均

找出图像或选区的平均颜色,然后用该颜色填充图像或选区以创建平滑的外观。其操作过程为:打开图像,执行[滤镜]→[模糊]→[平均]。其应用示例如图6-1-20所示。

图6-1-20

3. 形状模糊

形状模糊滤镜是从自定形状列表中选取一种形状来创建模糊效果,还可在对话框中载入不同的形状库,其操作过程为:打开图像,执行[滤镜]→[模糊]→[形状模糊]。对话框中的"半径"参数可调整选定形状的大小,形状越大,模糊效果越好。其应用示例如图6-1-21所示。

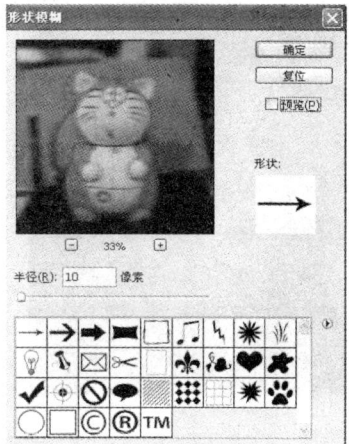

图 6-1-21

4. 径向模糊

径向模糊滤镜可使图像产生一种旋转或放射状的模糊效果,其操作过程为:打开图像,执行[滤镜]→[模糊]→[径向模糊]。其应用示例如图 6-1-22 所示。

(1)数量:控制模糊的强度。

(2)中心模糊:设置模糊的扩散原点。

(3)模糊方法中,"旋转"选项可产生旋转模糊效果,"缩放"选项产生放射模糊效果。

(4)品质:可调节模糊的质量。

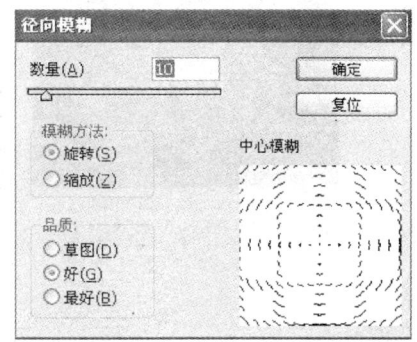

图 6-1-22

5. 方框模糊

方框模糊滤镜基于相邻像素的平均颜色值来模糊图像,其操作过程为:打开图像,执行[滤镜]→[模糊]→[方框模糊]。对话框中的"半径"参数可调整用于计算的像素平均值的区域半径大小,半径越大,模糊效果越好。其应用示例如图 6-1-23 所示。

图 6 – 1 – 23

6. 模糊

模糊滤镜通过平衡已定义的线条和遮蔽区域的清晰边缘的像素。其操作过程为:打开图像,执行[滤镜]→[模糊]→[模糊]。因效果不明显,实际中较少应用。其应用示例如图 6 – 1 – 24 所示。

图 6 – 1 – 24

7. 特殊模糊

特殊模糊滤镜可通过查找图像的边缘,对边缘以内的区域进行模糊,达到清晰图像边缘的模糊效果,其操作过程为:打开图像,执行[滤镜]→[模糊]→[特殊模糊]。其应用示例如图 6 – 1 – 25 所示。

(1)半径:设定模糊范围的大小。
(2)阈值:决定查找边缘的清晰程度。
(3)品质:设置模糊的质量。
(4)模式:下拉菜单的三个选项中,若选择"边缘优先",图像以黑色为背景,用白色描绘

第六章　滤镜和图像色彩调整

边缘线条;选择"叠加边缘",则模糊的图像上叠加白色边缘。

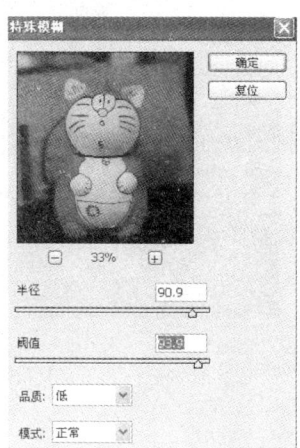

图 6-1-25

8. 表面模糊

表面模糊滤镜可在保留边缘的同时模糊图像。其操作过程为:打开图像,执行[滤镜]→[模糊]→[表面模糊]。其应用示例如图 6-1-26 所示。

(1)半径:设定模糊取样区域的大小。
(2)阈值:决定相邻像素色调值与中心像素值相差多大时才能模糊一部分。

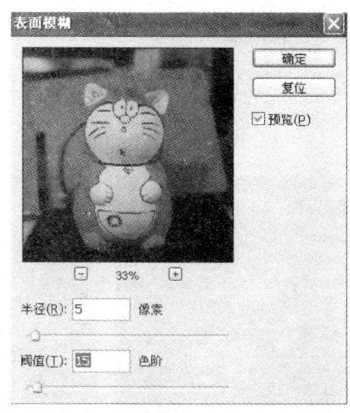

图 6-1-26

9. 进一步模糊

进一步模糊滤镜可对图像产生一个固定但较轻微的模糊效果。进一步模糊生成的效果比模糊滤镜效果更明显一些。其操作过程为:打开图像,执行[滤镜]→[模糊]→[进一步模糊]。其效果与"模糊"滤镜类似,但单次的模糊程度强于模糊滤镜。其应用示例如图 6-1-27 所示。

图 6-1-27

10. 镜头模糊

镜头模糊滤镜可对图像或选区进行综合程度很高的模糊处理。其操作过程为:打开图像,执行[滤镜]→[模糊]→[镜头模糊]。其应用示例如图 6-1-28 所示。

(1)深度模糊:设置模糊的"源"与"焦距",若当前操作对象是应用了蒙版效果的图层,且在"源"的下拉菜单中选择"图层蒙版"选项,镜头模糊命令就只对图层的蒙版有效;若当前操作对象是设置了不透明度的图层,且在"源"的下拉菜单中选择"透明度"选项,则镜头模糊命令就只对图层的不透明度部分进行模糊处理。

(2)光圈:设置模糊的形状、半径、叶片弯度、旋转等参数。

(3)镜面高光:设置模糊的亮度和阈值。

(4)噪音:设置模糊的杂点数量。

(5)分布:设置杂点的分布方式,选择"单色"则使当前添加的杂点以黑白方式显示。

 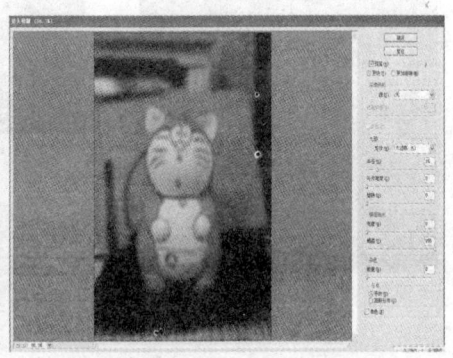

图 6-1-28

11. 高斯模糊

高斯模糊滤镜是根据高斯曲线对图像进行模糊处理,并且可添加低频细节,产生一种朦胧的效果。其操作过程为:打开图像,执行[滤镜]→[模糊]→[高斯模糊]。对话框中的"半径"参数用来调节图像的模糊程度。其应用示例如图6-1-29所示。

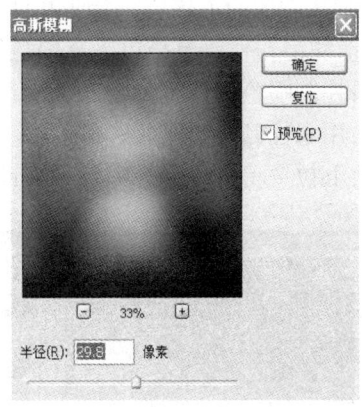

图6-1-29

要创建渐变模糊[从无(底部)到最大(顶部)],应创建一个新的Alpha通道,并应用渐变,以便在该通道中使图像的顶部为白色,底部为黑色,然后启动镜头模糊滤镜并从"源"下拉列表框中选取该Alpha通道。要更改渐变的方向,则应选中"反相"单选项。

(四)画笔描边滤镜

使用"画笔描边"滤镜可以用不同的画笔和油墨描边效果创造出绘画效果的外观。有些滤镜可向图像添加颗粒、绘画、杂色、边缘细节或纹理。画笔描边滤镜包含了喷溅、喷色描边、墨水轮廓、强化的边缘、成角的线条、深色线条、烟灰墨和阴影线等8个滤镜命令。

1. 喷溅

喷溅滤镜是模拟喷溅枪的效果,它可在图像上喷洒许多小的颜色颗粒,使图像产生笔墨喷溅的效果,其操作过程为:打开图像,执行[滤镜]→[画笔描边]→[喷溅]。其应用示例如图6-1-30所示。

(1)喷色半径:用来控制喷溅的范围。
(2)平滑度:控制喷溅效果的强弱和平滑度。

图6-1-30

2. 喷色描边

喷色描边滤镜使用图像的主导色，用成角的、喷溅的颜色线条重新绘画图像。其操作过程为：打开图像，执行[滤镜]→[画笔描边]→[喷色描边]。其应用示例如图 6-1-31 所示。

（1）描边长度：控制喷色描边笔触的长度。

（2）喷色半径：用来控制飞溅半径。

（3）描边方向：下拉菜单可以选择喷色的方向。

图 6-1-31

3. 墨水轮廓

墨水轮廓滤镜是以钢笔画的风格，用纤细的线条在原细节上重绘图像。其操作过程为：打开图像，执行[滤镜]→[画笔描边]→[墨水轮廓]。其应用示例如图 6-1-32 所示。

（1）描边长度：控制油墨笔触的长度。

（2）深色强度：设置油墨效果中深颜色像素的强度。

（3）光照强度：设置油墨效果中的光线强弱。

图 6-1-32

4. 强化的边缘

强化的边缘滤镜可对图像的边缘进行强化处理,设置高的边缘亮度控制值时,强化效果类似白色粉笔;设置低的边缘亮度控制值时,强化效果类似黑色油墨。其操作过程为:打开图像,执行[滤镜]→[画笔描边]→[强化的边缘]。其应用示例如图6-1-33所示。

(1)边缘宽度:控制图像勾画边缘的宽度。

(2)边缘亮度:控制边界的亮度。

(3)平滑度:调节边界平滑度。

图6-1-33

5. 成角的线条

成角的线条滤镜是在图像上产生倾斜笔触的效果。用一个方向的线条绘制图像的亮区,用相反方向的线条绘制暗区。其操作过程为:打开图像,执行[滤镜]→[画笔描边]→[成角的线条]。其应用示例如图6-1-34所示。

(1)方向平衡:设置笔触的方向。

(2)描边长度:控制笔触的长度。

(3)锐化程度:控制笔触的锐利程度。

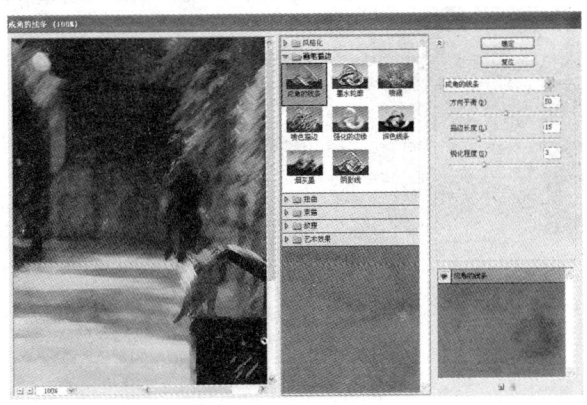

图6-1-34

6. 深色线条

深色线条滤镜是用短而密的线条绘制图像中的深色区域,用长而白的线条绘制图像中的浅色区域,其操作过程为:打开图像,执行[滤镜]→[画笔描边]→[深色线条]。其应用示例如图 6-1-35 所示。

(1)平衡:控制笔触方向的混乱程度。

(2)黑白强度:控制黑色区域的强度。

(3)白色强度:控制白色区域的强度。

图 6-1-35

7. 烟灰墨

烟灰墨滤镜是以日本画的风格绘画图像,在图像上产生类似含有黑色墨水的湿画笔在宣纸上绘图的效果,其操作过程为:打开图像,执行[滤镜]→[画笔描边]→[烟灰墨]。其应用示例如图 6-1-36 所示。

(1)描边宽度:设置笔触的宽度。

(2)描边压力:设置笔触的强度。

(3)对比度:控制原图像中亮部和暗部间的对比度。

图 6-1-36

8. 阴影线

阴影线保留原稿图像的细节和特征,同时使用模拟的铅笔阴影线添加纹理,并可使图像产生交叉网状的笔触效果,其操作过程为:打开图像,执行[滤镜]→[画笔描边]→[阴影线]。其应用示例如图 6-1-37 所示。

(1)描边长度:设置倾斜笔触的长度。

(2)锐化程度:设置笔触的锐化程度。

(3)强度:设置笔触的立体效果。

图 6-1-37

(五)扭曲滤镜

使用扭曲滤镜可以对图像进行几何扭曲,创建 3D 或其他的整形效果。扭曲滤镜组中,包含了切变、扩散光亮、挤压、旋转扭曲、极坐标、水波、波浪、波纹、海洋波纹、玻璃、球面化、置换和镜头校正等 13 个滤镜。

1. 切变

切变滤镜可对图像进行扭曲操作。通过拖拽框中的线条来指定曲线,形成一条扭曲曲线,进而扭曲图像。其操作过程为:打开图像,执行[滤镜]→[扭曲]→[切变],对话框中的曲线可进行调节。其应用示例如图 6-1-38 所示。

(1)折回:是对扭曲后的空白区域以图像弯出去的部分进行填充。

(2)重复边缘像素:是用扭曲边缘的像素填充空白区域。

 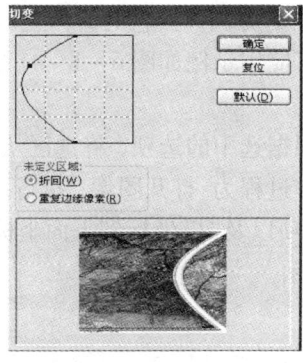

图 6-1-38

2. 扩散光亮

扩散光亮滤镜是将图像背景色的光晕加到图像中较亮的部分,使图像产生光线漫射效果,此滤镜将透明的白杂色添加到图像,并从选区的中心向外渐隐亮光。其操作过程为:打开图像,执行[滤镜]→[扭曲]→[扩散光亮]。其应用示例如图6-1-39所示。

(1)粒度:用来控制光的颗粒度,数值越大颗粒越多。

(2)发光量:控制光的强度。

(3)清除数量:控制受滤镜影响区域的范围,值越大,受影响区域越小。

3. 挤压

挤压滤镜可对整个图像或图像中的选定区域进行向外或向内的挤压变形操作。正值(最大值是100%)将选区向中心移动,使用负值(最小值是-100%)将选区向外移动。其操作过程为:打开图像,执行[滤镜]→[扭曲]→[挤压]。其应用示例如图6-1-40所示。

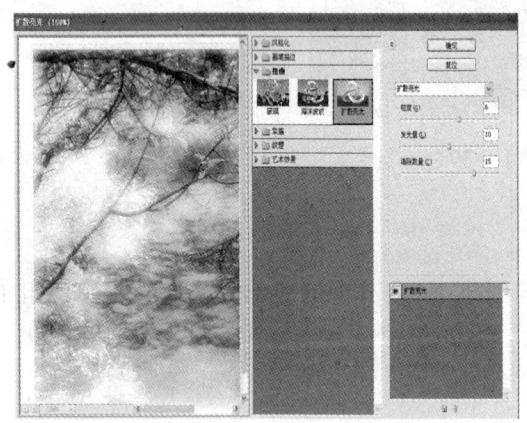
图6-1-39

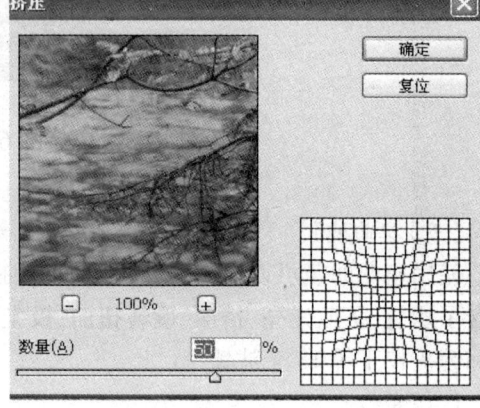
图6-1-40

4. 旋转扭曲

旋转扭曲滤镜是以图像画布或特定选择区的中心为旋转中心,使图像产生旋转风轮效果。其操作过程为:打开图像,执行[滤镜]→[扭曲]→[旋转扭曲]。对话框中的"角度"参数用来调节旋转扭曲的方向,当它的值为正时,图像按顺时针方向旋转扭曲,反之,按逆时针方向旋转扭曲。其应用示例如图6-1-41所示。

5. 极坐标

极坐标滤镜是根据选中的选项,将选区从平面坐标转换到极坐标,或将选区极坐标转换到平面坐标。其操作过程为:打开图像,执行[滤镜]→[扭曲]→[极坐标]。对话框中的"平面坐标到极坐标"选项以及"极坐标到平面坐标"选项可以在图像中转换两种坐标。其应用示例如图6-1-42所示。

第六章　滤镜和图像色彩调整

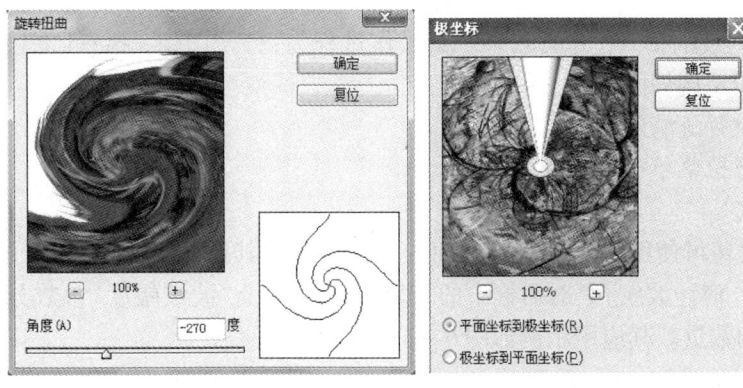

图 6-1-41　　　　　　　　图 6-1-42

6. 水波

水波滤镜可使图像模拟水面的波纹或倒影效果。其操作过程为：打开图像，执行［滤镜］→［扭曲］→［水波］。其应用示例如图 6-1-43 所示。

（1）数量：设置水波的波纹数量。
（2）起伏：设置水波的起伏程度。
（3）样式：设置水波形态。

7. 波浪

波浪滤镜可使图像产生波浪效果，其工作方式类似波纹滤镜。其操作过程为：打开图像，执行［滤镜］→［扭曲］→［波浪］。其应用示例如图 6-1-44 所示。

（1）生成器数：可调节图像中波纹数量，范围是 1 到 999。
（2）波长：控制波峰间距。
（3）波幅：设置波动幅度。
（4）比例：调整水平和垂直方向上的变形程度。
（5）类型：设置波的类型，有三种类型可供选择，分别是正弦、三角形和正方形。
（6）随机化：可设置波动为随机效果。
（7）未定义区域的"折回"和"重复边缘像素"：选项可设置移动像素后产生的空白区域以何种方式填充。

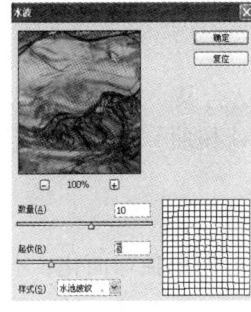
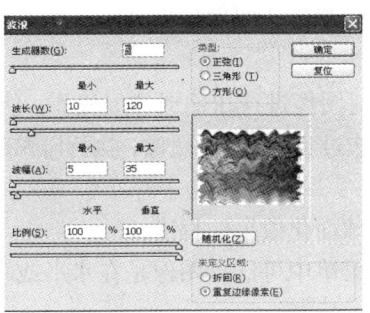

图 6-1-43　　　　　　图 6-1-44

8. 波纹

波纹滤镜可使图像产生涟漪效果。其操作过程为:打开图像,执行[滤镜]→[扭曲]→[波纹]。其应用示例如图6-1-45所示。

(1)数量:设置涟漪的数量。

(2)大小:下拉菜单中可选择涟漪的大小。

9. 海洋波纹

海洋波纹滤镜可使图像产生海洋表面的波纹效果。其操作过程为:打开图像,执行[滤镜]→[扭曲]→[海洋波纹]。对话框中的"波纹大小"以及"波纹幅度"参数分别控制图像产生波纹的大小和数量。其应用示例如图6-1-46所示。

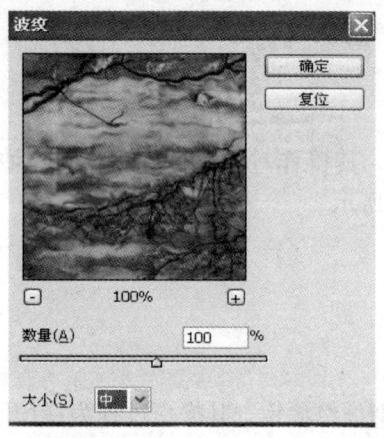

图6-1-45

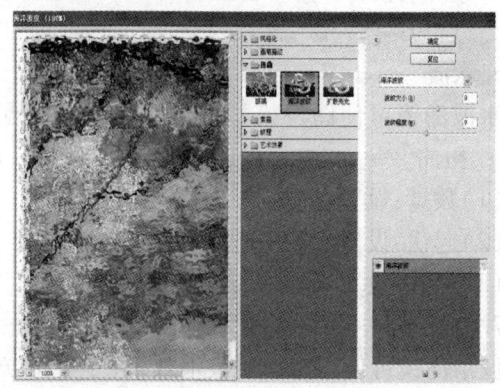

图6-1-46

10. 玻璃

玻璃滤镜可产生一种透过玻璃观察对象的图像效果。其操作过程为:打开图像,执行[滤镜]→[扭曲]→[玻璃]。其应用示例如图6-1-47所示。

(1)扭曲度:调整图像的变形程度。

(2)平滑度:调整玻璃的平滑程度。

(3)纹理:下拉菜单可设置玻璃的纹理类型。

(4)缩放:数设置纹理的大小。

(5)反相:可将纹理的凸凹进行反转。

11. 球面化

球面化滤镜是对图像进行扭曲或伸展操作,使之适合某个球面的形状,最终使图像产生球面化效果。其操作过程为:打开图像,执行[滤镜]→[扭曲]→[球面化]。其应用示例如图6-1-48所示。

(1)数量:决定球面化效果的程度。

(2)模式:下拉菜单中可选择图像是在水平或垂直方向单独球面化,还是在两个方向上同时球面化。

第六章　滤镜和图像色彩调整

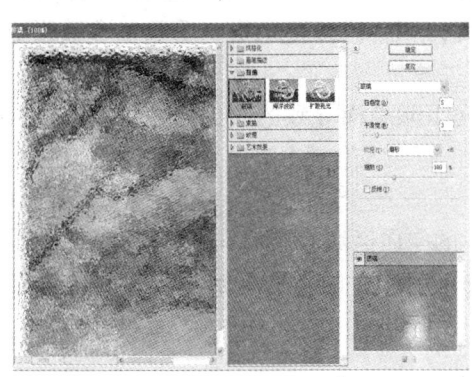

图 6-1-47

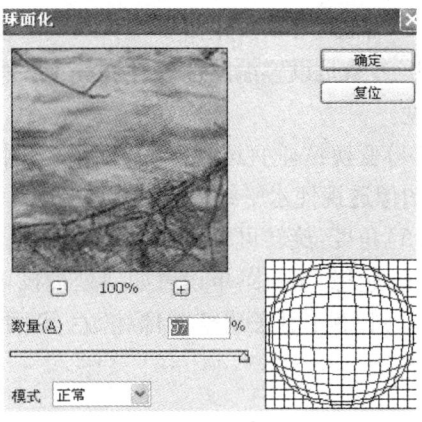

图 6-1-48

12. 置换

置换滤镜的主要作用是根据一个 PSD 格式图像文件的明暗度将当前图像的像素进行移动从而产生变形效果。其操作过程为：打开图像，执行［滤镜］→［扭曲］→［置换］。其应用示例如图 6-1-49 所示。

（1）"水平比例"和"垂直比例"的数值分别设置图像像素在水平或垂直方向上的移动距离。

（2）置换图：设置位移图的属性。

（3）未定义区域：设置未定义区域的处理方法。

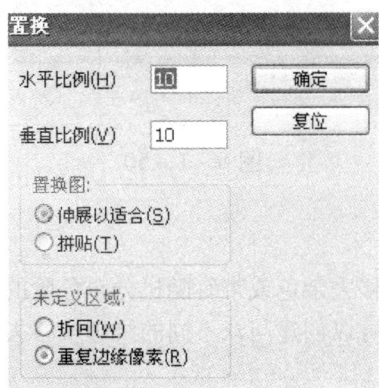

图 6-1-49

13. 镜头校正

镜头校正滤镜可修复图像中常见的镜头缺陷，如色差、晕影、枕形失真等。其操作过程为：打开图像，执行［滤镜］→［扭曲］→［镜头校正］。其应用示例如图 6-1-50 所示。

（1）移去扭曲：可以校正桶形或枕形失真。

（2）色差：可以校正色边，"修复红/青边"与"修复蓝/黄边"参数是通过分别调整红色或

·119·

蓝色通道相对于绿色通道的大小，针对红/青边或蓝/黄边进行补偿。

（3）晕影：可以校正由于镜头缺陷或镜头遮光处理不正确而导致的边缘较暗的图像，其中"数量"参数是设置沿图像边缘变亮或变暗的程度，"中点"参数是指定受数量参数影响区域的宽度。

（4）变换："垂直透视"用来校正相机向上或向下倾斜而导致的图像透视，"水平透视"则校正图像透视使水平线平行。

（5）角度：旋转可校正相机歪斜问题。

（6）边缘：下拉菜单设置如何处理校正后产生的空白区域。

（7）比例：用来调整图像缩放，以便移去校正后产生的空白区域，此时图像像素尺寸不变。

图6-1-50

（六）杂色滤镜

使用杂色滤镜可以添加或移去杂色或带有随机分布色阶的像素。这有助于将选区混合到周围的像素中。使用杂色滤镜可以创建与众不同的纹理或移去图像中有问题的区域，如灰尘和划痕。

杂色滤镜组中，包含了中间值、减少杂色、去斑、添加杂色、蒙尘与划痕等5个滤镜命令，它们的主要作用是在图像中添加或去除杂点。

1. 中间值

中间值滤镜可通过混合图像中像素的亮度来减少图像中的杂色，搜索像素选区的半径范围以查找亮度相近的像素，扔掉与相邻像素差异太大的像素，并用搜索到的像素的中间亮度值替换中心像素。此滤镜在消除或减少图像的动感效果时非常有用。其操作过程为：打开图像，执行［滤镜］→［杂色］→［中间值］，对话框中的"半径"参数控制中间值效果的平滑距离。其应用示例如图6-1-51所示。

第六章 滤镜和图像色彩调整

图 6-1-51

2. 减少杂色

减少杂色滤镜是对影响整个图像或各个通道的设置，在保留边缘的同时减少杂色。图像杂色可能会以如下两种形式出现：亮度（灰度）杂色，这些杂色使图像看起来斑斑点点，以及颜色杂色，这些杂色通常看起来像是图像中的茶色伪像。其操作过程为：打开图像，执行[滤镜]→[杂色]→[减少杂色]。其应用示例如图 6-1-52 所示。

（1）强度：用于控制所有图像通道的亮度杂色减少量。

（2）保留细节：控制保留边缘和图像细节（如头发或纹理对象）的程度。

（3）减少杂色：用于移去随机的颜色像素，值越大，减少的颜色杂色越多。

（4）细节锐化：调整对图像进行锐化的程度。

（5）减去 JPEG 不自然感：可以移去由于使用低品质 JPEG 设置存储图像而导致的有斑驳感的图像光晕和伪像。

（6）若亮度杂色在某个或某两个颜色通道中较为明显，则单击"高级"按钮，从通道下拉菜单中选取该颜色通道，而后对"强度"和"保留细节"参数进行调整，来减少该通道中的杂色。

图 6-1-52

图 6-1-53

3. 去斑

去斑滤镜是检测图像的边缘并模糊,除去那些边缘外的所有选区。该模糊操作会移去杂色,同时保留细节。其操作过程为:打开图像,执行[滤镜]→[杂色]→[去斑]。其应用示例如图6-1-53所示。

4. 增加杂色

增加杂色滤镜可在图像中随机添加杂点,其操作过程为:打开图像,执行[滤镜]→[杂色]→[增加杂色]。其应用示例如图6-1-54所示。

(1)数量:设置杂点数量。

(2)分布:设置杂点的分布方式。

(3)单色:可将添加的杂点转变为灰色(默认是彩色)。

5. 蒙尘与划痕

蒙尘与划痕滤镜可将图像中有缺陷的像素融入周围的像素中,从而达到除尘和消除划痕的效果。其操作过程为:打开图像,执行[滤镜]→[杂色]→[蒙尘与划痕]。其应用示例如图6-1-55所示。

(1)半径:控制调整区域的大小,值越大,图像越模糊。

(2)阈值:控制像素值的差异程度,值越大,除杂点效果越差。

图6-1-54

图6-1-55

(七)像素化滤镜

使用像素化滤镜可使单元格中颜色值相近的像素结成块来清晰地定义一个选区。在像素化滤镜组中,包含了彩块化、彩色半调、晶格化、点状化、碎片、铜版雕刻和马赛克等7个滤镜命令。

1. 彩块化

彩块化滤镜是将图像中相同或相近的颜色的像素,用一种相近的颜色替换,使图像形成色块,令其效果类似于海报图像。其操作过程为:打开图像,执行[滤镜]→[像素化]→[彩块化]。如图6-1-56所示。

图6-1-56

2. 彩色半调

彩色半调滤镜是模拟在图像的每个通道上使用放大的半调网屏的效果。对于每个通道，滤镜将图像划分为矩形，并用圆形替换每个矩形。圆形的大小与矩形的亮度成比例。其操作过程为：打开图像，执行[滤镜]→[像素化]→[彩色半调]，可打开如图6-1-57所示对话框。

(1)最大半径：可设置网点大小。

(2)网角：设置每个颜色通道的网点与实际水平线的夹角，若图像是RGB模式，则网角的前三个通道有效，若图像为CMYK模式，则四个通道都有效。

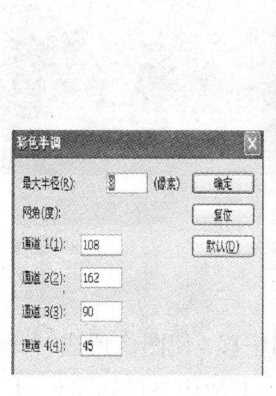

图6-1-57

3. 晶格化

晶格化滤镜是将图像中的像素结块并形成多边形纯色色块。其操作过程为：打开图像，执行[滤镜]→[像素化]→[晶格化]。对话框中的"单元格大小"参数,决定生成的色块的大小,其应用示例如图6-1-58所示。

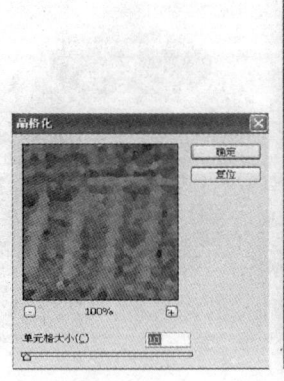

图6-1-58

4. 点状化

点状化滤镜是将图像中的颜色分解为随即分布的彩色斑点,并用背景色填充斑点间的空隙,其操作过程为:打开图像,执行[滤镜]→[像素化]→[点状化]。对话框中的"单元格大小"参数,决定斑点的大小,其应用示例如图6-1-59所示。

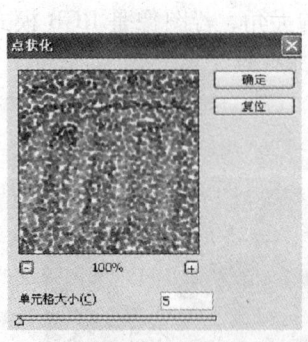

图6-1-59

5. 碎片

碎片滤镜可将图像复制为四个副本,并将它们平均和位移,使图像形成"4重视"效果,其操作过程为:打开图像,执行[滤镜]→[像素化]→[碎片]。其应用示例如图6-1-60所示。

图 6-1-60

6. 铜版雕刻

铜版雕刻滤镜是将图像转换为黑白区域的随机图案或彩色图像中完全饱和颜色的随机图案，其操作过程为：打开图像，执行[滤镜]→[像素化]→[铜版雕刻]。对话框中的"类型"列表下拉菜单中可选择 10 种线条和斑点。其应用示例如图 6-1-61 所示。

图 6-1-61

7. 马赛克

马赛克滤镜是将一个单元内的所有像素统一成一种颜色，使图像产生马赛克效果。其操作过程为：打开图像，执行[滤镜]→[像素化]→[马赛克]。对话框中的"单元格大小"参数，决定每个马赛克的大小。其应用示例如图 6-1-62 所示。

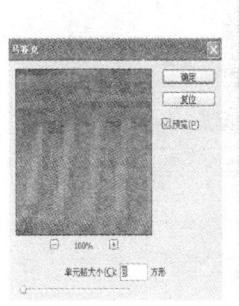

图 6-1-62

（八）渲染滤镜

渲染滤镜组主要用来模拟光线的照明效果，它包含了云彩、光照效果、分层云彩、纤维和镜头光晕等 5 个滤镜命令。使用这些滤镜可以为图像添加一些复杂的自然效果。

1. 云彩

云彩滤镜是在系统的前景色和背景色之间随机组合并将图像转换为柔和的云彩效果，其操作过程为：打开图像，执行［滤镜］→［渲染］→［云彩］。其应用示例如图 6-1-63 所示。

图 6-1-63

2. 光照效果

光照效果滤镜可以对图像设置光源、光色和物体的反射特性等，同时可以设定光照效果或模拟三维浮雕效果等，其操作过程为：打开图像，执行［滤镜］→［渲染］→［光照效果］。其应用示例如图 6-1-64 所示。

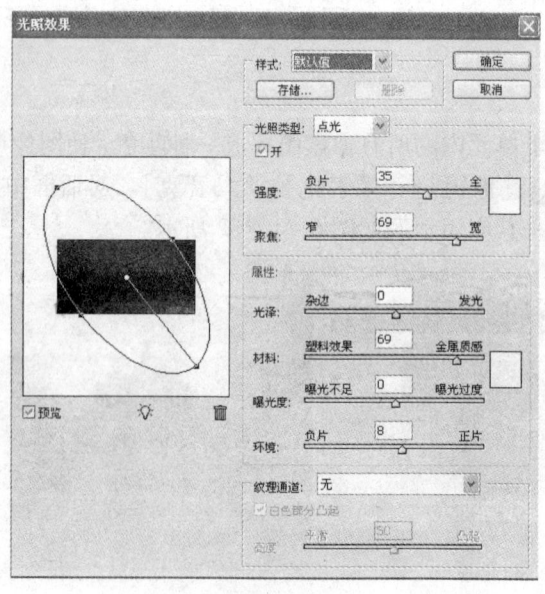

图 6-1-64

(1)样式:可以设置光源的样式。
(2)光照类型:设置灯光类型。
(3)强度:控制光的强度,单击参数右侧的颜色设置框,可以选择光的颜色。
(4)聚焦:设置椭圆区域内的照射范围。
(5)光泽:设置反光物的表面光洁度。
(6)材料:设置图像的质感,它决定了发射光的色彩是反射光源的色彩还是反射物体本身的色彩。
(7)曝光度:调节照射光线的明暗度。
(8)环境:设置图像的反光范围,单击参数右侧的颜色设置框,可以选择环境光的颜色。
(9)纹理通道:可使图像产生一种浮雕效果,选择除"无"以外的选项,复选框将被激活。
(10)高度:设置立体效果最高隆起的高度。

3. 分层云彩

分层云彩滤镜不完全覆盖图像,而是相当于在图像中添加了一个分层云彩效果,且滤镜效果与原图像有关,将云彩数据和现有的像素混合,其方式与"差值"模式混合颜色的方式相同。其操作过程为:打开图像,执行[滤镜]→[渲染]→[分层云彩]。其应用示例如图6-1-65所示。

图 6-1-65

4. 纤维

纤维滤镜可根据当前图像中的颜色,产生效果丰富的纹理效果,其操作过程为:打开图像,执行[滤镜]→[渲染]→[纤维]。其应用示例如图6-1-66所示。

(1)差异:设置纹理的光线变化。
(2)强度:设置纹理的锐利和饱和度。
(3)随机化:单击按钮可随机产生不同的纹理效果。

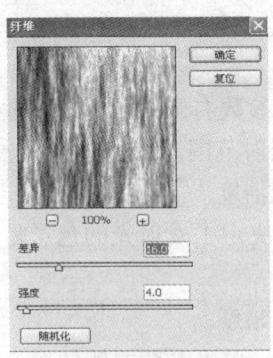

图 6-1-66

5. 镜头光晕

镜头光晕滤镜可模拟摄像机镜头光晕效果,同时可自动调节摄像机光晕的位置和创建日光效果等,其操作过程为:打开图像,执行[滤镜]→[渲染]→[镜头光晕]。其应用示例如图 6-1-67 所示。

(1)亮度:调整反光强度。

(2)光晕中心:调整反光中心位置。

(3)镜头类型:设置镜头口径和类型。

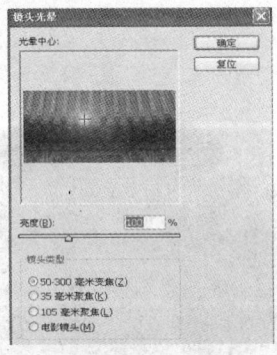

图 6-1-67

(九)锐化滤镜

使用锐化滤镜可通过增加相邻像素的对比度来聚焦模糊的图像。锐化滤镜组中包含了 USM 锐化、智能锐化、进一步锐化、锐化和锐化边缘等 5 个滤镜命令。

1. USM 锐化

对于专业色彩校正来说,可使用 USM 锐化滤镜调整边缘细节的对比度,并在边缘的每一侧生成一条亮线和一条暗线。此过程将使边缘突出,从而造成图像更加锐化的错觉。其操作过程为:打开图像,执行[滤镜]→[锐化]→[USM 锐化]。其应用示例如图 6-1-68 所示。

(1)数量:调整边缘锐化程度。

(2)半径:调整边缘被锐化的范围。

(3)阈值:调整锐化的相邻像素必须达到的最低差值。

第六章　滤镜和图像色彩调整

图 6-1-68

2. 智能锐化

智能锐化滤镜可设置图像锐化算法，或控制在阴影和高光区域中进行的锐化量，其操作过程为：打开图像，执行［滤镜］→［锐化］→［智能锐化］。其应用示例如图 6-1-69 所示。

（1）数量：调整边缘锐化量。

（2）半径：调整边缘像素周围受锐化影响的像素数量。

（3）移去：选择对图像进行锐化的锐化算法，当选择了"动感模糊"选项后，"角度"参数便可以开始使用，用来调整运动方向。

（4）更加准确：选中复选框可以更加精确地移去模糊。

（5）在"高级"选项下，可以分别设置阴影和高光部分的渐隐量、色调宽度和半径值。

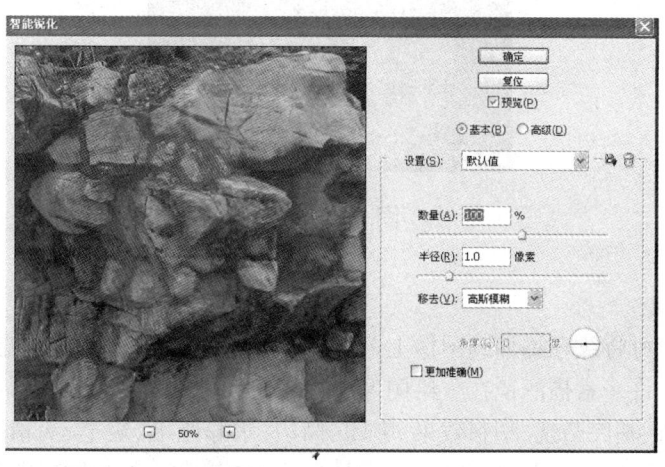

图 6-1-69

3. 进一步锐化

进一步锐化滤镜可使图像产生一种强化的锐化效果，以提高图像的对比度和清晰度，其操作过程为：打开图像，执行［滤镜］→［锐化］→［进一步锐化］。其应用示例如图 6-1-70

所示。

4. 锐化

锐化滤镜聚焦选区并提高其清晰度，其操作过程为：打开图像，执行[滤镜]→[锐化]→[锐化]。其应用示例如图6-1-71所示。

图6-1-70　　　　　　图6-1-71

5. 锐化边缘

锐化边缘滤镜可增加图像颜色间的界线，以锐化图像的部分轮廓。锐化滤镜只锐化图像的边缘，同时保持总体的平滑度。使用此滤镜可在不指定数量的情况下锐化边缘。其操作过程为：打开图像，执行[滤镜]→[锐化]→[锐化边缘]。其应用示例如图6-1-72所示。

图6-1-72

（十）素描滤镜

使用素描滤镜可将纹理添加到图像上，通常用于获得3D效果。这些滤镜还适用于创建美术或手绘外观。许多素描滤镜在重绘图像时使用前景色和背景色。素描滤镜组包含了便条纸、半调图案、图章、基底凸现、塑料效果、影印、撕边、水彩画纸、炭笔、炭精笔、粉笔和炭笔、绘图笔、网状及铬黄渐变等14个滤镜命令，其中大部分滤镜命令是分别以前景色和背景色置换当前图像中的色彩，最终使图像产生类似素描、速写和三维等效果（本命令组以前景色黑色，背景色白色为例讲述）。

1. 便条纸

便条纸滤镜是根据图像中像素的明暗程度，用前景色和背景色置换原图像的像素颜色，使图像产生凹陷效果，其操作过程为：打开图像，执行[滤镜]→[素描]→[便条纸]。其应用示例如图6-1-73所示。

(1)图像平衡:调整前景色和背景色之间的面积。

(2)粒度:调节图像产生的颗粒的数量。

(3)凸现:控制浮雕效果的凹凸程度。

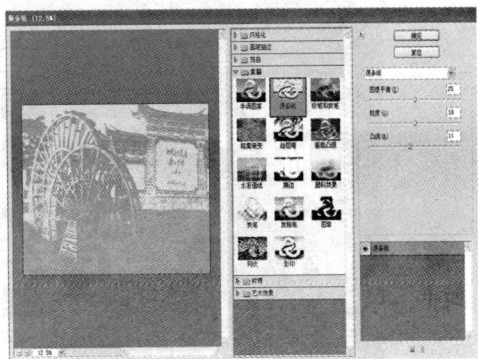

图6-1-73

2. 半调图案

半调图案滤镜可以模拟半调网的效果,并保持色调的连续范围,同时还可以使用前景色和背景色在当前图像中产生网格图案的效果,其操作过程为:打开图像,执行[滤镜]→[素描]→[半调图案]。其应用示例如图6-1-74所示。

(1)大小:调整网点大小。

(2)对比度:调节前景色对比度。

(3)图案类型:可选择图案样式。

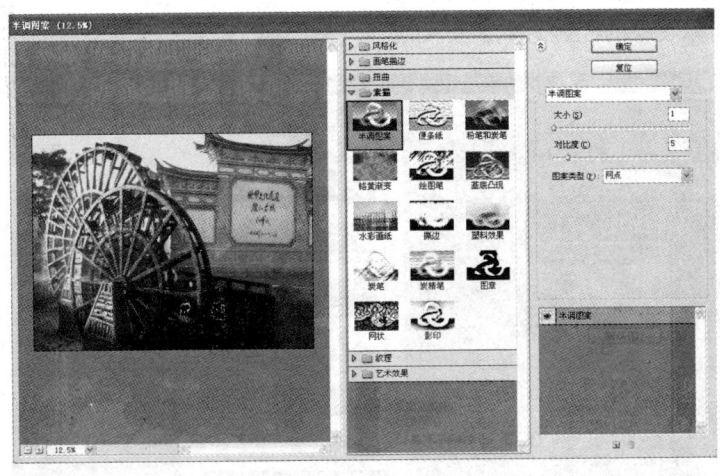

图6-1-74

3. 图章

图章滤镜是用于黑白图像时效果最佳,使用此滤镜可简化图像,使之呈现用橡皮或木质图章盖印的样子。其操作过程为:打开图像,执行[滤镜]→[素描]→[图章]。其应用示例如图 6-1-76 所示。

(1)明/暗平衡:用来调整前景色和背景色之间的范围。

(2)平滑度:调节图像边缘的平滑程度。

图 6-1-76

4. 基底凸现

基底凸现滤镜可使图像产生粗糙的浮雕效果,图像的暗区呈现前景色,而浅色使用背景色。其操作过程为:打开图像,执行[滤镜]→[素描]→[基底凸现]。其应用示例如图 6-1-77 所示。

(1)细节:用来控制效果的细节部分。

(2)平滑度:控制基底凸现效果的光洁度。

(3)光照:选择效果的光照方向。

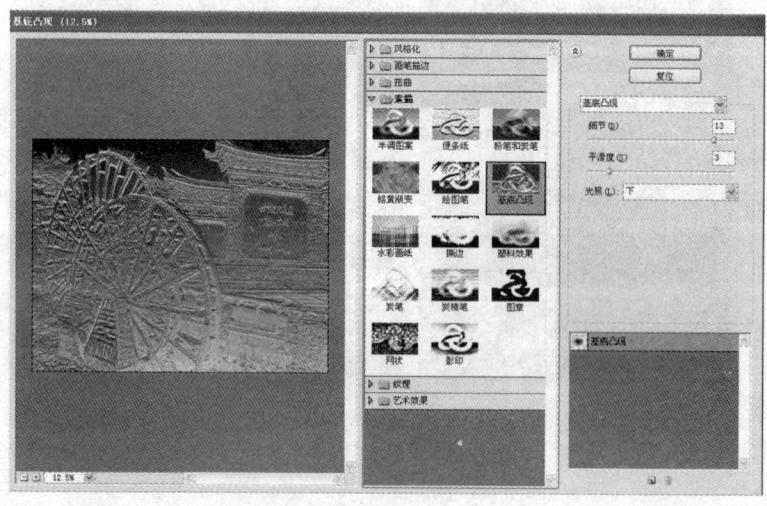

图 6-1-77

第六章　滤镜和图像色彩调整

5. 塑料效果

塑料效果滤镜按 3D 塑料效果塑造图像,然后使用前景色与背景色为结果图像着色。暗区凸起,亮区凹陷。其操作过程为:打开图像,执行[滤镜]→[素描]→[塑料效果]。其应用示例如图 6-1-78 所示。

(1)图像平衡:调节图像保留的细节量。

(2)平滑度:控制浮雕效果表面的平滑度。

(3)光照:选择效果的光照方向。

图 6-1-78

6. 影印

影印滤镜模拟阴影图像的效果,大的暗区趋向于只复制边缘四周,而中间色调要么纯黑色要么纯白色。其操作过程为:打开图像,执行[滤镜]→[素描]→[影印]。其应用示例如图 6-1-79 所示。

(1)细节:调节图像保留的细节量。

(2)暗度:调节图像的暗度。

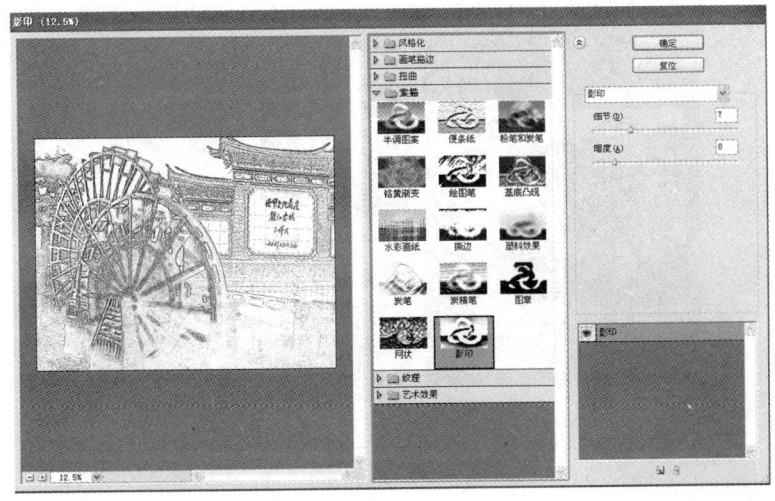

图 6-1-79

7. 撕边

撕边滤镜是在前景色和背景色交界处制作溅射分裂的效果,使图像产生类似海报等印刷品的效果,对于由文字或高对比对象组成的图像尤其有用。其操作过程为:打开图像,执行[滤镜]→[素描]→[撕边]。其应用示例如图6-1-80所示。

（1）图像平衡:调节前景色和背景色的比值。

（2）平滑度:调节图案边缘的平滑度。

（3）对比度:调节前景色和背景色的混合程度。

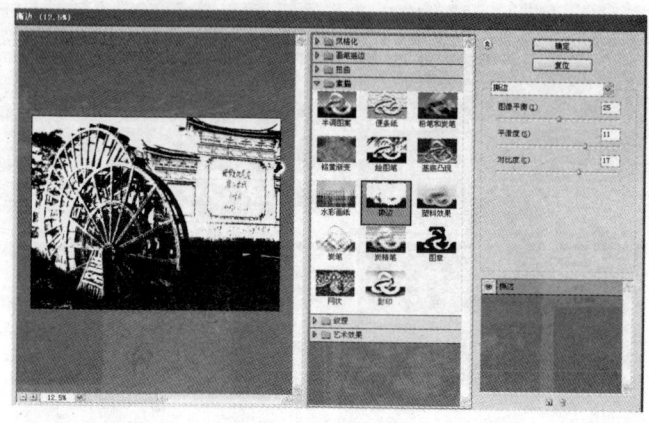

图6-1-80

8. 水彩画纸

水彩画纸滤镜可以模仿在潮湿的水彩画纸张上作画,纸张产生浸湿和扩散的效果,其操作过程为:打开图像,执行[滤镜]→[素描]→[水彩画纸]。其应用示例如图6-1-81所示。

（1）纤维长度:用来控制扩散程度和笔画长度。

（2）亮度:控制图像的亮度和细节的丢失程度。

（3）对比度:控制图像的对比度和细节的丢失程度。

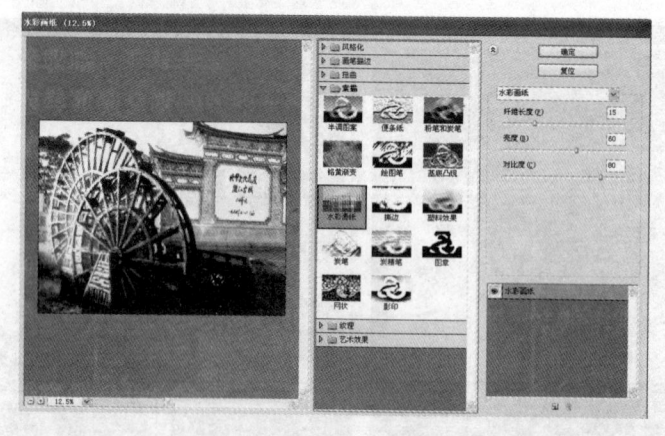

图6-1-81

9. 炭笔

炭笔滤镜可使图像模拟炭笔画效果,主要边缘以粗线条绘制,而中间色调则用对角描边进行素描。炭笔是前景色,纸张是背景色。其操作过程为:打开图像,执行[滤镜]→[素描]→[炭笔]。其应用示例如图6-1-82所示。

(1)炭笔粗细:控制笔触的粗细。

(2)细节参数:设置图像细节的保留程度。

(3)明/暗平衡:控制图像被炭笔笔触覆盖的面积。

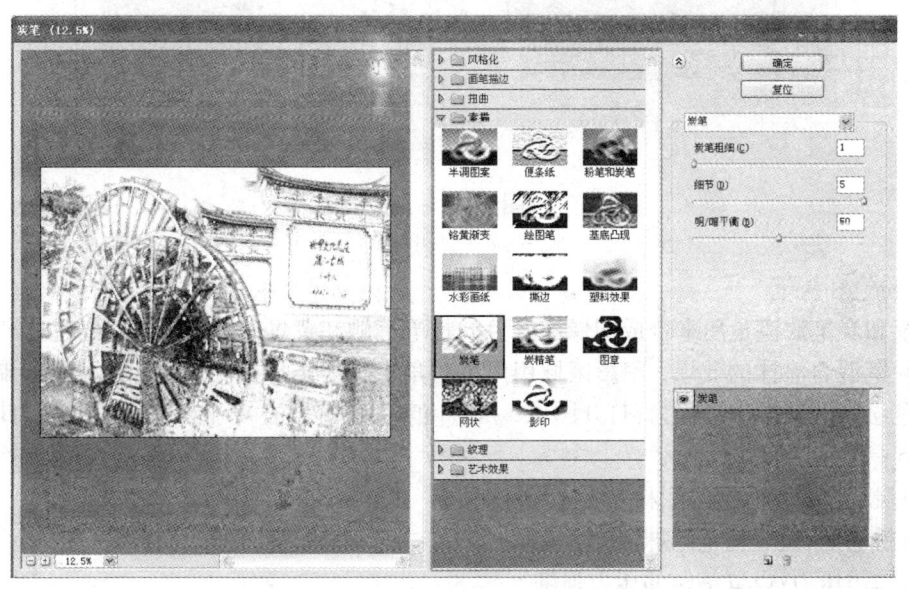

图 6-1-82

10. 炭精笔

炭精笔滤镜是以蜡笔笔触,同时用前景色和背景色在花纹纸上描绘的图像效果,在暗区使用前景色,在亮区使用背景色。其操作过程为:打开图像,执行[滤镜]→[素描]→[炭精笔]。其应用示例如图6-1-83所示。

(1)前景色阶:调节前景色笔触的数量和范围。

(2)背景色阶:调节背景色笔触的数量和范围。

(3)纹理:选择笔触的纹理。

(4)缩放:控制纹理的缩放比例。

(5)凸现:控制纹理的立体程度。

(6)光照:设置纹理的光照方向。

(7)反相:选中复选框设置光照方向是否反转。

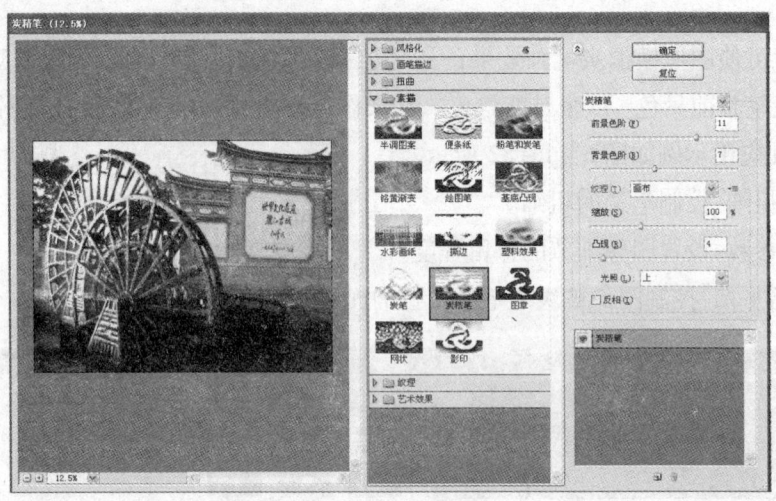

图 6-1-83

11. 粉笔和炭笔

粉笔和炭笔滤镜是用来合成图像前景色的粉笔笔触和背景色的炭笔笔触，使之产生一种粉笔和炭笔混合涂抹的效果，阴影区域用黑色对角炭笔线条替换。炭笔用前景色绘制，粉笔用背景色绘制。其操作过程为：打开图像，执行[滤镜]→[素描]→[粉笔和炭笔]。其应用示例如图 6-1-84 所示。

（1）炭笔区：设置炭笔涂抹区的大小。

（2）粉笔区：设置粉笔涂抹区的大小。

（3）描边压力：设置笔触的压力强度。

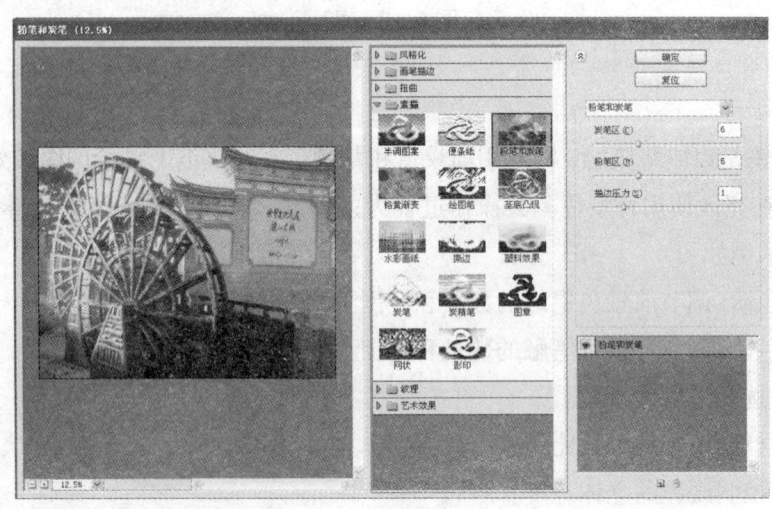

图 6-1-84

12. 绘图笔

绘图笔滤镜可用前景色和背景色使图像生成没有轮廓的素描效果，此滤镜使用前景色作为油墨,使用背景色作为纸张,以替换原图像中的颜色。其操作过程为:打开图像,执行[滤镜]→[素描]→[绘图笔]。其应用示例如图6-1-85所示。

(1)描边长度:设置笔画在图像中的长度。

(2)明/暗平衡:设置笔画的数量和范围。

(3)描边方向:设置笔画的方向。

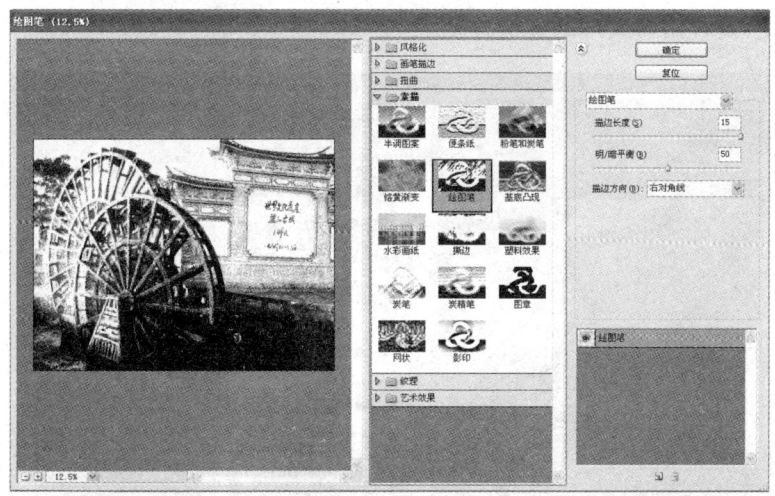

图 6-1-85

13. 网状

网状滤镜是用前景色和背景色填充图像,在图像中生成不规则的杂点,使图像产生一种网眼覆盖的效果,其操作过程为:打开图像,执行[滤镜]→[素描]→[网状]。其应用示例如图6-1-86所示。

(1)浓度:控制杂点的数量和原图细节的保留程度。

(2)前景色阶:控制图像前景色应用的数量。

(3)背景色阶:控制图像背景色应用的数量。

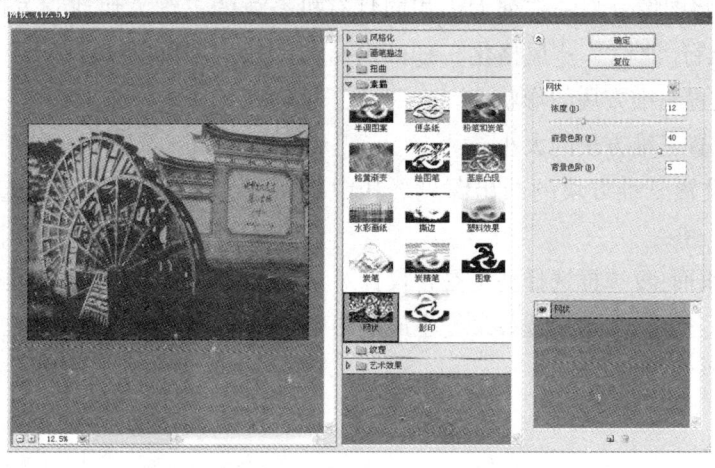

图 6-1-86

14. 铬黄渐变

铬黄滤镜将图像处理成好像是擦亮的铬黄表面,高光在反射表面上是高点,暗调是低点。其操作过程为:打开图像,执行[滤镜]→[素描]→[铬黄渐变]。其应用示例如图6-1-87所示。

(1)细节:设置图像细节的保留程度。

(2)平滑度:设置铬黄纹理的光滑程度。

图6-1-87

(十一)风格化滤镜

使用风格化滤镜可通过置换像素和查找并增加图像的对比度,在选区中生成绘画或印象派的效果。滤镜组中包含了凸出、扩散、拼贴、曝光过度、查找边缘、浮雕效果、照亮边缘、等高线和风等9个滤镜命令。

1. 凸出

凸出滤镜可将图像分为一系列大小相同且有机叠放的三维方块或立方体,其操作过程为:打开图像,执行[滤镜]→[风格化]→[凸出]。其应用示例如图6-1-88所示。

(1)类型:设置三维方块的形状。

(2)大小:设置三维方块的大小。

(3)深度:设置三维方块的凸出深度,其中随机和基于色阶选项可选择三维方块的排列方式。

(4)立方体正面:复选框选择滤镜是否仅针对立方体表面的平均色进行操作。

(5)蒙版不完整块:复选框选择最终生成的图像是否完全显示三维方块。

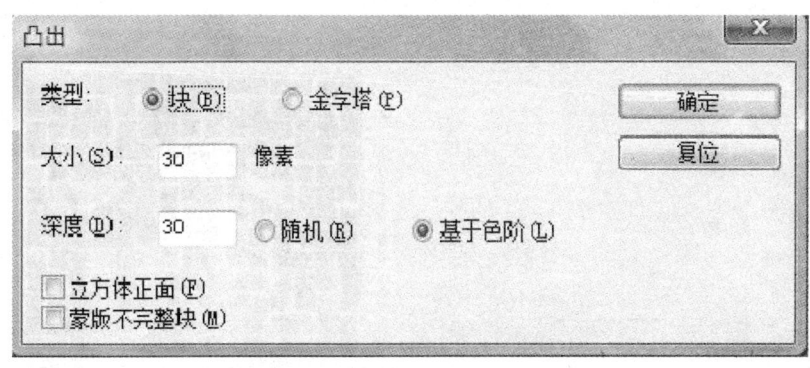

图 6-1-88

2. 扩散

扩散滤镜可产生透过磨砂玻璃观察图像的分离模糊效果,其操作过程为:打开图像,执行[滤镜]→[风格化]→[扩散]。其应用示例如图 6-1-89 所示。

(1)正常:可通过图像中像素点的随机变动来实现图像的扩散效果,但图像整体亮度不亮。

(2)变暗优先:可通过用颜色较暗的像素替换颜色较亮的像素来实现图像的扩散效果。

(3)变亮优先:可通过用颜色较亮的像素替换颜色较暗的像素来实现图像的扩散效果。

(4)各向异性:可产生颜色较暗的像素与颜色较亮的像素同时进行扩散的图像效果。

图 6-1-89

3. 拼贴

拼贴滤镜可将图像分成许多形状各异的小方块,其操作过程为:打开图像,执行[滤镜]→[风格化]→[拼贴]。其应用示例如图 6-1-90 所示。

(1)拼贴数:设置图像中每行和每列显示的小方块数量。

(2)最大位移:设置允许小方块偏移的距离。

(3)填充空白区域用:设置拼贴块之间空白区域的填充方式。

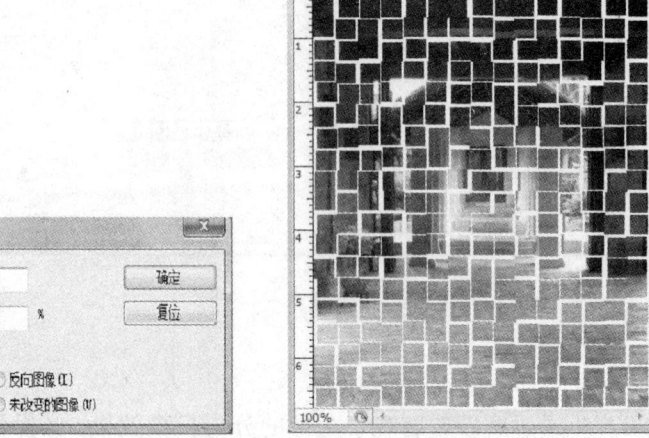

图 6 – 1 – 90

4. 曝光过度

曝光过度滤镜可使图像的正负片相混合，从而产生类似摄影中曝光过度的效果，其操作过程为：打开图像，执行［滤镜］→［风格化］→［曝光过度］。其应用示例如图 6 – 1 – 91 所示。

图 6 – 1 – 91

5. 查找边缘

查找边缘滤镜可搜索颜色变化的区域并强化其过渡像素，是图像产生彩色铅笔勾边的效果，这对于生成图像周围的边界非常有用。其操作过程为：打开图像，执行［滤镜］→［风格化］→［查找边缘］。其应用示例如图 6 – 1 – 92 所示。

图 6-1-92

6. 浮雕效果

浮雕效果滤镜可通过勾画图像轮廓并降低其周围的颜色值,使图像产生浮雕的图案效果,其操作过程为:打开图像,执行[滤镜]→[风格化]→[浮雕效果]。其应用示例如图 6-1-93 所示。

(1)角度:设置图像浮雕效果高光的角度。
(2)高度:设置浮雕的高度。
(3)数量:设置图像细节与颜色的保留程度。

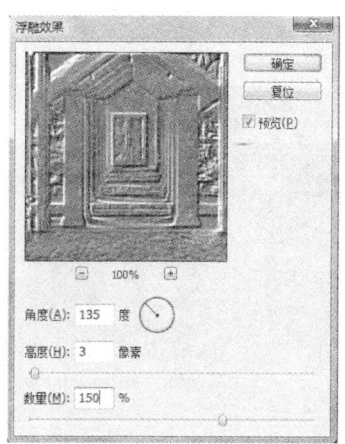

图 6-1-93

7. 照亮边缘

照亮边缘滤镜可搜索图像中主要颜色的变化区域并加强其过渡像素,使图像产生轮廓发光的效果,此滤镜可以和其他滤镜一起应用。其操作过程为:打开图像,执行[滤镜]→[风格化]→[照亮边缘]。其应用示例如图6-1-94所示。

(1)边缘宽度:设置勾画边缘线条的宽度。

(2)边缘亮度:设置勾画边缘线条的亮度。

(3)平滑度:设置勾画边缘线条的光滑程度。

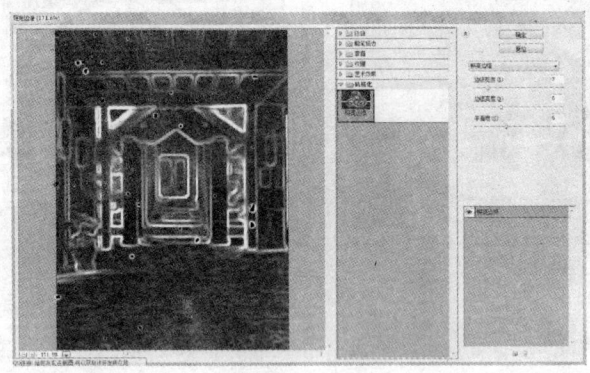

图6-1-94

8. 等高线

等高线滤镜查找主要亮度区域的转换线条,并为每一个颜色通道淡淡地勾勒出主要亮度区域的转换线条,以获得与等高线图中的线条类似的效果。其操作过程为:打开图像,执行[滤镜]→[风格化]→[等高线]。其应用示例如图6-1-95所示。

(1)色阶:设置所描绘轮廓的亮度级。

(2)边缘:设置描绘轮廓的区域,较低选项表示描绘暗度区域,"较高"选项表示描绘亮度区域。

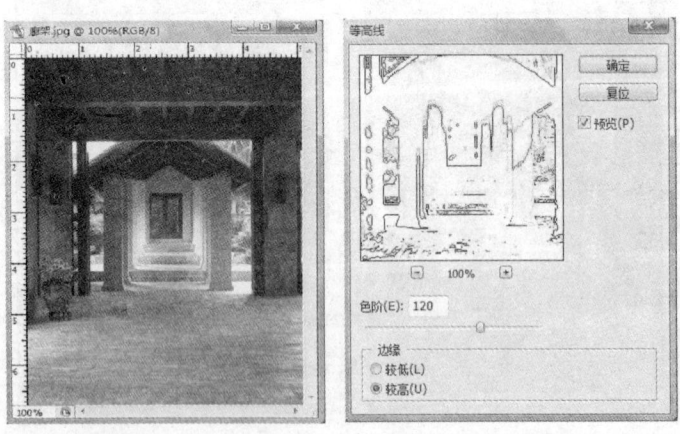

图6-1-95

9. 风

风滤镜在图像中创建细小的水平线条来模拟风的效果,其操作过程为:打开图像,执行[滤镜]→[风格化]→[风]。其应用示例如图6-1-96所示。

第六章 滤镜和图像色彩调整

(1)方法:设置风吹效果样式。
(2)方向:设置风吹的方向。

图 6-1-96

(十二)纹理滤镜

使用纹理滤镜可以使图像的表面具有深度感或物质感,或者添加一种器质外观。滤镜组中包含了拼缀图、染色玻璃、纹理化、颗粒、马赛克拼贴和龟裂缝等 6 个滤镜命令。

1. 拼缀图

拼缀图滤镜可使图像产生瓷片拼贴效果,此滤镜随机减小或增大拼贴的深度,以模拟高光和暗调。其操作过程为:打开图像,执行[滤镜]→[纹理]→[拼缀图]。其应用示例如图 6-1-97 所示。

(1)方形大小:调整拼贴瓷片的大小。
(2)凸现:调整拼贴瓷片的凸凹程度。

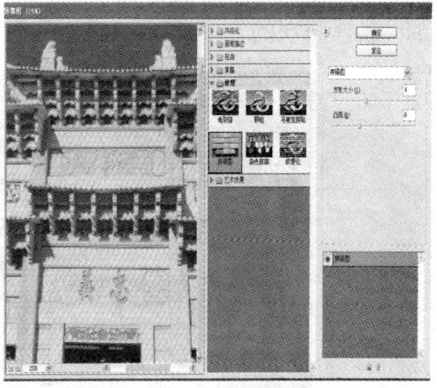

图 6-1-97

2. 染色玻璃

染色玻璃滤镜可在图像中产生不规则分离的彩色格子,且每格的颜色由该格的平均颜色决定,其操作过程为:打开图像,执行[滤镜]→[纹理]→[染色玻璃]。其应用示例如图6-1-98所示。

(1)单元格大小:调整拼贴瓷片的大小。

(2)边框粗细:调整拼贴瓷片的凸凹程度。

(3)光照强度:调整灯光强度。

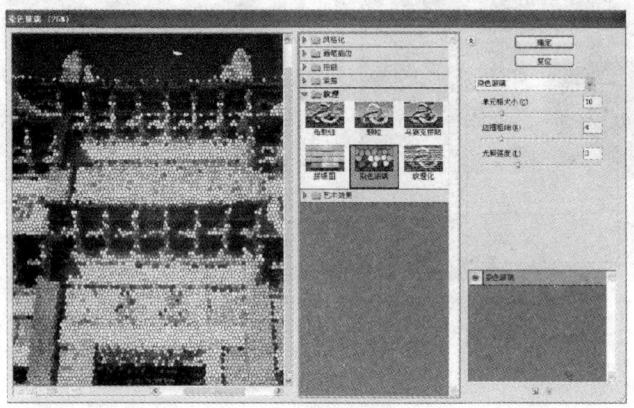

图6-1-98

3. 纹理化

纹理化滤镜可在图像中添加纹理效果,其操作过程为:打开图像,执行[滤镜]→[纹理]→[纹理化]。其应用示例如图6-1-99所示。

(1)纹理:设置纹理的类别,还可单击右侧箭头使用"载入纹理"参数载入PSD格式的文件作为纹理。

(2)缩放:调节纹理的尺寸大小。

(3)凸现:调整纹理的深度。

(4)光照:选择凸现的方向,"反相"复选框设置光照方向是否反转。

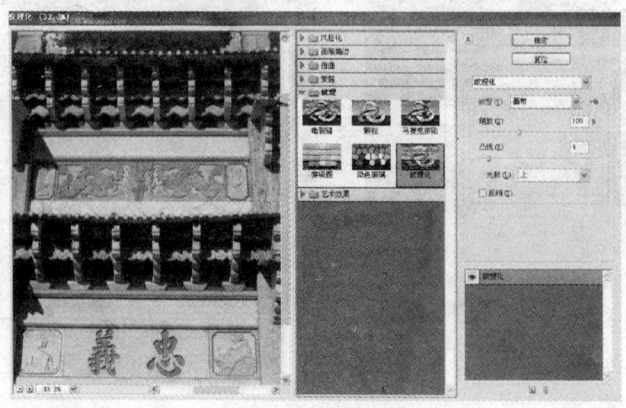

图6-1-99

第六章　滤镜和图像色彩调整

4. 颗粒

颗粒滤镜可在图像中随机加入不规则的颗粒(常规、软化、喷洒、结块、强反差、扩大、点刻、水平、垂直和斑点等)对图像添加纹理,其操作过程为:打开图像,执行[滤镜]→[纹理]→[颗粒]。其应用示例如图6-1-100所示。

(1)强度:调整颗粒的数量。

(2)对比度:调整颗粒间的对比度。

(3)颗粒类型:选择颗粒的类型。

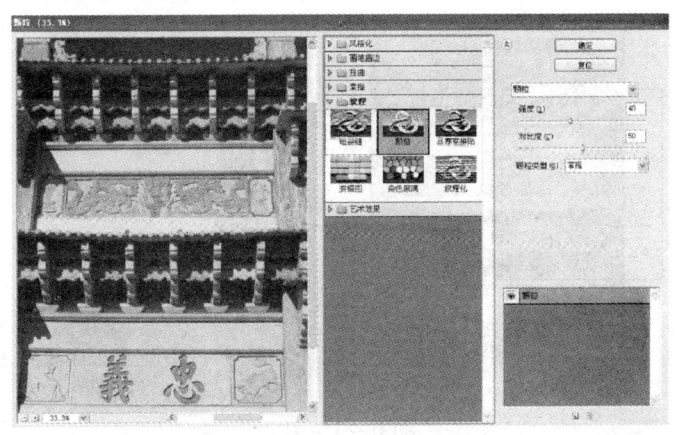

图 6-1-100

5. 马赛克拼贴

马赛克拼贴滤镜可使图像产生不规则的细小的碎片拼贴,在拼贴之间灌浆,使用此滤镜可将图像分解成各种颜色的像素块。其操作过程为:打开图像,执行[滤镜]→[纹理]→[马赛克拼贴]。其应用示例如图6-1-101所示。

(1)拼贴大小:调整马赛克的大小。

(2)缝隙宽度:调整拼贴间缝隙宽度的大小。

(3)加亮缝隙:调整缝隙的亮度。

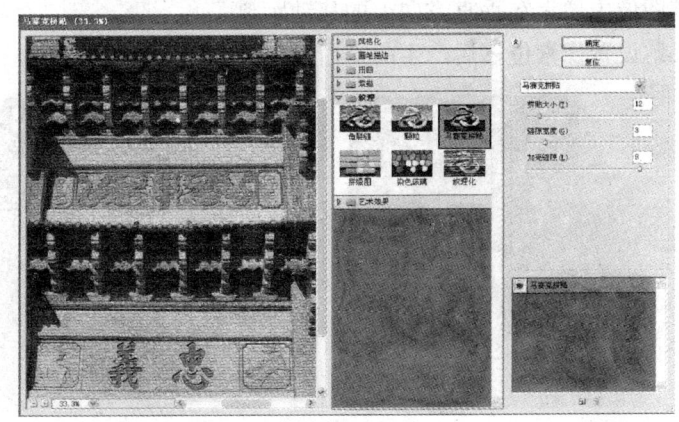

图 6-1-101

6. 龟裂缝

龟裂缝滤镜将图像绘制在一个高凸现的膏表面上,以循着图像等高线生成精细的网状裂缝。使用此滤镜可以对包含多种颜色值或灰度值的图像创建浮雕效果。其操作过程为:打开图像,执行[滤镜]→[纹理]→[龟裂缝]。其应用示例如图6-1-102所示。

(1)裂缝间隙:调整裂缝间的间距。
(2)裂缝深度:调整裂缝的深度。
(3)裂缝亮度:调整裂缝的亮度。

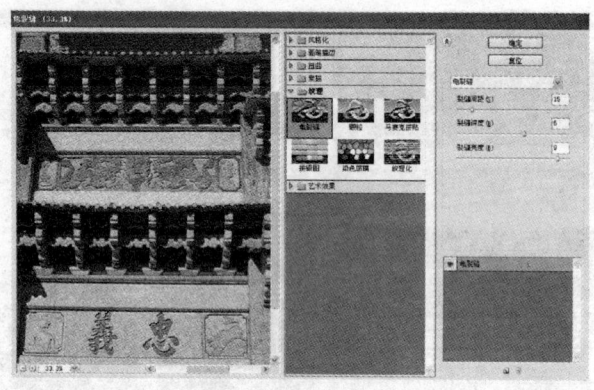

图 6 - 1 - 102

(十三)其他滤镜

其他滤镜组中包含了位移、最大值、最小值、自定义和高反差保留等5个滤镜命令,滤镜组主要用来修饰图像的细节部分,同时可创建一些用户自定义的特殊效果。

1. 位移

位移滤镜可偏移图像中的像素,使用此滤镜可以用当前背景色、图像的另一部分填充这块区域;如果选区靠近图像边缘,也可使用所选择的填充内容进行填充。其操作过程为:打开图像,执行[滤镜]→[其他]→[位移]。其应用示例如图6-1-103所示。

(1)水平:调整图像中像素在水平方向上的移动距离。
(2)垂直:调整图像中像素在垂直方向上的移动距离。
(3)未定义区域:设置像素位移后产生的空白区域的填充方式。

图 6 - 1 - 103

2. 最大值

最大值滤镜可强化图像中的亮度色调并减弱暗度色调，在图像中亮的区域扩大，暗的区域缩小。其操作过程为：打开图像，执行[滤镜]→[其他]→[最大值]。其应用示例如图6-1-104所示。滤镜对话框中的"半径"参数用来调节图像中亮度色调的强化程度。

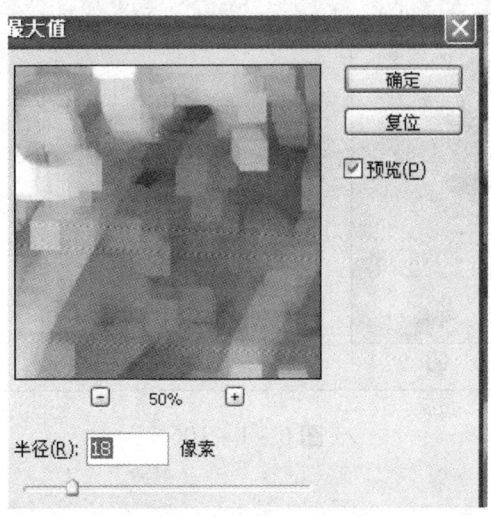

图6-1-104

3. 最小值

最小值滤镜可强化图像中的暗度色调并减弱亮度色调，在图像中暗的区域扩大，亮的区域缩小。其操作过程为：打开图像，执行[滤镜]→[其他]→[最小值]。其应用示例如图6-1-105所示。滤镜对话框中的"半径"参数用来调节图像中暗度色调的强化程度。

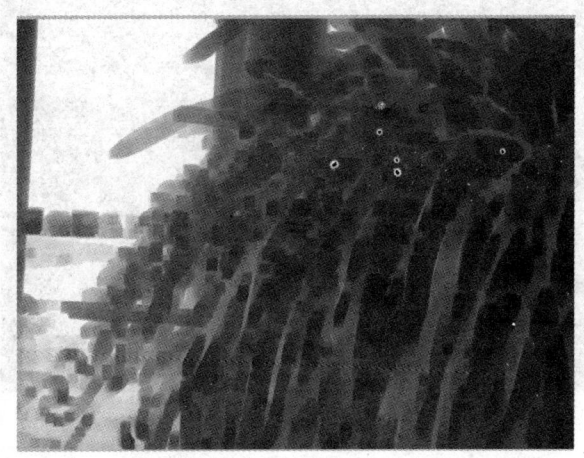

图6-1-105

4. 自定义

自定义滤镜可让用户创建自定义滤镜，根据预定义的数学运算可以改变图像中每个像素的亮度值,然后根据周围的像素值为每个像素重新指定一个值。其操作过程为:打开图像,执行[滤镜]→[其他]→[自定]。其应用示例如图6-1-106所示。滤镜对话框中的方格,可以方便地输入数字计算图像亮度。

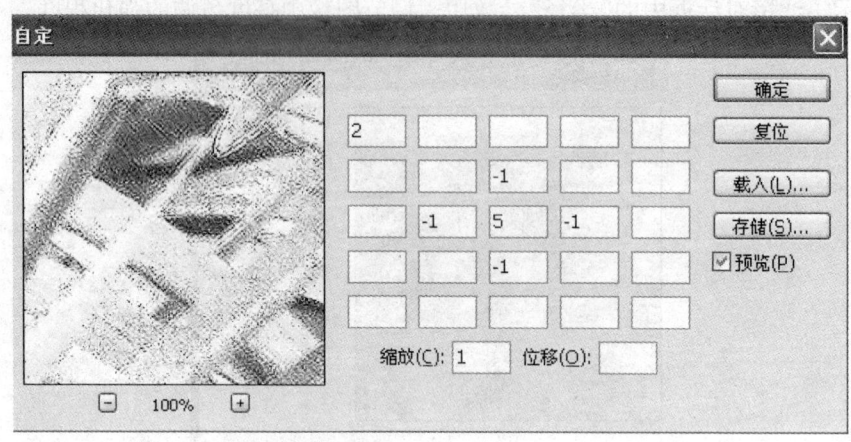

图6-1-106

5. 高反差保留

在有强烈颜色转变发生的地方按指定的半径保留边缘细节,并且不显示图像的其余部分。使用吃滤镜可移去图像中的低频细节,效果与高斯模糊滤镜相反。其操作过程为:打开图像,执行[滤镜]→[其他]→[高反差保留]。其应用示例如图6-1-107所示。滤镜对话框中的"半径"参数用来调节保留图像的程度。

图6-1-107

三、使用新滤镜

Photoshop CS3 不但提供上面的一系列滤镜命令,同时还提供一些特殊功能的滤镜命令。如抽出滤镜、液化滤镜、图案生成器等。

第六章 滤镜和图像色彩调整

（一）抽出滤镜

抽出滤镜为隔离前景对象并抹除它在图层上的背景提供了一种高级方法。即使对象的边缘细微、复杂或无法确定，也无须太多的操作就可以将其从背景中抽取出来。现在以图像中抠出马的轮廓为例，讲解其应用方法及操作步骤。

1.在 Photoshop 中打开马的图像，然后执行菜单命令［滤镜］→［抽出］命令，打开"滤镜"对话框，如图 6－1－108 所示。

图 6－1－108

2.先将不易正常选取的鬃毛和睫毛部分，使用"边缘高光器工具"对其边缘进行高光涂抹（高光默认显示为绿色），此时不要勾选"智能高光显示"选项，且涂抹时画笔的大小可以调节，如图 6－1－109 所示。

图 6－1－109

3.勾选"智能高光显示"选项,描出余下轮廓,此时画笔会自动收缩智能描边。勾好轮廓后,选择填充工具,在轮廓内部点击进行填充(填充默认显示为蓝色),如图6-1-110所示。

图6-1-110

4.点击"确定",填充部分完全选出,高光部分与填充部分相似部分被选出,不相似的部分被忽略,马的轮廓被较好地抠出,背景默认显示为透明,此时就可以将马运用于其他背景当中,如图6-1-111所示。

图6-1-111

(二)液化滤镜

液化滤镜可用于推、拉、旋转、反射、折叠和膨胀图像的任意区域。其操作方法是首先在

Photoshop 中打开图像,然后执行[滤镜]→[液化]命令,并在打开的液化对话框中使用左侧的各种工具对图像进行多种液化操作,其应用如图 6-1-112 所示。

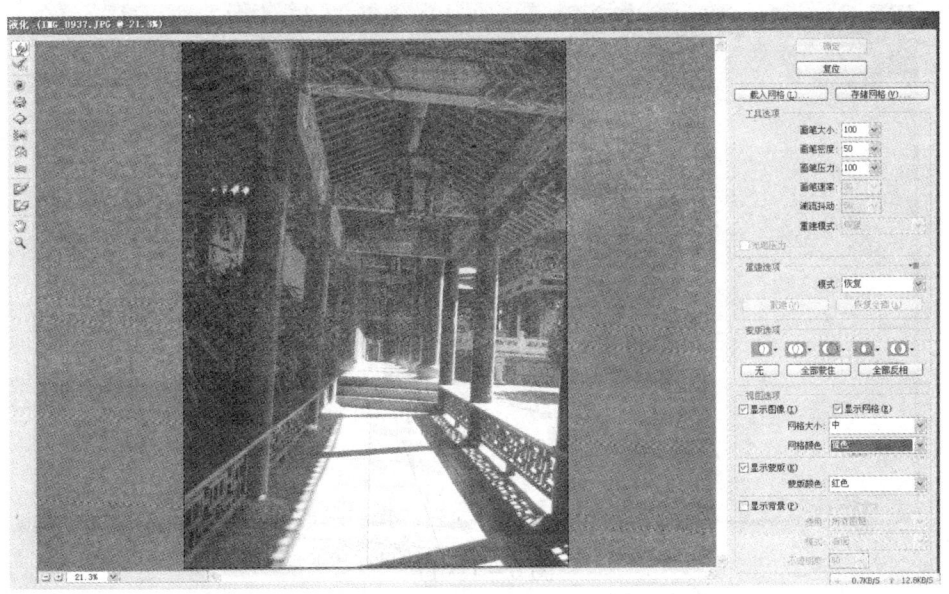

图 6-1-112

(三)图案生成器

图案生成器可用于根据选区或剪贴板上的内容创建无数种图案。其具体操作方法如下。

1. 在 Photoshop 中打开图像,然后执行[滤镜]→[图案生成器]命令,打开图案生成器对话框,如图 6-1-113 所示。

图 6-1-113

2. 在图案生成器对话框中，使用左侧工具箱中的"矩形选框"工具，在图像中选取需要生成图案的范围，如图 6－1－114 所示。

图 6－1－114

3. 在对话框中单击"生成"按钮即可生成图案，此时"生成"按钮将变为"再次生成"，单击该按钮图案会进行变化，直至出现满意图案为止，如图 6－1－115 所示。

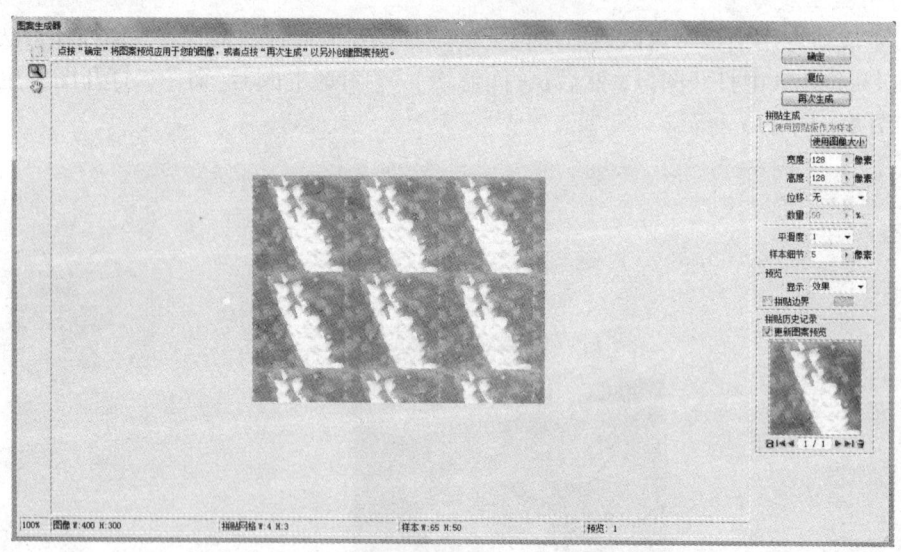

图 6－1－115

图案生成器只对 RGB 颜色模式、CMYK 颜色模式、Lab 颜色模式和灰度图像模式等的 8 位图像有效。

（四）消失点

消失点滤镜可以在保持图像透视角度不变的情况下，对图像进行有透视角度的复制、修复操作。使用消失点来修饰、添加或移去图像中的内容时,结果将更加逼真。执行[滤镜]→[消失点]命令打开"消失点"对话框。首先在预览图像中指定透视平面,然后就可以在这些平面中绘制、仿制、粘贴和变换内容,如图6-1-116所示。

图6-1-116

第二节　图像的色阶控制

色阶是表示图像亮度强弱的指数标准。图像的色彩丰满度和精细度是由色阶决定的。色阶指亮度,和颜色无关,但最亮的只有白色,最不亮的只有黑色。例如显示屏产业的标准有256色、4096色、65536色。

在Photoshop图像处理中,调节色阶(level)实质就是通过调节直方图来调节不同像素值的大小来改进图像的直观效果。

执行[图像]→[调整]→[色阶]命令"Ctrl+L",弹出"色阶"对话框,对话框中,纵轴的山峰图表示图像或选区内色阶分布,横轴表示色阶值,山峰高的地方色阶处像素多,反之像素少。如图6-2所示。

图6-2

通道:选择要应用色阶功能的通道。
输入色阶:在直方图下方的数值框中可以直接输入数值,调整图像效果。也可以拖曳下面的滑块对图像进行设置。拖曳直方图下面的3个滑块,分别表示:"阴影""中间调""高光"。
输出色阶:用来调节图像的整体亮度。
载入/存储:将保存的文本打开,并应用到图像上。
自动:可以调整图像的明暗效果。
取样设计器:在图像中取样以分别设置黑场,灰场,白场。

第三节　图像的色彩调整

一、色彩调整命令

色彩调整命令是 Photoshop 的核心内容,其包含的各种核心调整命令对图像进行颜色调整来说是不可或缺的。执行[图像]→[调整]命令可以从中选择各种命令。

(一)自动对比度

自动对比度命令"Alt + Shift + Ctrl + L"是用来调整图像对比度的,使亮的地方看上去更亮,暗的地方看上去更暗。如图6-3-1所示。

图6-3-1

(二)自动颜色

自动颜色命令"Shift + Ctrl + B"可以搜索图像中间调和高光。如图6-3-2所示。

图6-3-2

第六章　滤镜和图像色彩调整

(三)色彩平衡

色彩平衡命令"Ctrl + B"可以调节图像的色调,可分别在暗调区、灰色调区和高光区通过控制各个单色的成分来平衡图像的色彩,其操作起来简单直观。如图6-3-3所示。

1. 色彩平衡参数用来调整图像色阶值,操作中可在色阶右侧方框中输入-100至100之间的整数值或拖动青色—红色/洋红—绿色/黄色—蓝色滑块进行调整。

2. 色调平衡选项中,阴影、中间调和高光分别设置调整色彩平衡的色调范围为暗调、中间调和高光;保持亮度复选框设置调整过程中图像的亮度是否保持不变。

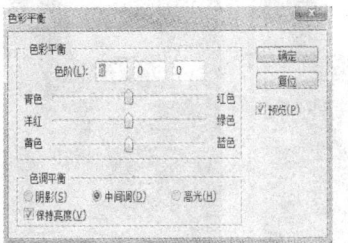
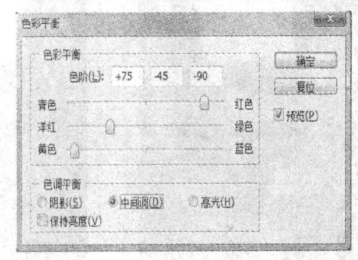

图6-3-3

(四)亮度/对比度

亮度/对比度命令主要用来对整个图像的明暗度以及颜色的对比度进行调整。如图6-3-4所示。

1. 亮度参数用来调整图像的明暗度。

2. 对比度参数用来调整图像颜色的对比度。

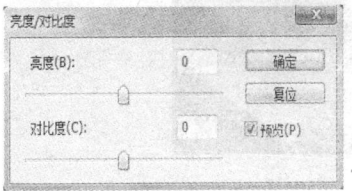
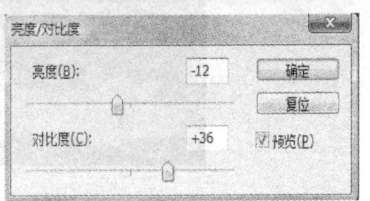

图6-3-4

(五) 色相/饱和度

色相/饱和度命令"Ctrl + U"主要用来对整个图像或目标通道中像素的色相、饱和度和明暗度进行调整，还可通过给像素定义新的色相及饱和度来更改灰度图像的颜色。如图 6-3-5 所示。

1. 编辑下拉菜单选择当前调整的目标是全图还是目标通道。
2. 色相参数调整图像或图像中目标通道的色相。
3. 饱和度参数调整图像或图像中目标通道的饱和度。
4. 明度参数调整图像或图像中目标通道的明暗度。
5. 存储按钮可将当前参数设置存储为一个 .AHU 格式的文件。
6. 载入按钮可载入一个 .AHU 格式文件的参数。
7. 着色复选框勾选后，可将当前图像或选区调整为某种单一颜色。

图 6-3-5

(六) 去色

去色命令"Shift + Ctrl + U"可以将图像的颜色去掉，变成相同颜色模式下的灰度图像，其每个像素仅保留原有的明暗度。如图 6-3-6 所示。

图 6-3-6

第六章　滤镜和图像色彩调整

（七）匹配颜色

匹配颜色命令可将一个图像（源图像）的颜色与另一个图像（目标图像）相匹配。如图6-3-7所示。

1. 应用调整时忽略选区复选框只有当原始图像中存在选区时方可激活，勾选后进行颜色匹配操作时将忽略选区而作用于整个图像。
2. 亮度参数调整图像的明暗度。
3. 颜色强度参数调整图像颜色的强度，效果类似于调整饱和度。
4. 渐隐参数调整渐隐的数量。
5. 中和复选框选中后可将当前图像中的色彩进行中和平衡。
6. 源下拉菜单中可选择与原始图像颜色匹配的目标图像文件（需要首先打开多个图像文件才可以使用）。

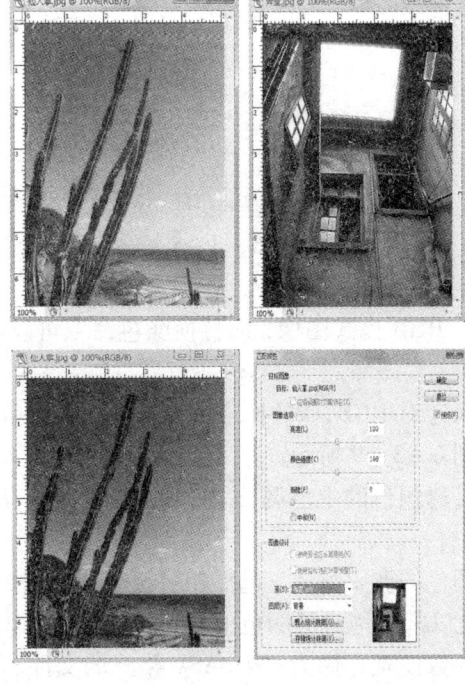

图6-3-7

（八）替换颜色

替换颜色命令用来将图像中的某种颜色替换为其他颜色，并可对替换的颜色进行色相、饱和度和明度等属性的设置。如图6-3-8所示。

1. 吸管工具（　）用来进行颜色取样，添加到取样工具（　）用来增加取样颜色范围，从取样中减去工具（　）用来减少取样颜色范围。
2. 颜色容差参数调整取样容差值，值越大，一次取样范围越广。
3. 选区和图像选项用来设置预览图像显示效果，选择"选区"选项，则图像背景显示为黑色，取样后，被取样的颜色的区域显示为白色，选择"图像"选项则不能直观体现被取样的颜色和范围。

4. 色相、饱和度和明度参数用来调节结果颜色的色相、饱和度和明度。
5. 存储按钮可将当前参数设置存储为一个.AXT 格式的文件。
6. 载入按钮可载入一个.AXT 格式的文件。

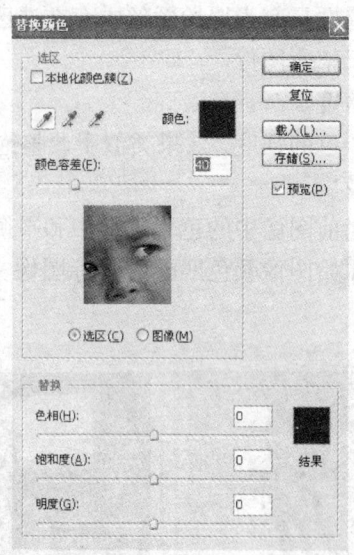

图 6-3-8

匹配颜色命令只能用于 RGB 模式图像,而替换颜色命令可以用于几乎所有模式的图像。

(九)可选颜色

可选颜色命令主要用来针对 RGB、CMYK、黑色、白色和灰色等颜色组成的图像进行图像中颜色的校正和平衡。如图 6-3-9 所示。

1. 颜色下拉菜单设置可选颜色的主色调,CMYK 参数(青色、洋红、黄色、黑色)对可选颜色进行校正与平衡调节。

2. 方法选项用来设置颜色的调整方式,选择相对选项会根据原来 CMYK 值的总数量来计算百分比,选择绝对选项是以某个绝对的颜色值进行可选颜色的调整。

3. 存储按钮可将当前参数设置存储为一个.ASV 格式的文件。

4. 载入按钮可载入一个.ASV 格式的文件。

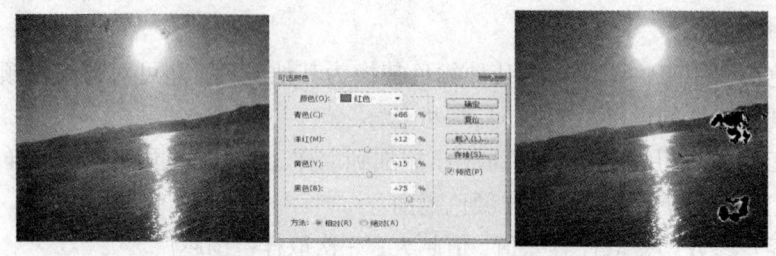

图 6-3-9

第六章　滤镜和图像色彩调整

（十）通道混合器

通道混合器命令主要用来混合当前颜色通道与其他颜色通道中的像素，从而改变当前图像中复合通道的颜色。如图 6-3-10 所示。

1. 输出通道下拉菜单中可选择需要调整的目标通道。
2. 源通道滑块参数组用来指定与目标通道相混合的通道，同时可对混合的通道进行色彩组成成分的调整。RGB 图像模式下，滑块组由红色、绿色、蓝色组成；CMYK 图像模式下，滑块组由青色、洋红、黄色、黑色组成。
3. 常熟参数可增加或减少当前混合通道的互补色。
4. 单色复选框勾选后，可将当前图形设置为灰度效果，但不改变图像的色彩模式。
5. 存储按钮可将当前参数设置存储为一个.CHA 格式的文件。
6. 载入按钮可载入一个.CHA 格式的文件。

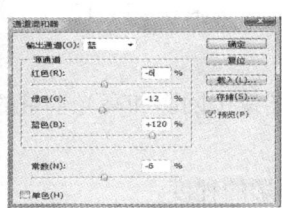

图 6-3-10

只有 RGB 和 CMYK 等色彩模式图像才可以使用通道混合器命令。

（十一）渐变映射

渐变映射命令可以将图像的色阶映射为一组渐变色的色阶。如图 6-3-11 所示。

1. 渐变色条下拉菜单中可选择需要的渐变。
2. 仿色复选框勾选后，可为渐变映射后的图像任意增加一些小的杂点，使图像的过滤更加精细。
3. 反相复选框勾选后，渐变映射的图像颜色会完全反转过来，图像呈负片效果。

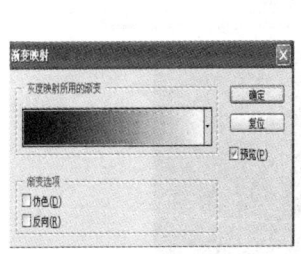

图 6-3-11

(十二) 照片滤镜

照片滤镜命令可以模仿在相机镜头前面加彩色滤镜，以便调整通过镜头传输的光的色彩平衡和色温，使胶片曝光。如图 6-3-12 所示。

1. 滤镜下拉菜单中可选择自定义滤镜颜色。
2. 颜色选项选择后可打开拾色器对话框，自行选择需要的滤镜颜色。
3. 浓度参数可调节当前颜色通道或颜色的浓度，即饱和度。
4. 保留亮度复选框勾选后，可保证在调整时图像亮度保持不变。

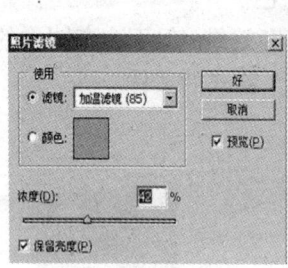

图 6-3-12

(十三) 阴影/高光

阴影/高光命令主要用来调整图像中阴影和高光数量的多少，从而调节图像的明暗程度。如图 6-3-13 所示。

1. 阴影数量参数可调节图像阴影的程度。
2. 高光数量参数可调节图像高光的程度。
3. 显示其他选项复选框勾选后，可对现有参数进行扩展。
4. 存储按钮可将当前参数设置存储为一个 .SHH 格式的文件。
5. 载入按钮可载入一个 .SHH 格式的文件。

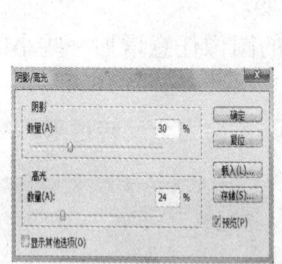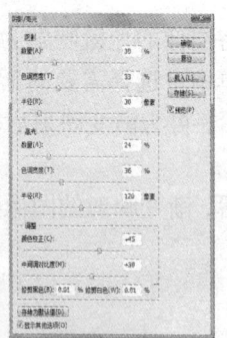

图 6-3-13

第六章　滤镜和图像色彩调整

(十四)曝光度

曝光度命令是通过在线性颜色空间执行计算,从而调整图像的颜色进行调整(主要作用于 HDR 这种 32 位图像,也可用于 8 位和 16 位图像)。如图 6-3-14 所示。

1. 曝光度参数调整色调范围的高光区域,对极限阴影影响很小。
2. 位移参数调整阴影和中间色调,对高光区域影响很小。
3. 灰度系数参数是利用乘方函数计算调节图像灰度系数。

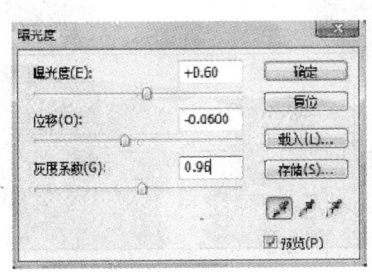 

图 6-3-14

(十五)反相

反相命令"Ctrl+I"一般用来将图像颜色进行反转从而得到负片效果,本命令可对独立图层、单独通道、选区或整个图像进行操作。如图 6-3-15 所示。

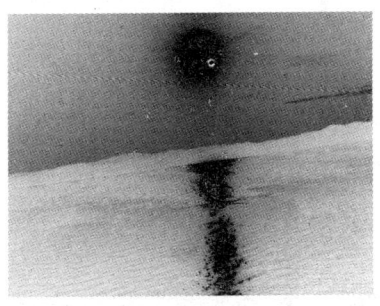

图 6-3-15

(十六)色调均化

色调均化命令是将图像中的最亮和最暗的像素值平均其所有的亮度值,来重新分配其在图像中各像素的像素值。如图 6-3-16 所示。

图 6-3-16

(十七) 阈值

阈值命令可以指定某个色阶作为阈值，比阈值亮的像素转换为白色；而比阈值暗的像素则转换为黑色。如图 6-3-17 所示。对话框中的阈值色阶参数设置图像转化为黑白图像过程中黑色像素的多少。

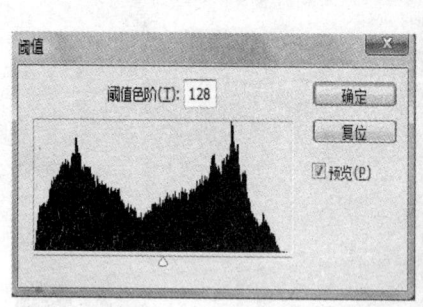

图 6-3-17

(十八) 色调分离

色调分离命令可以指定图像中每个通道的色调级的数目，然后将像素映射为最接近的匹配级别。如果想在图像中使用特定数量的颜色，那么图像将转换为灰度并指定需要的色阶数。然后再将图像转换到以前的颜色模式，并使用想要的颜色替换不同的灰色调。如图 6-3-18 所示。

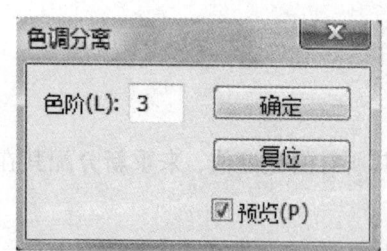

图 6-3-18

(十九) 变化

变化命令是在图像的不同色调下调整图像的色彩平衡、对比度和饱和度，这种调整图像的方法比较粗略。如图 6-3-19 所示。

第六章 滤镜和图像色彩调整

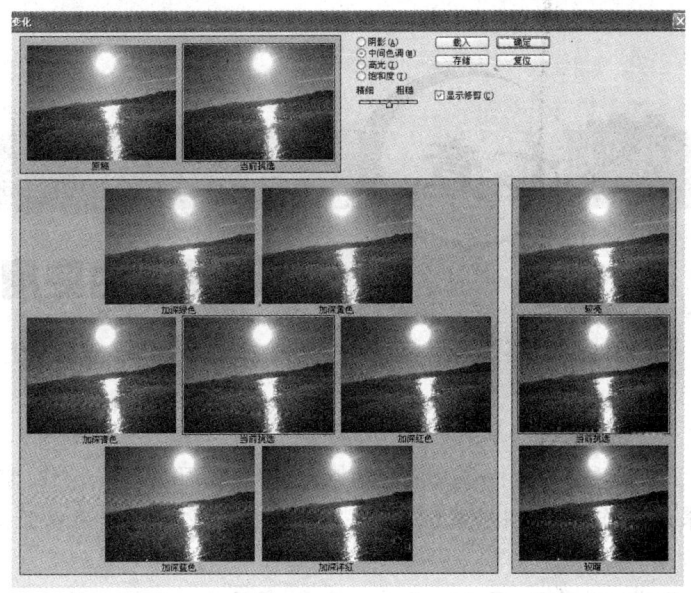

图 6-3-19

思考与练习

一、选择题：

1. （　　）命令主要用来调整图像中阴影和高光数量的多少，从而调节图像的明暗程度。
   A. 阴影/高光　　　B. 色调分离　　　C. 变化　　　D. 阈值

2. （　　）命令是通过在线性颜色空间执行计算，从而调整图像的颜色进行调整（主要作用于 HDR 这种 32 位图像，也可用于 8 位和 16 位图像）。
   A. 变化　　　B. 曝光度　　　C. 照片滤镜　　　D. 通道混合器

二、简答题：

1. 什么是滤镜？滤镜分为哪几类？
2. 简析图像的色彩调整。

三、上机操作题：

1. 打开一幅图像，练习使用各种滤镜工具。
2. 根据本章所学内容，制作有云的天空。
3. 发挥想象力，利用各种滤镜，制作一枚奥运会会标。

第七章 图层和通道的应用

●学习目标:了解图层、通道和蒙版的基本概念;掌握图层的基本操作;掌握各种图层样式的设置和图层效果的制作;掌握图层蒙版、快速蒙版和矢量蒙版的作用以及使用方法;掌握通道的作用和使用方法。

●学习重点:深刻理解图层、通道和蒙版的用途;图层浮动面板及通道浮动面板的操作;图层样式各参数的用途及通过图层样式修改对象的质感;蒙版、通道的创建与编辑;灵活使用蒙版、通道处理图像。

●学习难点:图层、蒙版和通道是 Photoshop 中不可缺少的重要工具,熟练先关工具、命令,利用图层、蒙版和通道创建出丰富的图像效果。

第一节 图层的基本概念

一、图层的概念

图层在图像处理中具有十分重要的地位。使用 Photoshop 软件进行后期处理时几乎都会使用到图层功能。本节将进入 Photoshop 中最基本且非常重要的工具——图层的学习。

我们可以这样来理解图层的概念:比如我们在图纸上进行绘画,画完之后发现其中某一部分位置不对,那么我们只能将该部分擦掉再重新画过,并且还要对图纸上其他部分做一些相应的修补,显然很不方便。那么,我们设想把各要素分层绘制在透明胶片上,每张胶片有不同的内容,最后将各层按照一定的叠放次序进行组合。这样完成之后的作品,后期可对其进行分层修改以达到预期效果。这种方式,极大地提高了后期修改的便利度,最大可能地避免重复劳动。

二、图层的类型

(一)普通图层:普通图层(也叫常规图层)是最基本的图层类型,它就相当于一张透明的纸,可以有不同的透明度。主要用于存放图像和绘制的图形。

第七章 图层和通道的应用

（二）背景图层：Photoshop 中的背景图层是最下面的图层，它是不透明的。在 Photoshop 软件中，一个图像文件只有一个背景图层。用户不能更改背景图层的叠放次序、混合模式或不透明度，但背景图层可以与普通图层相互转换。

（三）文本图层：文本图层内只可以输入与编辑文字内容。使用文本工具在图像中创建文字后，软件将自动新建一个图层。文本图层主要用于编辑文字的内容、属性和取向。大多数编辑工具和命令不能在文本图层中使用。要使用这些工具和命令，首先要将文本图层转换为普通图层。

（四）调整图层：调整图层本身并不具备单独的图像及颜色，它可以调节其下所有图层中图像的色调、亮度和饱和度等。所有的位图工具对其无效。

（五）填充图层：是使用单一颜色、渐变色或图案填充图层中，从而形成图像遮盖效果。所有的位图工具对其无效。填充和调整图层内主要用来存放图像的色彩等信息。

（六）效果图层：当为图层应用图层效果后，在图层浮动面板上该层右侧将出现一个效果层图标，表示该图层是一个效果图层。

（七）形状图层：形状图层用来绘制形状图形。主要存放矢量形状信息。形状中会自动填充当前的前景色，但是也可以通过其他方法对其进行修饰。形状的轮廓存储在链接到图层的矢量蒙版中。

三、图层的管理

图层是进行图像编辑操作时必不可少的工具，为了避免杂乱无章的应用图层给用户带来麻烦，在 Photoshop 中制作图像时，对图层进行管理是非常有必要的。Photoshop 中主要使用图层浮动面板对图层进行管理。要很好地使用图层功能，首先要熟悉图层浮动面板。Photoshop 提供了十几个可浮动的控制面板，对于初学者来说，图层浮动面板是必须显示在操作界面中的，否则图像编辑和绘制无法顺利完成。图层浮动面板中的许多按钮设置都是图层菜单命令的快捷模式。运用图层浮动面板可以使操作更加灵活方便。

（一）初识图层浮动面板

若 Photoshop 工作窗口中没有显示图层浮动面板，可执行[窗口]→[图层]菜单命令，或者按下键盘中的 F7 功能键，就可以打开如图 7－1－1 所示的图层浮动面板。若打开的图层浮动面板中所有选项都是灰色的，是因为此时 Photoshop 工作窗口中没有打开任何图像。默认状态下图层浮动面板位于工作窗口的右下角，单击图层标签 图层 即可切换到图层浮动面板中。图层浮动面板列出了当前图像窗口中所有图层，图层内容的缩览图显示在图层名称左边的预览框中，它会随着我们的编辑而更新。图层较多时，图层浮动面板将出现滚动条，拖动滚动条或重新调整浮动面板大小可查看其他图层。

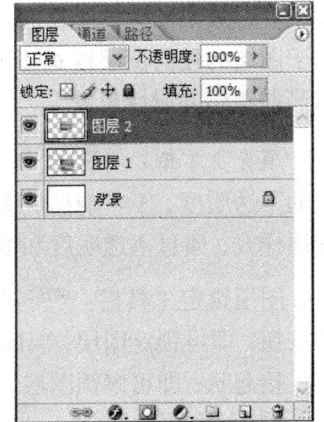

图 7－1－1　图层浮动面板

（二）图层浮动面板的各项功能

图层缩览图有 4 种显示方式，单击"图层浮动面板"右上角的 按钮，打开如图 7－1－2 所示的图层面板菜单，选择其中的"调板选项"命令，在打开的如图7-1-3所示的"图层调板选项"对话框中选择适当的显示方式。当图层中的图像内容比较小,在预览窗口中看不清楚时,可以使用最下方的最大预览方式;当图层比较多时,为了在图层列表中显示更多的图层,可以选择无方式。也可将鼠标移到图层浮动面板左侧的图层缩览图上,然后单击鼠标右键,在弹出的菜单中进行缩览图样式的选择。在图层列表中当前图层的名称显示为蓝底白字,如图7-1-1所示的图层浮动面板中图层2为当前图层。

 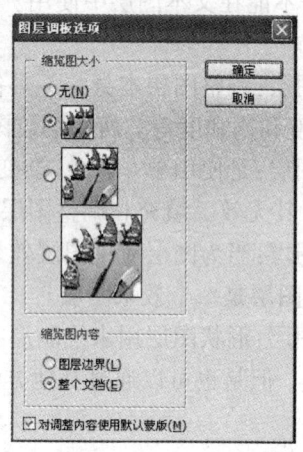

图7-1-2　图层面板菜单　　　图7-1-3　"图层调板选项"对话框

"图层浮动面板"及其各选项的作用简介如下:

1.图层混合模式:用于为图层添加不同的模式,设置当前图层与其他图层叠合在一起的效果。它包含25种模式。单击图框右侧的图标 正常 ,即可弹出一下拉列表框,其中各选项的功能将在后面详细介绍。

2.不透明度文本框: 不透明度:100% 用于调整图层的总体不透明度,控制添加任意图层样式或混合效果图像的不透明度。不仅影响图层中绘制的像素或图层上绘制的形状,还影响应用于图层的任何图层样式和混合模式。图层的不透明度设置框和混合模式下拉列表框中仅显示当前图层的属性设置。

3.填充文本框: 填充:100% 用于设置当前图层内容的填充不透明度。只用于控制图像像素的不透明度,不影响已应用于图层的任何图层效果的不透明度。如果图层中没有添加任何图层样式,通过不透明度和填充选项都可以更改图像的不透明度。

4.图层锁定工具栏: 锁定: ☒ ／ ✢ ● 单击选中要锁定的图层,再单击图层锁定工具栏中相应的按钮,即可锁定图层;单击选中要解锁的图层,再单击图层锁定工具栏中相应的按钮,使它们呈抬起状,即可解锁图层。图层锁定工具栏中各个按钮功能如下。

(1)锁定透明像素按钮: ☒ 用来锁定图层中的透明像素,禁止对该图层的透明区域进行编辑。

(2)锁定图像像素按钮: ／ 用来锁定图层中的图像像素。除了可以移动图像外,禁止对该图层(包括透明区域)进行其他编辑。

(3)锁定位置按钮: ✢ 用来锁定图层中的图像位置,禁止移动该图层。其他操作依然可以进行。

（4）锁定全部按钮：🔒用来锁定图层中的全部内容，禁止对该图层进行编辑和移动。其特征如同背景图层。

5. 图层可视性：👁单击该图标可以切换显示或隐藏图层状态。当在图层左侧显示该图标时，表示图像窗口中显示该图层的图像；鼠标左键单击此图标，图标消失并隐藏该图层的图像。鼠标右键单击此图标，会调出快捷菜单，利用该菜单可以选择隐藏本图层或隐藏其他图层。

6. 面板菜单按钮：▶面板菜单隐藏在面板中，单击该按钮，将弹出一下拉菜单，主要用于新建、删除、链接以及合并图层等操作。该菜单中的部分命令都以按钮的形式显示在图层面板的下方。

7. 链接图层按钮：🔗选中两个或两个以上的图层后，单击该按钮，可以建立选中图层之间的链接。

8. 添加图层样式按钮：🅕用于为当前图层添加图层样式效果。单击该按钮，将弹出一个下拉菜单，单击该菜单中的菜单命令，可以调出图层样式对话框，并在该对话框的样式栏内选中相应的选项。利用该对话框可以给图层添加效果。

9. 添加图层蒙版按钮：◻单击该按钮，可以为当前图层添加图层蒙版。

10. 创建新填充或调整图层按钮：⊘用于创建填充或调整图层，单击该按钮即可调出它的快捷菜单，单击该菜单中的菜单命令，可以调出相应对话框，利用这些对话框可以创建填充或调整图层。

11. 创建新组按钮：▢单击该按钮即可在当前图层之上创建一个新的组。它可以包含多个图层，并可将这些图层作为一个对象进行相应操作。

12. 创建新图层按钮：▫单击该按钮，即可在当前图层之上创建一个普通图层。

13. 删除图层按钮：🗑单击该按钮可以删除当前图层。也可以用鼠标将要删除的图层拖到删除图层按钮上，再松开鼠标左键，删除图层。

图层浮动面板、面板菜单以及图层菜单中的部分命令功能相同，用户可以根据自身习惯进行操作，通常情况下图层浮动面板使用起来更为简便。

第二节　图层的基本操作

一、创建图层

（一）创建普通图层

普通图层是 Photoshop 最常见的图层类型，在普通图层中可以实现 Photoshop 的所有操作。

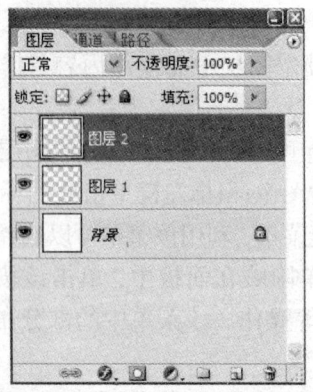

图7-2-1　新建图层面板

1. 要新建一个普通图层,可以单击"图层浮动面板"底部的"创建新图层" 按钮,即可新建一个空白图层,这些新建的图层会自动按照建立的次序命名,如图7-2-1所示(图层1、图层2)。

按住"Alt"键同时单击"图层浮动面板"中的"创建新图层" 按钮,将会弹出"新建图层"对话框;按住"Ctrl"键的同时单击"图层浮动面板"中的"创建新图层" 按钮,将会在当前选中的图层下创建新图层。

2. 利用图层菜单命令也可以新建图层,执行[图层]→[新建]→[图层]命令,可以打开如图7-2-2所示的"新建图层"对话框。在该对话框中可以对新建的图层进行多种属性的设定,比如图层在列表中的名称、颜色、混合模式及不透明度等,最后单击"确定"即可新建一个普通图层。

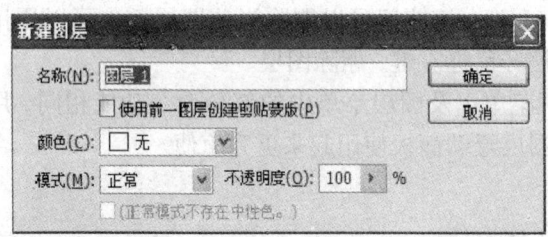

图7-2-2　"新建图层"对话框

3. 从"图层面板菜单"中选择"新建图层"命令,也可以打开新建图层对话框新建普通图层。
4. 快捷键:键盘输入"Shift + Ctrl + N"也可以打开"新建图层"对话框新建普通图层。

"新建图层"对话框中的各项设置的含义:

(1)名称:用于指定新建图层的名称。

(2)使用前一图层创建剪贴蒙版:可将下面的图层创建为当前图层的剪贴蒙版。此选项对于图层组不可用。

(3)颜色:用户可以在此项为新建图层指定一种色彩作为识别标志。该图在对话框中为新建图层指定了如图7-2-3所示的绿色识别标志,在图层浮动面板中可以方便识别。

(4)模式:用于为新建图层指定一种色彩混合模式。

(5)不透明度:用于为图层指定不透明度。
(6)填充中性色:为新建图层填充中性色彩。

有的滤镜对于无像素的图层不起作用。选取填充中性色选项,将通过使用预设的中性色来填充图层解决这一问题。中性色填充在以下色彩混合模式下不起作用:正常、溶解、色相、饱和度、颜色、亮度模式。

图7-2-3　指定色彩识别标志的图层

5. 将剪贴板中的图像粘贴到当前画布窗口时,会自动在当前图层之上创建一个新的普通图层。

6. 将一个画布窗口内选中的图像拖到另一个画布窗口内时,会自动在目标画布窗口内当前图层之上创建一个新普通图层。

普通图层转换为背景图层的方法:

在"图层浮动面板"中没有背景图层时,单击选中一个图层,再单击[图层]→[新建]→[图层背景]菜单命令,即可将当前图层转换为背景图层。

(二)创建背景图层

一幅图像只能有一个背景图层。Photoshop无法更改背景图层的叠放顺序、混合模式或不透明度。当在 Photoshop 中新建一个图像文件时,图层浮动面板中仅有一个默认的背景图层。该图层的状态取决于新建图层时在新建对话框中的设置。如果新建图层时背景内容选择白色或背景色,那么新图层中就会有一个如图7-2-4所示的背景层存在,并有一个锁定标志。如果背景内容选择透明,就会出现一个如图7-2-5所示的名为图层1的层。当打开一个没有经过 Photoshop 处理的图像文件时,图层浮动面板中也仅有一个默认的背景图层,该层中的内容就是该文件的原始图像。

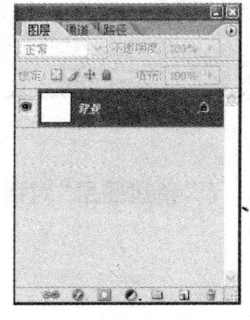 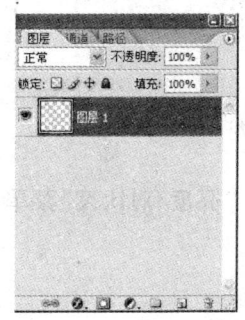

图7-2-4　新建背景图层　　图7-2-5　新建图层1

1. 背景图层比较特殊，其特点主要表现在以下几个方面：
（1）背景图层位于图层浮动面板的最底层，不能移动；背景图层可以有透明区域存在。
（2）一幅图像中可以没有背景图层，如果有也只能有一个。
（3）背景图层不可以添加图层样式和图层蒙版。
（4）复制的背景图层，得到的副本将成为普通图层。
2. 背景图层转换为普通图层的方法：
（1）在"图层浮动面板"中，快速双击背景图层将弹出"新建图层"对话框，根据需要设置图层选项之后再单击"确定"按钮，可以将其转换为普通图层。
（2）选中背景图层，执行[图层]→[新建]→[背景图层]菜单命令，将弹出"新建图层"对话框，根据需要设置图层选项之后，单击"确定"按钮即可将背景图层转换为普通图层。

（三）创建调整图层与填充图层

填充图层和调整图层实际是同一类图层，表示形式基本一样，填充图层和调整图层存放可以对其下边图层的选区或整个图层进行色彩等调整的信息。用户可以对它进行编辑调整，不会对其下边图层图像造成永久性改变。一旦隐藏或删除填充图层和调整图层后，其下边图层的图像会恢复原状。

1. 创建调整图层

执行[图层]→[新建调整图层]菜单命令调出其子菜单，再单击子菜单中的相应菜单命令，如单击7-2-6所示的"亮度/对比度"菜单命令，可调出如图7-2-7所示的"新建图层"对话框，利用该对话框可以对图层属性进行设置。然后单击"确定"按钮，又可调出如图7-2-8所示的"亮度/对比度"对话框，进一步进行参数设置。设置完成后，再单击"确定"按钮，即可创建一个如图7-2-9所示的调整图层。同时给出了如图7-2-10所示的创建调整图层的图层浮动面板。

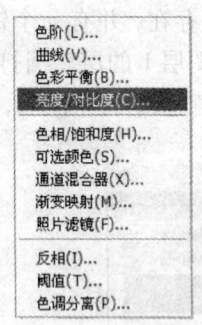
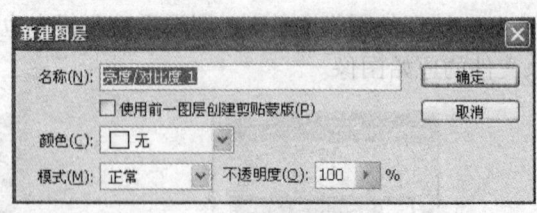

图7-2-6 "亮度/对比度"菜单　　图7-2-7 "新建图层"对话

第七章 图层和通道的应用

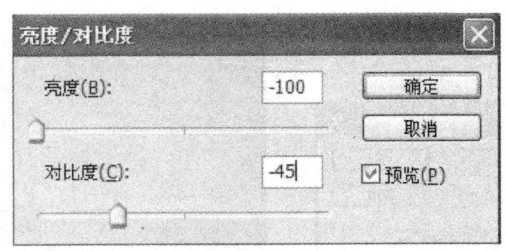

图 7-2-8 "亮度/对比度"对话框

调整图层用来调节图像的色彩和色调,而不会永久地修改图像中的像素。颜色和色调更改位于调整层内,该图层像一层透明膜一样,下层图像图层可以透过它显示出来,调整图层会影响它下面的所有图层。这意味着可以通过单个调整校正多个图层,而不是分别对每个图层进行调整。

 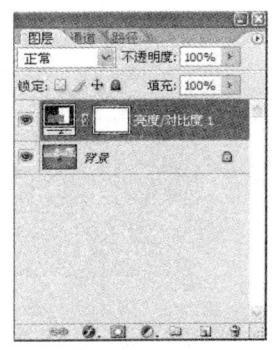

图 7-2-9 调整图层效果　　　　图 7-2-10 调整图层面板

2. 创建填充图层

执行[图层]→[新建填充图层]菜单命令调出其子菜单,再单击子菜单中的相应菜单命令,如单击如图 7-2-11 所示的"渐变"菜单命令,可调出如图 7-2-12 所示的"新建图层"对话框,利用该对话框可以对图层属性进行设置。然后单击"确定"按钮,又可调出如图 7-2-13 所示的"渐变填充"对话框,进一步进行参数设置,设置完成后,再单击"确定"按钮,即可创建一个如图 7-2-14 所示的填充图层。同时给出了如图 7-2-15 所示的创建填充图层的图层浮动面板。

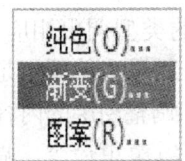 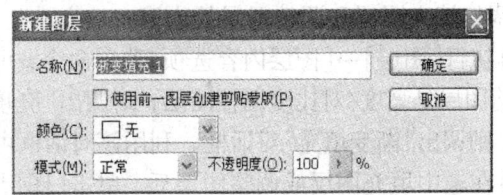

图 7-2-11 "渐变"菜单　　　　图 7-2-12 "新建图层"对话框

· 171 ·

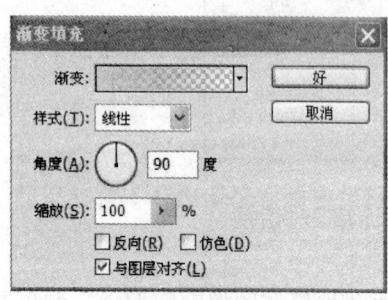 

图7-2-13 "渐变填充"对话框　　　　图7-2-14 填充图层效果

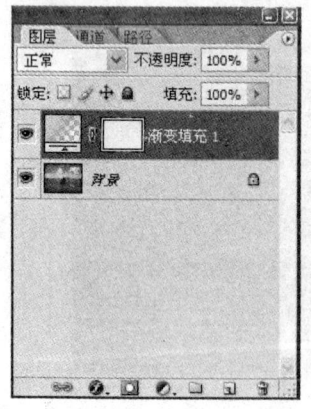

图7-2-15 填充图层面板

新填充图层是使用纯色、渐变色或图案填充在新的图层中,从而形成图像遮盖效果。在图层面板中,通过设置颜色混合方式可以得到意想不到的图像混合效果。新填充图层创建后会自带图层蒙版。与调整图层不同,填充图层不影响它们下面的图层。

还可以利用"图层浮动面板"底部的创建新的填充或调整图层按钮来创建图层:

(1)单击图层浮动面板底部的 按钮,调出一个菜单。

(2)单击菜单中的一个菜单命令,即可调出相应的对话框,利用该对话框进行设置,再单击"确定"按钮,即可完成创建填充图层或调整图层的任务。

3.调整填充图层和调整图层的内容

(1)执行[图层]→[图层内容选项]菜单命令,可以根据当前图层的类型调出相应对话框。如果当前图层是亮度/对比度调整图层,则调出"亮度/对比度"对话框;如果当前图层是渐变填充图层,则调出"渐变填充"对话框。利用该对话框可以调整填充图层和调整图层的内容。

(2)在选中填充图层或调整图层后,单击[图层]→[更改图层内容]菜单命令,调出类似子菜单,单击这些菜单命令,可以调出相应对话框,再进行调整。

(四)创建文字图层

使用文字工具输入文字后自动生成的图层称为文字图层。文字图层最大的特点是图层缩览图有一个"T"字标志,在文字图层状态下,可以通过工具属性栏对文字进行再编辑,但有些命令如描边、填充等不能执行。若要执行这些命令需要将其转换成普通的图层。

文字图层转换为普通图层的方法:

1.在"图层浮动面板"上选中文字图层,将鼠标移到图层缩览图右侧单击鼠标右键,将弹出如图7-2-16所示的快捷菜单,在该菜单中单击"栅格化文字",即可将文字图层转换为普通图层。

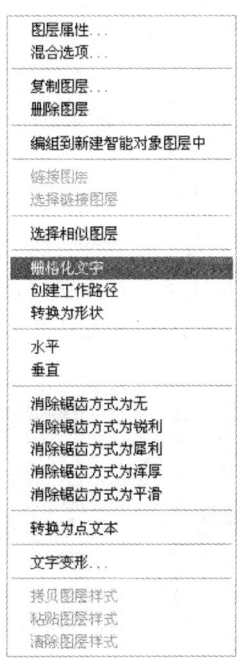

图7-2-16　快捷菜单

2.在"图层浮动面板"上选中文字图层,然后执行[图层]→[栅格化]→[文字]菜单命令,即可将文字图层转换为普通图层。

图层样式中提供的描边选项可以在文字图层状态下直接为文字描边,不需要将文字图层转换为普通图层,而且还可以使用渐变、图案等为文字描边,功能优先于描边命令。

(五)创建形状图层

在图像处理过程中,形状图层并不常用。形状图层是向图层填充适当颜色并创建一个图形区域,实际上是图层蒙版的一种,只有图层蒙版区域才会显示出填充到图层中的颜色。另外,用户可以对图层蒙版设置相应的混合模式,还可以像编辑一般路径那样调整其节点的位置和平滑效果,从而改变图层蒙版的形状。形状图层和文字图层的原理相似。

(六)创建图层组

图层组是专门为有效地管理图层而设立的,如果要制作有几十个或者上百个图层的文件,使用图层组管理图层,将使工作变得简单有序。图层与图层组之间的关系就像文件与文件夹的关系一样。

1.执行[图层]→[新建]→[组]菜单命令,会弹出如图7-2-17所示的"新建组"对话框,该对话框允许用户对新图层组的名称、标记颜色、混合模式和不透明度等属性进行设置,在该对话框中进行相应设置后,单击"确定"按钮,会在图层浮动面板的当前图层上方创建一个如图7-2-18所示的组。使用该方法创建出来的是空图层组,需要用户在新的图层组中创建图层,这样图层组才真正有意义。

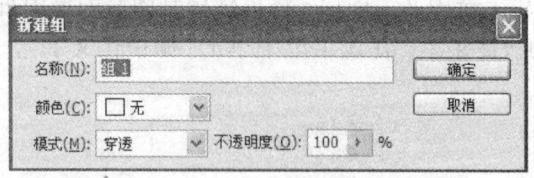

图7-2-17 "新建组"对话框

2. 按住"Ctrl"键,单击选中图层浮动面板内的几个图层,执行[图层]→[新建]→[从图层建立组]菜单命令,同样会弹出"新建组"对话框,该对话框允许用户对新图层组的名称、标记颜色、混合模式和不透明度等属性进行设置,在该对话框中进行相应设置后,单击"确定"按钮,即可创建一个如图7-2-19所示的组。该组包含所选图层。

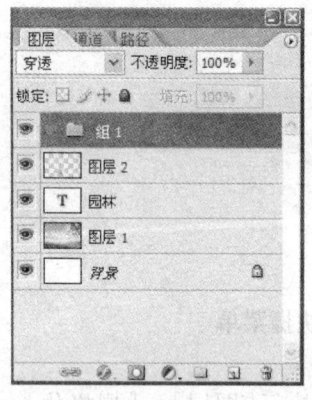   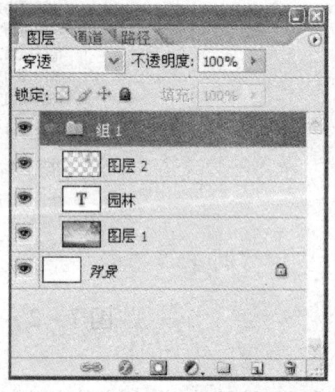

图7-2-18   图7-2-19

3. 单击"图层浮动面板"底部的"创建新组" 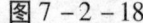 按钮进行新图层组的创建。使用"图层浮动面板"底部的"创建新组"按钮是一种快捷的创建方式,可以直接在图层列表中生成新的图层组。使用该方法创建出来的也是空图层组,需要用户在新的图层组中创建图层,这样图层组才真正有意义。

二、编辑图层

(一)图层的属性与不透明度设置

1. 图层的属性设置

该命令提供一种修改图层名称及色彩识别标志的方法。在图层浮动面板中选择需要设置图层属性的图层,执行下列操作之一:

(1)执行[图层]→[图层属性]菜单命令,将弹出如图7-2-20所示的"图层属性"对话框。此对话框中可以设置的两个选项都是用于快速识别图层的标志。

(2)右击选中的图层,在弹出的快捷菜单中选择"图层属性"菜单命令;或者在"图层浮动面板"菜单中选择"图层属性"菜单命令,均可对当前图层属性进行设置。

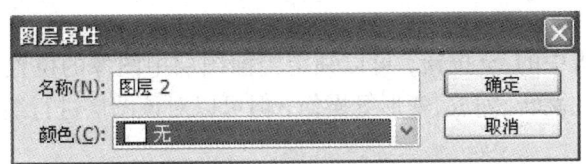

图 7-2-20　"图层属性"对话框

名称选项:在"图层属性"对话框中的名称项中输入新的图层名即可为当前图层重命名。在图层浮动面板中双击图层,出现输入符时也可为当前图层重命名。

颜色选项:在"图层属性"对话框中的颜色项中选择一种色彩指定给图层。名称和颜色设置完成后,点击"确定"按钮即可为当前图层添加或改变其可识别属性。

2. 图层的不透明度设置

图层默认的不透明度是100%。若要改变图层的不透明度可以用以下几种方法:

(1)单击"图层浮动面板"中要改变不透明度的图层,选中该图层。然后单击图层浮动面板中"不透明度"文本框内部,再输入不透明度数值。

(2)单击"不透明度"文本框右边的箭头按钮,再用鼠标拖动滑块,调整不透明度数值。

(3)键盘输入数字可以控制当前图层的不透明度,例如键盘输入6,当前图层就会以60%的不透明度显示;连续输入6、8两键,当前图层将会以68%的不透明度显示,连续按0、5两键,当前图层将会以5%的不透明度显示。用这种方法可以快捷地更改图层的不透明度。

背景图层的不透明度是不可调节的。只有图层应用了图层特效,填充不透明度选项才会起到特定的作用,否则填充不透明度和图层不透明度的作用是相同的。

(二)图层的显示与隐藏

在图层列表中可以看到,在每个图层的左侧都有一个 图标,此图标表示该图层中的内容在画面上是可见的,即该图层处于显示状态;单击该图标,图标消失,说明该图层中的内容在画面上是不可见的,该图层处于隐藏状态。用户可以通过单击该图标,来控制图层的显示和隐藏。

若在某一图层的 图标处按下鼠标左键并拖动,所经过的图层都将被隐藏;若按住"Alt"键的同时单击某图层的 图标,将会隐藏除该层之外的所有图层,再次按住"Alt"键单击即可恢复其他图层的显示。

(三)图层的锁定、链接与合并

1. 图层的锁定

(1)锁定透明像素

单击图层浮动面板中的 按钮,可以锁定当前图层中的透明像素。如果对锁定了透明像素的图层进行绘制等操作,将只影响到非透明像素,而透明像素的部分则始终处于被保护状态。这个功能只对具有透明像素的图层起作用。

(2)锁定图像像素

单击图层浮动面板中的 按钮,可以锁定当前图层中的图像像素。如果对锁定了图像像素的图层进行绘制、色彩编辑等操作，图层中的透明像素和不透明像素都不会有变化。但是可以对图像进行移动、缩放等变形操作，这些操作不受锁定图像像素的影响。

（3）锁定位置

单击图层浮动面板中的 按钮，可以锁定当前图层中图像的位置。无法对锁定了位置的图层进行移动、旋转、翻转、缩放、变形等操作，但可以对该图层进行绘制、色彩编辑等操作。

（4）锁定全部

单击图层浮动面板中的 按钮，将锁定对图层的所有操作，进入一种完全保护状态。

2. 图层的链接

先选择所有要链接的图层，然后单击"图层浮动面板"底部的链接图层按钮 ，此时链接的图层后面多了个 图标，如图7－2－21所示。表示这些图层已经相互链接起来了。若要取消链接的图层，则再单击一下"图层浮动面板"底部的链接图层按钮 即可。

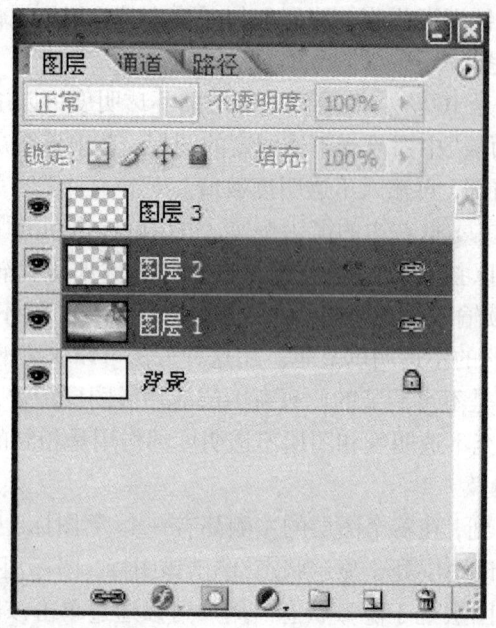

图7－2－21　链接图层

若要选择多个不连续的图层，按住"Ctrl"键的同时在"图层浮动面板"中单击需要选择的图层即可；若要选择多个连续的图层，可以按住"Shift"键的同时分别单击要选图层的最底层和最上层，此时位于中间的图层也将被同时选择。

3. 图层的合并

在工作进行到一定程度后，使用的图层数量会比较多，图像文件也会不断增大，为了避免因图像文件过大而影响工作效率，将图层合并是非常必要的。选中图层后执行下列操作即可合并图层：

打开如图7－2－22所示的"图层浮动面板"菜单，执行其中的命令即可。

在需要合并的图层上单击鼠标右键将弹出如图7－2－23所示的菜单，执行其中的命令即可。

第七章　图层和通道的应用

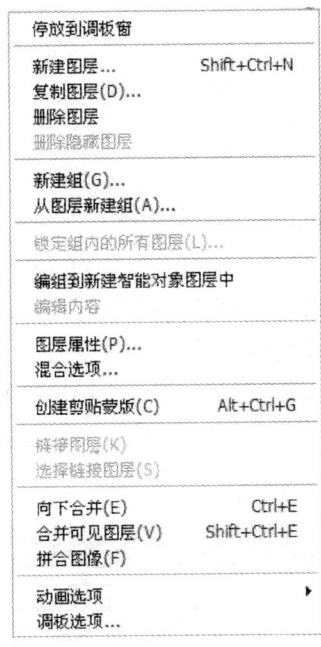
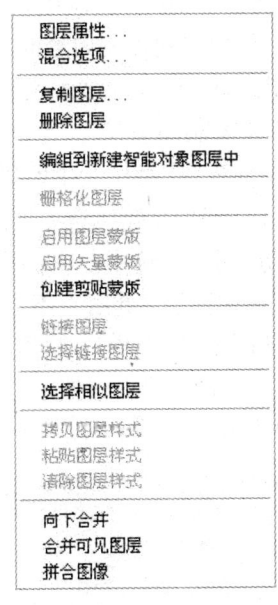

　　图 7 – 2 – 22　　　　　　　　图 7 – 2 – 23

　　打开图层菜单，执行其中命令即可。其中各命令含义如下：
　　(1)向下合并：执行此命令，可以将当前图层和其下面的一个图层合并，其他层保持不变；注意：向下合并图层只能够合并相邻的两个图层，合并后的图层沿用了进行合并的两个图层中下面图层的名称。
　　(2)合并可见图层：执行此命令，可将图像中所有显示的图层合并，而隐藏的图层不变。若有可见的背景图层，则将所有可见图层合并到背景图层中；若无可见背景图层，则将所有可见图层合并到当前可见图层中。
　　(3)拼合图像：执行此命令，可将图像中所有图层合并。若有隐藏的图层，Photoshop 会弹出如图 7 – 2 – 24 所示的提示框，单击确定按钮才可完成合并。

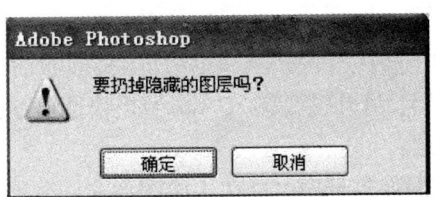

图 7 – 2 – 24　提示框

　　若要合并多个不相邻的图层，可以将这几个图层先选中，然后执行图层面板菜单中的合并图层命令即可，或者按"Ctrl + E"快捷键进行合并。

（四）图层的复制与删除

1. 图层的复制

该命令为我们提供了一种在一个图像的不同图层复制内容或是在两个图像中复制内容的简便方法。当在两个图像之间复制内容时，由于源图像和目标图像的分辨率可能不同，导致内容被复制到目标图像时，尺寸会缩小或放大。

在单个图像文件中复制图层：

（1）在"图层浮动面板"中选中一个图层，直接拖动该图层到"图层浮动面板"底部的"创建新图层" 按钮上，即可复制该选中图层，此时不会打开复制对话框。

（2）在"图层浮动面板"中选中一个图层，执行［图层］→［新建］→［通过拷贝的图层］菜单命令，即可复制该选中图层，此时也不会打开复制对话框。

（3）在"图层浮动面板"中选中一个图层，执行［图层］→［复制图层］菜单命令，将弹出如图7-2-25 所示的"复制图层"对话框，在"为"项中可以输入复制的图层名称，缺省状态下程序制定的名称形式为：源图层名+副本。

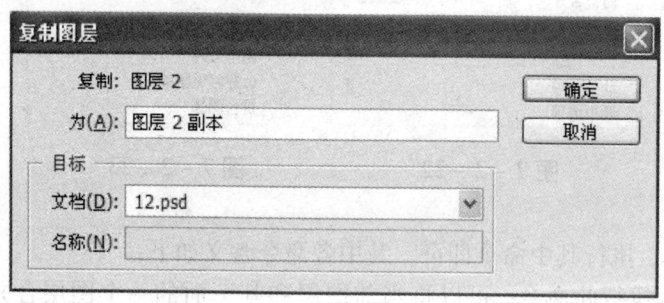

图7-2-25　"复制图层"对话框

（4）在"图层浮动面板"中选中一个图层，然后在图层缩览图右侧单击鼠标右键，在弹出的菜单中选择"复制图层"菜单命令；或者单击图层浮动面板按钮，在弹出的菜单中选择"复制图层"菜单命令，均可复制选中图层。

（5）在"图层浮动面板"中选中一个图层，按住"Alt"键的同时拖动该图层到"图层浮动面板"底部的"创建新图层" 按钮上，也将弹出"复制图层"对话框，在该对话框中可以进行图层属性的设置。

（6）在"图层浮动面板"中选中一个图层，在移动工具被激活的情况下，按住"Alt"键的同时拖动鼠标可以快速复制图层，另外键盘输入"Ctrl+J"快捷键，也可以快速复制图层。

在不同图像之间复制图层：

Photoshop 窗口中有多个图像打开时，可在不同图像之间复制图层，有以下几种方法可供参考：

（1）在源图像图层浮动面板中选中一个图层，选择移动工具，直接拖动内容从源图像到目标图像。复制的图层将显示在目标图像图层浮动面板中当前活动图层的上方。

注意：若源图像和目标图像的像素分辨率一样，拖动内容的同时，按住"Shift"键，复制内容将被放置在目标图像的位置将与源图像中的一样。

若源图像与目标图像的像素分辨率不一样，拖动内容的同时，按住"Shift"键，复制内容将被放置在目标图像的中间位置。

（2）在源图像图层浮动面板中选中一个图层，执行［图层］→［复制图层］菜单命令，在弹出的"复制图层"对话框中的目标下的文档选项中选择目标图像，单击"确定"按钮即可。

（3）在源图像图层浮动面板中选中一个图层，然后执行［选择］→［全部］菜单命令（或者键盘输入"Ctrl + A"快捷键），选择图层中使用的像素，再选择［编辑］→［拷贝］菜单命令（或者键盘输入"Ctrl + C"快捷键），最后在目标图像中选择［编辑］→［粘贴］菜单命令（或者键盘输入"Ctrl + V"快捷键）将复制的内容粘贴到目标图像中。

2. 图层的删除

在"图层浮动面板"中选择一个图层，进行以下操作中的一项：

（1）拖动图层到"图层浮动面板"底部的"删除图层"按钮 上，此方法不会弹出警示框。

（2）直接单击"图层浮动面板"底部的"删除图层"按钮 ，此方法显示如图7-2-26所示的警示框。若要直接删除图层，可以按住"Alt"键的同时单击"图层浮动面板"底部的"删除图层"按钮 。

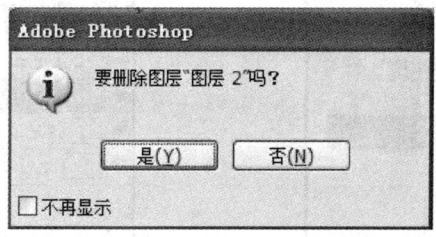

图 7-2-26　警示框

（3）执行［图层］→［删除］→［图层］菜单命令；或者右击需要删除的图层，在弹出的快捷菜单中点击"删除图层"菜单命令；或者在"图层浮动面板"菜单中单击"删除图层"菜单命令，也会显示删除警示框。

注意：在移动工具被激活的情况下，敲击"Delete"键可快速删除图层。

注意：若要删除隐藏图层，选择［图层］→［删除］→［隐藏图层］菜单命令将删除隐藏不可见的图层。

（五）图层的移动与排列

1. 图层的移动

（1）单击"图层浮动面板"中要移动的图层，选中该图层。单击工具箱内的"移动工具"按钮，或在使用其他工具时按住"Ctrl"键，把鼠标放置在当前图层的图像上拖动，即可移动图层中的图像。

（2）若要移动图层中的一部分图像，应先选中这部分图像，再用鼠标拖动选区中的图像即可移动。

在"移动工具"属性栏中有"自动选择图层"复选框，若不勾选此复选框，只能移动当前图层。若勾选此复选框，在图像窗口中直接单击需要移动的图像即可达到图层移动的目的。

2. 图层的排列

图层的排列顺序非常重要，这决定了图层中图像内容在画面中的相互遮挡关系。将一个图层在图层列表中移动后,虽然各图层中的图像内容都没有改变,但是画面效果却发生了变化。如图7-2-27、图7-2-28所示的图层1和图层2的顺序发生了变化,图像效果也随之发生变化,如图7-2-29、图7-2-30所示。调节图层叠放次序的方法如下:

(1)若要调整某一图层的位置,可以在"图层浮动面板"中选择该图层,然后拖动该图层在"图层浮动面板"中上下移动即可。

(2)在"图层浮动面板"中选择要移动的图层,单击[图层]→[排列]菜单命令,调出其子菜单,再单击子菜单中的菜单命令,可以移动当前图层。

其中"置为顶层"命令是将当前图层移动到最顶端;"置为底层"命令是将当前图层移动到最底端(若有背景图层,则移至背景图层之上);"前移一层"命令是将当前图层向上移动一个图层的位置;"后移一层"是将当前图层向下移动一个图层的位置。

图像文件中的背景图层是不可移动的,该图层名称栏中的 图标表示该图层是锁定的,而且背景图层的属性设置按钮都处于灰色不可用状态,说明不能解除背景图层的锁定。

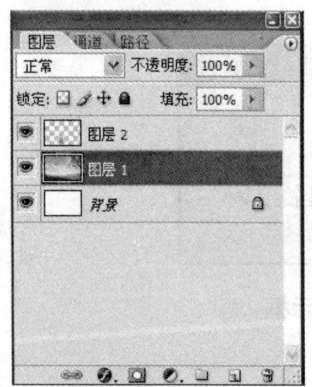
图7-2-27　调整前图层面板

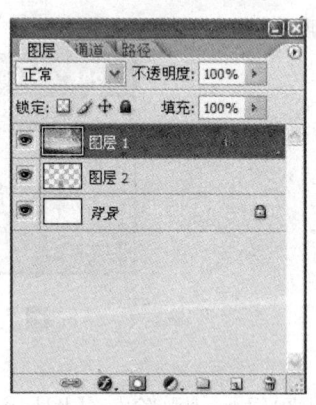
图7-2-28　调整后图层面板

图7-2-29　调整前画面效果

图7-2-30　调整后画面效果

(六)图层的对齐与分布

1.图层的对齐

要将图层内容与当前图层内容对齐,可将要对齐的图层与当前图层链接,然后执行[图

层]→[对齐]菜单命令,然后从子菜单中选取一个命令,其中各项命令含义如下:

"顶边" 对齐:可将链接图层的顶层像素与当前图层的顶层像素对齐,或与选区边框的顶边对齐。

"垂直居中" 对齐:可将链接图层上垂直方向的中心像素与当前图层上垂直方向的中心像素对齐,或与选区边框的垂直中心对齐。

"底边" 对齐:可将链接图层的底端像素与当前图层的底端像素对齐,或与选区边框的底边对齐。

"左边" 对齐:可将链接图层的左端像素与当前图层的左端像素对齐,或与选区边框的左边对齐。

"水平居中" 对齐:可将链接图层上水平方向的中心像素与当前图层上水平方向的中心像素对齐,或与选区边框的水平中心对齐。

"右边" 对齐:可将链接图层的右端像素与当前图层的右端像素对齐,或与选区边框的右边对齐。

2. 图层的分布

要进行图层的分布对齐,可先在"图层浮动面板"中,链接三个或更多图层,然后执行[图层]→[分布]菜单命令,然后从子菜单中选取一个命令,其中各项命令含义如下:

"顶边" 分布:可从每个图层的顶端像素开始,间隔均匀地分布图层。

"垂直居中" 分布:可从每个图层的垂直居中像素开始,间隔均匀地分布图层。

"底边" 分布:可从每个图层的底部像素开始,间隔均匀地分布图层。

"左边" 分布:可从每个图层的左边像素开始,间隔均匀地分布图层。

"水平居中" 分布:可从每个图层的水平中心开始,间隔均匀地分布图层。

"右边" 分布:可从每个图层的右边像素开始,间隔均匀地分布图层。

三、图层中图像的编辑

(一)缩放和旋转

选中图层,执行[编辑]→[变换]→[缩放]菜单命令,执行该命令后,该图层中的图像四周显示一个带有八个控制点的矩形框,用户可以通过调整任意一个控制点来改变图像的形状。调整到需要的形状后在矩形框中双击鼠标或者按"Enter"键确认,线框消失完成缩放操作,按"Esc"键取消当前的缩放操作。

若保持图像原比例缩放,按"Shift"键的同时进行缩放;若保持图像以中心点为缩放中心,按"Alt"键的同时进行缩放。

选中图层,执行[编辑]→[变换]→[旋转]菜单命令,执行该命令后,该图层中的图像四周会出现一个带有八个控制点的矩形框,用户可以通过调整四个角上的控制点来改变图像的角度。在矩形框中双击鼠标或按下"Enter"键确认,完成旋转操作,或者按"Esc"键取消当前的旋转操作。

按"Shift"键的同时进行旋转，可以按照每15度为一个单位旋转。

（二）斜切、扭曲和透视

选中图层，执行[编辑]→[变换]→[斜切]菜单命令，同样会出现带有八个控制点的矩形框。当光标移动到矩形框边线位置或中间的控制点上，单击并拖动鼠标使边框产生平行四边形的变形；当光标移动到四个角上的控制点位置，单击并拖动鼠标使边框沿垂直或水平方向移动，产生单边的变形。

选中图层，执行[编辑]→[变换]→[扭曲]菜单命令，同样出现带有八个控制点的矩形框，可以调节任意一个控制点到任意位置使图像产生变形。

选中图层，执行[编辑]→[变换]→[透视]菜单命令，仍然出现带有八个控制点的矩形框，当光标移动到线框边线位置或中间控制点上单击并拖动鼠标，使边框产生平行四边形的变形效果；当光标移动到四个角上的控制点位置时，可以调整角上的控制点，使它们沿垂直或水平方向移动，产生具有透视效果的变形。

（三）水平和垂直翻转

执行[编辑]→[变换]→[水平翻转]菜单命令或执行[编辑]→[变换]→[垂直翻转]菜单命令可将图层中的图像沿水平或垂直方向翻转，从而产生镜像效果。

（四）自由变形

应用自由变形的优势在于，可以方便地对图层中的图像进行上述的多个操作，避免执行多个变形命令导致图像像素的过多损失，提高工作效率。执行[编辑]→[自由变换]菜单命令，该图层中图像的四周同样显示一个带有八个控制点的矩形框，光标移到线框中的控制点上可以对线框中的图像进行缩放变形；光标移开线框上的控制点一些距离并拖动鼠标，线框中的图像将产生相应的旋转变形；将光标移到线框的控制点，并按住"Ctrl + Shift"键，可以对线框中的图像进行斜切变形；将光标移动到线框的控制点上，并按住"Ctrl"键，可以对图层中的图像进行扭曲变形操作；将光标移动到线框的四个角的控制点上，并按住"Ctrl + Shift + Alt"键，可以对图层中的图像进行透视变形操作。

四、图层组的基本操作

（一）图层组的属性设置

图层组具有和图层相似的属性，在"图层浮动面板"中右击图层组，在打开的快捷菜单中选择"组属性"命令，将打开如图7-2-31所示的"组属性"对话框，在对话框中可以对图层组的名称、颜色和通道进行设置。

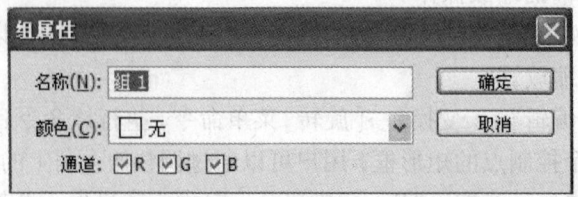

图7-2-31　"组属性"对话框

(二)图层组的显示与隐藏

图层组的显示与隐藏由其左侧的 图标控制,用户可以单击取消该图标的显示,则图层组中的所有图像内容都将隐藏起来,图层组中各图层左侧的 图标将显示灰色。也可以单击图层组中某一个图层左侧的 图标,单独隐藏该图层中的图像内容。

(三)图层组的链接与锁定

1. 图层组的链接

图层组与图层组或者图层组与图层也可以进行链接,方法和图层之间的链接相同。选择需要链接的图层组,单击图层浮动面板底部的链接图标 。

2. 图层组的锁定

图层组的锁定首先选择需要锁定的图层组,然后执行[图层]→[锁定组内的所有图层]菜单命令,将打开"锁定组内的所有图层"对话框,其中提供了如图7-2-32所示的四种锁定方式。

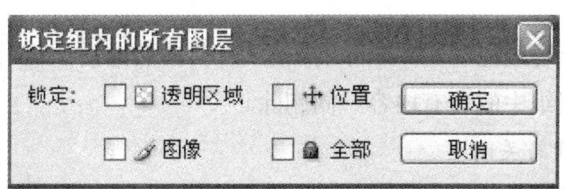

图7-2-32 "锁定组内的所有图层"对话框

(四)图层组的复制与删除

1. 图层组的复制

(1)执行[图层]→[复制组]菜单命令;或者右击需要复制的图层组打开快捷菜单,执行"复制组"命令;或者在"图层浮动面板"菜单中,选中"复制组"命令。在打开的如图7-2-33所示的"复制组"对话框中设置新图层组属性。在对话框中新图层组的默认名称为:原图层组的名称+副本,在目标选项区的文档下拉列表框中列有当前Photoshop打开的所有文件,可以将新复制的图层组放到任意文件中去,也可以选择新建将新复制的图层组放到新建文件中。

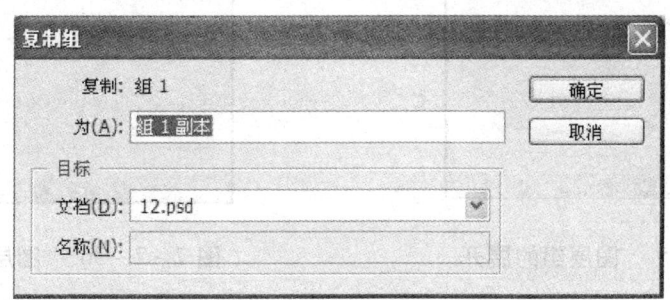

图7-2-33 "复制组"对话框

(2)直接拖动需要复制的图层组到"图层浮动面板"底部的"创建新组"按钮 即可复制图层组。此方法不打开复制组对话框,使用时比较快捷方便。

2. 图层组的删除

执行[图层]→[删除]→[组]菜单命令，或者在"图层浮动面板"菜单中选择"删除组"菜单命令，将弹出一个如图7-2-34所示的警示框，该对话框中有两个按钮可供选择，其中"组和内容"按钮是将图层组和图层组中的所有内容一起删除，"仅组"按钮是仅删除图层组而保留图层组中的内容。

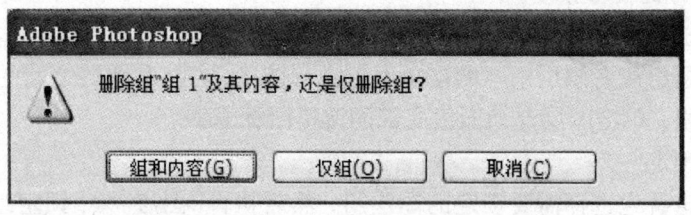

图7-2-34 警示框

删除图层组也可以通过拖动需要删除的图层组到"图层浮动面板"底部的 按钮上，这个操作将图层组和图层组中的所有内容一同删除。

(五)图层组的展开与关闭

图层组的展开与关闭是其特有的功能，图层列表中图层组的左侧有一个三角按钮，单击这个按钮，当变为箭头向下，表示图层组展开了；再单击该按钮，图层组将关闭。如图7-2-35、图7-2-36所示。

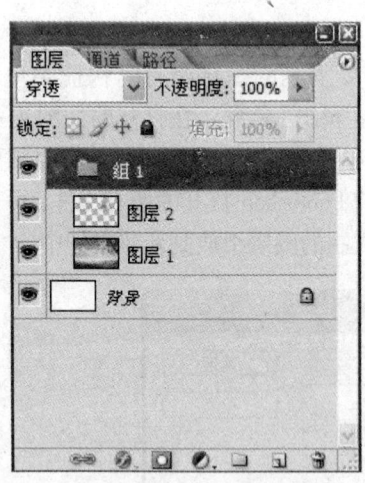 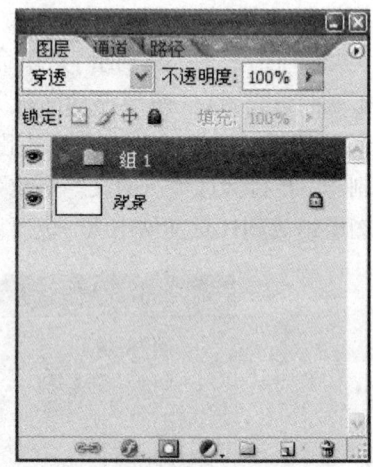

图7-2-35 图层组的展开　　　　图7-2-36 图层组的关闭

第三节　图层样式

一、添加和设置图层样式

添加图层样式要先选中要添加图层样式的图层，再利用"图层样式"对话框，对图层样式进行设置，来产生各种不同的图层效果。打开图层样式对话框的方法有以下几种：

1. 从[图层]→[图层样式]子菜单中选择效果。

2. 在"图层浮动面板"中图层名称右侧双击，可在对话框的左侧选择效果。

3. 单击"图层浮动面板"底部的 按钮，从下拉菜单中选择效果。

其样式效果有：投影、内阴影、内发光、外发光、斜面和浮雕、光泽、颜色叠加、渐变叠加、图案叠加、描边。各样式效果的具体设置将在后面内容详细介绍。

二、编辑图层样式

(一)图层样式的显示与隐藏

1. 单击"图层浮动面板"内效果层左边的 图标，使该图标消失，即可隐藏该图层样式效果。

2. 执行[图层]→[图层样式]→[隐藏所有效果]菜单命令，可以将选中的图层的全部样式效果隐藏。

3. 单击"图层浮动面板"内效果层左边的空白处，会使 图标显示出来，同时使隐藏的图层样式效果显示出来。

(二)图层样式的展开与关闭

图层样式添加后，在"图层浮动面板"中单击 图标右侧的小三角按钮，当前添加的图层样式名称处于展开状态，同时图标变为 。单击展开的每项图层样式左边的 图标，可以分别隐藏各项图层样式效果，再次单击又可以显示；单击 右侧小三角按钮，可以关闭图层样式列表，同时图标变为 。

(三)图层样式的复制与粘贴

1. 复制图层样式

鼠标右键单击添加了图层样式的图层，调出其快捷菜单，再单击"拷贝图层样式"菜单命令，即可复制图层样式。

选中添加了图层样式的图层，再执行[图层]→[图层样式]→[拷贝图层样式]菜单命令，也可以复制图层样式。

2. 粘贴图层样式

鼠标右键单击要添加图层样式的图层，调出其快捷菜单，再单击"粘贴图层样式"菜单命令，即可为该图层添加图层样式。

选中要添加图层样式的图层，再单击[图层]→[图层样式]→[粘贴图层样式]菜单命令，也可为选中的图层粘贴图层样式。若选中的图层原来有样式，则粘贴的样式会替代原来样式。

（四）图层样式的清除

1. 清除图层的一个样式效果

用鼠标将"图层浮动面板"中的样式效果名称拖到"删除图层"按钮上，再松开鼠标左键，即可将该样式效果清除。

2. 清除一个图层中的所有样式效果

将"图层浮动面板"内的效果层拖到"删除图层"按钮上，再松开鼠标左键，即可将该图层的所有样式清除。

鼠标右键单击添加了图层样式的图层或样式名称，调出其快捷菜单，单击菜单中的"清除图层样式"菜单命令，即可清除全部图层样式。

执行[图层]→[图层样式]→[清除图层样式]菜单命令，即可清除全部图层样式。

单击如图7-3-1所示的样式调板中的清除样式按钮，即可清除选中图层的所有图层样式。

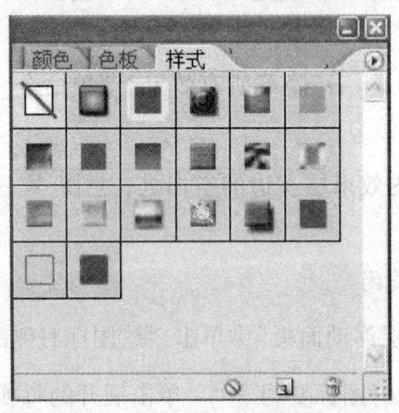

图7-3-1　样式调板

（五）图层样式的存储

存储自定样式时，该样式成为预设样式。

1. 单击样式调板菜单中的"新建样式"菜单命令，或者单击图层样式对话框中的"新建样式"按钮，都可以调出如图7-3-2所示的"新建样式"对话框，在对话框中设置样式的名称，然后单击"确定"按钮，即可在样式调板内样式图案的最后边增加一种新的样式图案，同时保存该样式。

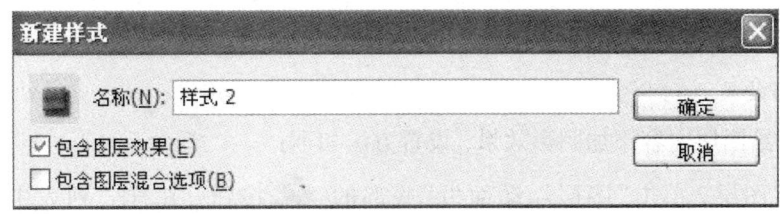

图 7-3-2 "新建样式"对话框

2. 按照上述方法复制图层样式，再将鼠标移到样式调板内样式图案之上，单击鼠标右键，会调出一个菜单，再单击该菜单中的"新建样式"菜单命令，即可调出"新建样式"对话框，给样式命名和进行设置后，单击"确定"按钮，即可保存该样式。

第四节　图层效果设置

图层样式命令让我们可以方便地给图层内容设置各种效果。这些效果有系统自带的，我们可以直接用光标点击使用，也可以自定义图层类型来为图层增加各种效果。应用于图层的效果变成图层的自定样式的一部分。

Photoshop 提供了可以应用到图层的特殊效果。如投影、光泽、描边及斜面浮雕等。一个图层可以应用多种图层效果，但图层效果不能应用于背景图层，除非将背景图层转换为常规图层。

图 7-4-1　创建的文字图层

创建一个图像文件，添加文字图层，输入如图 7-4-1 所示的"园林后期处理"，分别添加如下几种图层样式，即可为文字图层添加各种效果。

一、投影和内阴影效果

（一）投影效果

投影可以给图层内容添加阴影效果，设置方法如下：

选中文字图层，单击"图层浮动面板"底部的 按钮，在样式列表中选择"投影"选项，在弹出的如图7－4－2所示的"图层样式"对话框中设置各项参数，得到的投影效果如图7－4－3所示。

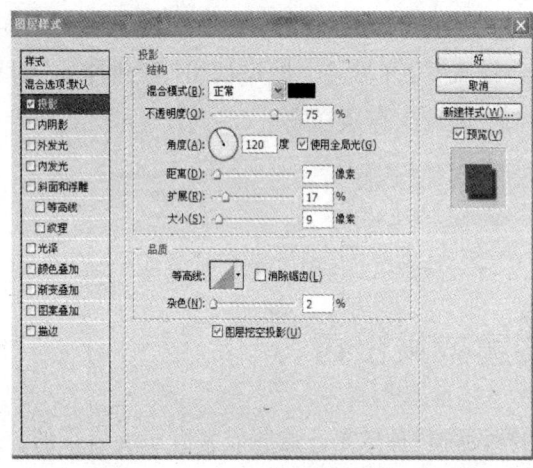
图7－4－2 "投影"面板

图7－4－3 "投影"效果

投影选项中，各项具体功能如下：

投影选项设置区域分为结构和品质两大部分。结构部分用于控制投影大小，品质部分用于控制投影质量。

结构部分：

混合模式：用于设置图层样式与下层图像的混合方式。单击混合模式右侧的颜色块可以改变投影的颜色。

不透明度：用于设置投影的不透明效果。

角度：用于控制效果应用于图层时所采取的光照角度。用户可以通过拖动指针或输入数值的方法来确定角度。勾选使用全局光复选框，可使添加的图层样式光照角度保持一致。

距离：用于指定投影偏移图形的距离，以像素数位单位表示。

扩展和大小：决定阴影的外观。扩展用于扩大阴影的边界；大小用于设置阴影边缘模糊的程度。

品质部分：

等高线：用于控制投影的显示形式，可以在其下拉列表框中进行选择。

消除锯齿：使投影边缘更加平滑。

杂色：用于控制投影中的颗粒化效果。

投影选项最下方的图层挖空投影：用于控制半透明图层中投影的可视性。

（二）内阴影效果

内阴影选项设置与投影选项设置基本一致，只是作用于图像效果相反，内阴影是在图像内部添加投影，往往可以表现图像的立体感。设置方法如下：

选中文字图层，执行[图层]→[图层样式]→[内阴影]菜单命令，在样式列表中选择"内阴影"选项，在弹出的如图7-4-4所示的"图层样式"对话框中设置各项参数，得到的内阴影效果如图7-4-5所示。内阴影选项中的"阻塞"滑块与"投影"选项中的"扩展"滑块相似，用于设置"内阴影"的强度，区别在于扩展效果是从对象的边缘开始应用并向外扩展，而阻塞效果是从对象的边缘开始应用并向内扩展。

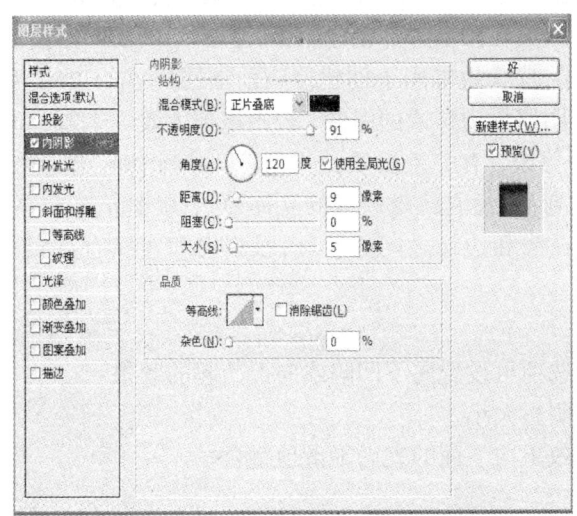

图7-4-4 "内阴影"面板　　　　图7-4-5 "内阴影"效果

二、斜面和浮雕效果

斜面和浮雕可以为图层内容增加不同组合方式的高亮和阴影效果，从而产生逼真的立体效果。设置方法如下：

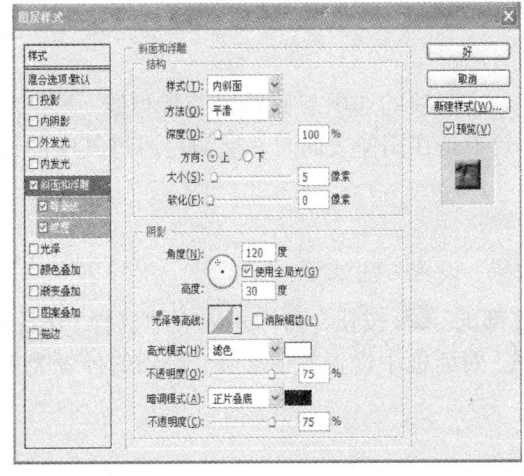

图7-4-6 "斜面和浮雕"面板　　　　图7-4-7 "斜面和浮雕"效果

选中文字图层,单击"图层浮动面板"底部的 ![] 按钮,在样式列表中选择"斜面和浮雕"选项,在弹出的如图7-4-6所示的"图层样式"对话框中设置各项参数,得到的斜面和浮雕效果如图7-4-7所示。

斜面和浮雕选项中,各项具体功能如下:

斜面和浮雕选项设置分为结构和阴影两大部分。结构部分用于控制浮雕种类;阴影部分用于控制斜面的光影变化。

结构部分:

样式:用来控制斜面的方式。包括内斜面、外斜面、浮雕效果、枕状效果和描边浮雕5个选项。其中内斜面在图层内边缘创建斜面;外斜面在图层外部创建斜面;浮雕效果用于创建使当前图层内容相对于下层图层呈浮雕状的效果;枕状效果用于创建使当前图层内容的边缘刻入下层图层中的效果;描边浮雕只限于应用了图层描边样式的图像,否则该项无效。

方法:用于设置对斜面或是浮雕效果的修改,有三个选项:"平滑"、"雕刻清晰"和"雕刻柔和"。其中平滑在浮雕或斜面效果中创造弯曲、没有清晰边缘的立体形状;雕刻清晰将得到比较清晰的内边缘以及将高光和阴影限制在线和边缘之间的区域;雕刻柔和边缘有点模糊,淡化其突出的程度。

深度:用于控制斜面的深度。

方向:用于指定斜面的方向,其中上下选项可设置向下凹陷或向上凸起的效果。

大小:用于控制斜面的作用范围,指定阴影大小。

软化:用于模糊浮雕后的斜面,使浮雕效果与下面的表面平滑地融合。

阴影部分:

角度:用于控制光照方向,若选定了使用全局光复选框,将使用全局光来进行照射。

高度:通过指定光线的高度,来调整效果的外观。

光泽等高线:用于创建类似金属表面的光泽外观,并在遮蔽面和浮雕后应用。

高光模式和不透明度:用于设置斜面和浮雕中高光区域的混合方式和不透明度。

暗调模式和不透明度:用于设置斜面和浮雕中暗部区域的混合方式和不透明度。

等高线和纹理:可以对斜面与浮雕图层效果作进一步的设置。

三、发光和光泽效果

图层效果中的发光包括外发光和内发光,这两项的选项参数设置非常相似,只是前者作用于图像外部,后者作用于图像内部。光泽效果是在图像表面附一层颜色通过其中的选项设置使图像表面出现华润的绸缎效果。

(一)外发光效果

外发光是在图像边缘的外侧增加发光效果,设置方法如下:

选中文字图层,单击"图层浮动面板"底部的 ![] 按钮,在样式列表中选择"外发光"选项,在弹出的如图7-4-8所示的"图层样式"对话框中设置各项参数,得到的外发光效果如图7-4-9所示。

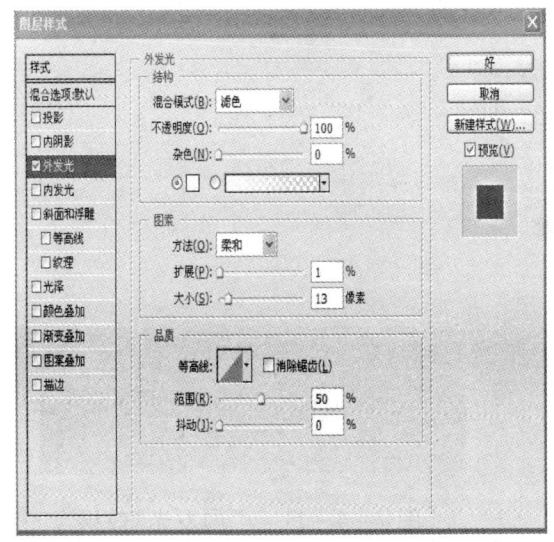 

图 7-4-8 "外发光"面板　　　图 7-4-9 "外发光"效果

外发光选项中,各项具体功能如下:

外发光选项设置分为结构、图素和品质三大部分。结构区域中的选项用于设置外发光的混合模式、不透明度、杂色和颜色等,其中颜色可以使用单色或渐变色;图素区域中的选项用于设置外发光的显示方法、扩展程度及边缘的虚实程度;品质区域用于设置外发光的质量。单击其中的等高线按钮可以弹出许多系统自带的外发光样式,用于控制外发光的作用范围。抖动只有选择渐变色作为发光颜色时才起作用,主要用于控制渐变色之间的平滑过渡。

混合模式:设置图层混合模式,通常情况下滤色是最好的混合模式。

不透明度:设置应用外发光的效果的不透明度。

杂色:使用噪音滤镜来改变阴影。若增加杂色的数值,投影变成颗粒状的程度就加重。

色块: ☐ 指定外发光的色彩。

⬜ 色块:可以打开"渐变编辑器"编辑设置光晕的渐变色。

方法:包括柔和和精确两个选项。柔和选项的图像外发光效果过度柔和自然;精确选项的图像外发光位置准确,但过度生硬。

扩展:设置光晕向外扩展的范围。

大小:控制光晕的柔滑效果。

等高线:控制外发光的轮廓样式。

范围:控制等高线的应用范围。范围数值越小,产生的渐变过渡就越急促;范围数值越大,产生的渐变过渡就越舒缓。

抖动:该选项使外发光效果的渐变随机化,其效果就像给发光增加了溶解色彩混合模式。

(二)内发光效果

内发光是在图像边缘的内侧增加发光效果,设置方法如下:

选中文字图层,单击"图层浮动面板"底部的 按钮,在样式列表中选择"内发光"选项,在弹出的如图 7-4-10 所示的"图层样式"对话框中设置各项参数,得到的内发光效果如图 7-4-11 所示。

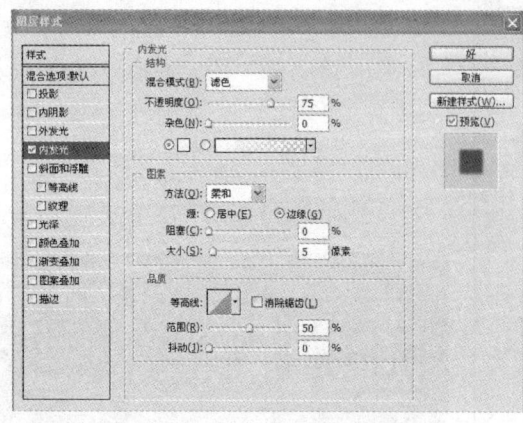

图 7-4-10 "内发光"面板　　　图 7-4-11 "内发光"效果

内发光选项中，各项具体功能如下：
混合模式：设置图层混合模式，通常情况下滤色是最好的混合模式。
不透明度：设置应用内发光效果的不透明度。
杂色：使用噪音滤镜来改变阴影。
杂色项的下方色彩框中指定内发光的色彩，既可以是单色渐变，也可以设置多色渐变。
源选项中的居中和边缘的区别在于：居中选项的渐变是从中间向周围过渡，而边缘选项的渐变是从周围向中间过渡。

（三）光泽效果

光泽是将使用指定的色彩覆盖于图层对象的内部，暗化图像内部像素。设置方法如下：

选中文字图层，单击"图层浮动面板"底部的 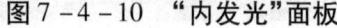 按钮，在样式列表中选择"光泽"选项，在弹出的如图 7-4-12 所示的"图层样式"对话框中设置各项参数，得到的光泽效果如图 7-4-13 所示。

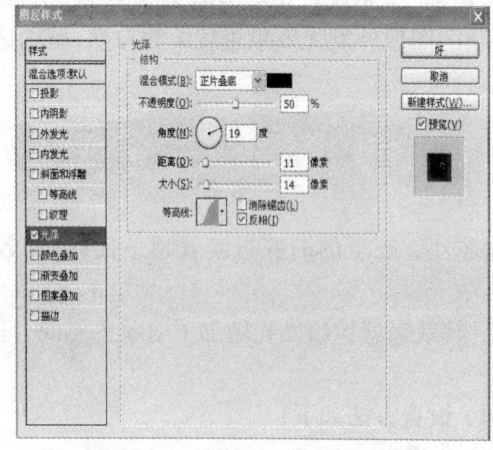
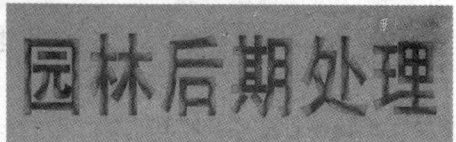

图 7-4-12 "光泽"面板　　　图 7-4-13 "光泽"效果

光泽选项中,各项具体功能如下:
混合模式:设置图层混合模式及用于遮蔽图层的色彩。
不透明度:应用效果的不透明度。
角度和距离:用于控制遮蔽图层的范围。
大小:用来控制遮蔽图层范围边缘的柔和程度。

四、图层覆盖和描边效果

(一)颜色叠加效果

颜色叠加效果能给图层加上一个带有混合模式的单色图层。设置方法如下:

选中文字图层,单击"图层浮动面板"底部的 按钮,在样式列表中选择"颜色叠加"选项,在弹出的如图7-4-14所示的"图层样式"对话框中设置各项参数,得到的颜色叠加效果如图7-4-15所示。

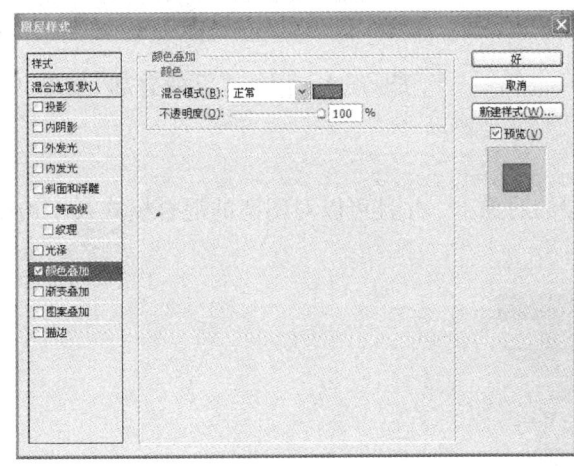

图7-4-14　"颜色叠加"面板　　　　图7-4-15　"颜色叠加"效果

(二)渐变叠加效果

渐变叠加是把一种指定的渐变色置于图层的对象上,并且可以对色彩的混合模式及不透明度进行调整。设置方法如下:

选中文字图层,单击"图层浮动面板"底部的 按钮,在样式列表中选择"渐变叠加"选项,在弹出的如图7-4-16所示的"图层样式"对话框中设置各项参数,得到的渐变叠加效果如图7-4-17所示。

渐变叠加选项中,各项具体功能如下:
混合模式:在此项中设置图层的混合模式。
不透明度:应用效果的不透明度。
渐变:在预设的渐变色中选择或创建新的渐变色。选取反向项将使渐变色的开始色与结束色的位置对调。
样式:在此项选择需要的渐变类型,包括线性、径向、角度、对称、菱形5种渐变类型。
角度:结合样式项设置角度。

缩放：控制渐变的范围。

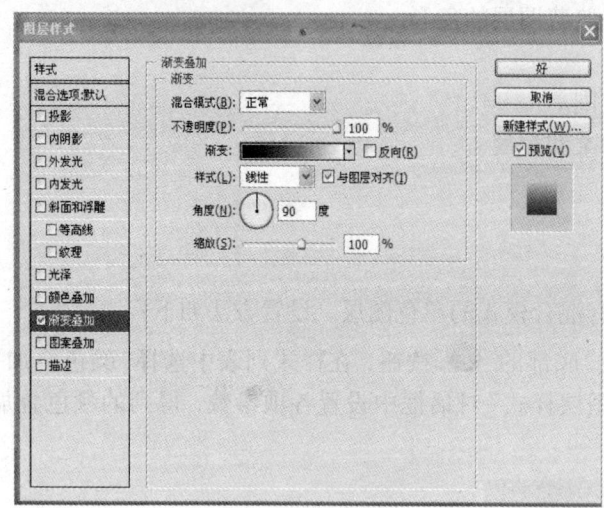
图7-4-16 "渐变叠加"面板

图7-4-17 "渐变叠加"效果

(三)图案叠加效果

图案叠加是把一种指定的图案置于图层的对象上，并且可以对图案的混合模式及不透明度等进行调整。设置方法如下：

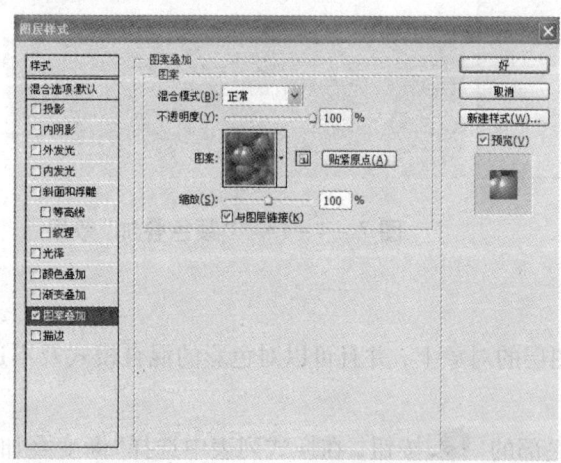
图7-4-18 "图案叠加"面板

图7-4-19 "图案叠加"效果

选中文字图层，单击"图层浮动面板"底部的 ![btn] 按钮，在样式列表中选择"图案叠加"选项，在弹出的如图7-4-18所示的"图层样式"对话框中设置各项参数，得到的图案叠加效果如图7-4-19所示。

(四)描边效果

描边效果能给图层加上一个边框的效果。设置方法如下：

选中文字图层，单击"图层浮动面板"底部的 ![btn] 按钮，在样式列表中选择"描边"选项，在弹出的如图7-4-20所示的"图层样式"对话框中设置各项参数,得到的描边效果如图7-4-21所示。

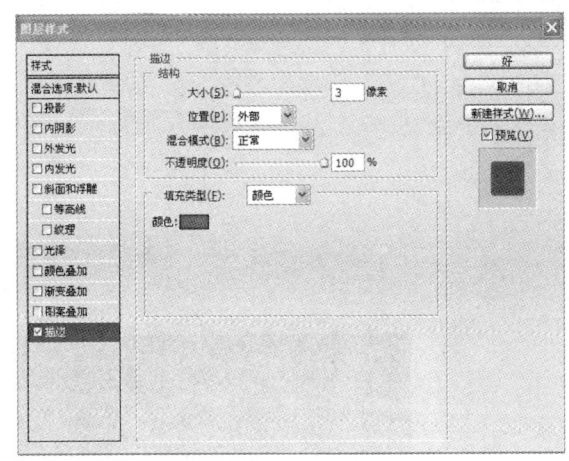

图7-4-20 "描边"面板1　　　　图7-4-21 "描边"效果1

描边选项中,各项具体功能如下:
大小:在此项可以以像素值输入描边宽度。
位置:指定描边的位置。

填充类型:缺省选择的是颜色。单击图中颜色字样的色彩框,可通过Photoshop的拾色器选择新的颜色;选用渐变选项后,描边对话框的填充类型部分发生相应变化,可从如图7-4-22所示的渐变调板中选择所需的渐变、更换渐变类型、指定渐变角度等。得到的效果如图7-4-23所示。选用图案选项后,描边效果允许我们使用图案作为描边内容。对如图7-4-24所示的描边对话框的填充类型部分进行相应设置,得到的效果如图7-4-25所示。

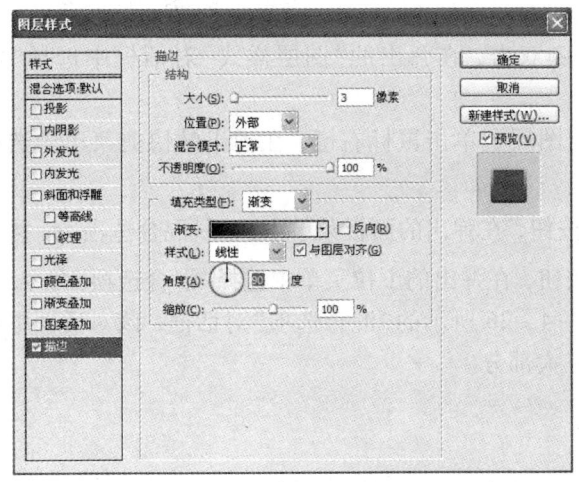

图7-4-22 "描边"面板2　　　　图7-4-23 "描边"效果2

· 195 ·

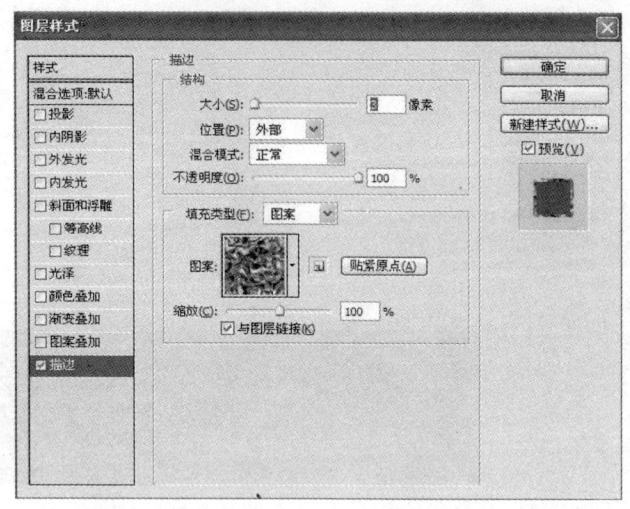

图 7-4-24 "描边"面板 3　　　　图 7-4-25 "描边"效果 3

五、图层混合效果

Photoshop 中的图像是由多个图层叠加构成的，但各图层之间并不只是具有简单的叠加关系。可以对图层的混合模式进行设置，进而得到更多的图像效果。Photoshop 为用户提供了 23 种不同的混合模式。同样的两个图层若应用了不同的混合模式，可能会得到完全不同的效果；图层混合模式的效果和图层中的图像内容有很大的关系，具有不同图像内容的图层即使使用了相同的混合模式也可能得到不同的效果。

（一）图层混合选项命令的执行可以通过以下方法实现：

1. 执行[图层]→[图层样式]→[混合选项]菜单命令，在弹出的"图层样式"对话框中选择"混合选项"。

2. 在"图层浮动面板"中图层名称右侧双击，在弹出的"图层样式"对话框中选择"混合选项"。

3. 把光标放置在"图层浮动面板"中的图层上单击鼠标右键，在弹出的快捷菜单中选择"混合选项"。

4. 单击"图层浮动面板"右上方的 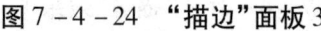 按钮，在弹出的面板菜单中选择"混合选项"命令。

5. 单击"图层浮动面板"底部的  按钮，在弹出的下拉菜单中选择"混合选项"命令。

（二）通过上述任意方法可打开如图 7-4-26 所示的"混合选项"对话框，该对话框中包含"常规混合""高级混合""混合颜色带"三大部分。

第七章 图层和通道的应用

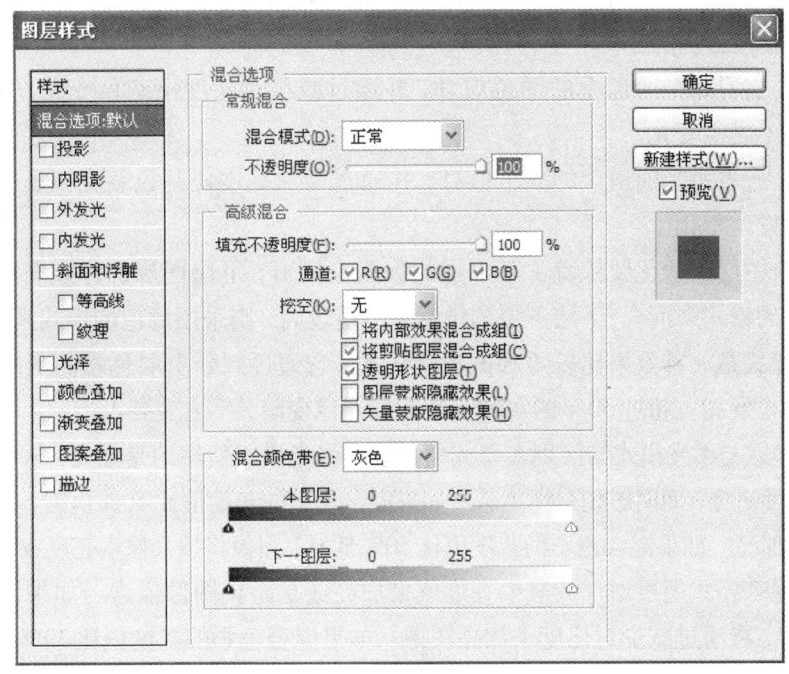

图7-4-26 "混合选项"面板

1. 常规混合各项介绍

正常:程序默认混合模式为正常模式。在这种模式下,如果图层的不透明度设置为100%,当前图层上的像素就会不考虑其下层的像素,将其完全遮挡掉。要想透出其下层的像素,只有将其不透明度的数值设定为100%以下。

溶解:溶解混合的效果取决于不透明度的高低,不透明度越低,效果越明显。但是在不透明度为0%的时候,该图层中的内容就不可见了。所以也就没有溶解效果了。

变暗:变暗混合模式是一种调整图层间亮度和颜色对比的混合模式。活动图层中比其下层亮度高的像素变为不可见,而比其下层亮度低的像素仍然保持原有的状态。

正片叠底:叠加混合模式的作用是将上下两层中的颜色重叠显示,重叠像素的颜色要相叠加,通常得到的是一种颜色和色调比较深的效果。

颜色加深:该混合模式是一种可以将下层图像颜色依照上层图像颜色的灰阶变化来加深的混合模式。在合成图像中,合成图层的任何色彩与其下层的白色像素区域混合,将会变为不可见。合成图层的任何色彩与其下层的黑色像素区域混合,色调将变得更深。

线性加深:该混合模式的作用和颜色加深混合模式相似,在使用颜色加深混合模式时如果两个图层叠放顺序改变的话其效果会大不相同,而使用线性加深混合模式得到的效果和两图层的叠放顺序无关。

变亮:该混合模式也是一种调整图层间亮度和颜色对比的混合模式,是与变暗对应的相反模式,它以上层的颜色为基准,在图像重叠处下层的颜色比上层颜色深的像素将被上面图层中的像素取代,下层的颜色比上层颜色浅的像素仍显示。

滤色：该混合模式产生的图像较亮。在滤色模式下，任何色彩与黑色混合将保留应用的色彩，任何色彩与白色混合将产生白色。

颜色减淡：查看每个通道中的颜色信息，并通过减小对比度使基色变亮以反映混合色，与黑色混合则不发生变化。

线性减淡：查看每个通道中的颜色信息，并通过增加亮度使基色变亮以反映混合色，与黑色混合则不发生变化。

叠加：混合图层的变化要依赖于其下层的像素亮度值，下层图层的像素亮度值较低，则采用正片叠底的模式来混合；下层图层的像素高度值较高，则采用滤色的模式来混合。

柔光：该模式是一种效果比较柔和的混合模式，它通过判断上层色彩的灰度来决定下层图像是变暗还是发亮。超过50%的灰度会让下层图像变暗，反之变亮。

强光：该模式与柔光模式的区别在于光的强度。强光模式使用的是强光，从而使从光源像素发出的光照度更亮，而阴影相对地更暗。如果混合色彩的灰度值比50%高时，图像将按其像素亮度成正比加亮。如果混合色彩的灰度值比50%低时，图像将按其像素亮度成正比变暗。

亮光：该混合模式通过增加或减少亮度值来加亮或是暗化图像像素。如果混合色彩灰度值比50%高时，将通过减少对比度来加亮图像。如果混合色彩的灰度值比50%低时，将通过增加对比度来暗化图像。

线性光：该模式通过增加或减少图像像素的亮度值来加亮或暗化色彩，如果混合色彩的灰度值比50%高，图像通过增加亮度值变得更为明亮。如果混合色彩的灰度值比50%低时，图像通过减少亮度值变得更为暗淡。

点光：若混合色彩的灰度值高于50%时，比混合色彩暗的像素将被置换，比混合色彩亮的像素仍然保持原状。如果混合色彩的灰度值低于50%时，比混合色彩亮的像素将被置换，比混合色彩暗的像素仍然保持原状。

实色混合：该模式的混合原理是当上层像素（色阶值标为L）以"实色"模式和下层像素（色阶值标为L）混合时，计算当L+L>255时，混合值为0。当L+L=255时，L>128则混合值为255，L<128则混合值为0。

差值：该混合模式下，亮度值是一个参照。白色时，将完全反向合成像素，黑色时，将完全不反向合成像素。任何色彩与白色混合都将反转原有的色彩，任何色彩与黑色混合都将仍然保持原有的色彩。

排除：该混合模式对于图像效果的影响要小一些，当任何色彩与白色混合时都将反转原有的色彩，当任何色彩与黑色混合时都将仍然保持原有的色彩，在排除通道混合模式中，程序将中间色彩的像素置换为灰色，从而降低了对比度。

色相：该混合模式是将上层图像的色相赋予下层图像，混合后显示带有上层图像色相的下层图像。上层图像中的白色赋予下层后，得到的是没有色相的灰度效果，上层图像中的黑色部分没有色相，可以将下层图像完全显示出来。

饱和度：该混合模式是将上层图像的饱和度赋予下层图像，混合后显示带有上层图像饱和度的下层图像。

第七章　图层和通道的应用

颜色:该模式是将上层图像的色彩赋予下层图像,混合后显示带有上层图像色彩的下层图像。

亮度:该模式是将上层图像的亮度赋予下层图像,混合后显示带有上层图像亮度的下层图像。

2. 高级混合各项介绍

填充不透明度:配合挖空项来取消大多数色彩混合模式的相互作用。设定填充不透明度的数值。

通道:此选项有三个复选框,可以用来选择或取消图层色彩三种中的任何一个或两个。当打开或关闭这些通道选项并应用混合模式时,会得到很多不同的图像合成效果。

挖空:其操作的对象是目标图层下的图层,而不是目标图层上面的图层。这种功能允许我们在图层组里处理图层内容,以便图层上的对象能挖空其下的图层。使用这种方式,可以取消大多数色彩混合模式的相互作用。它有无、浅、深三种选择项。

透明形状图层:选取此项,程序将对图层不透明的区域进行挖空操作并应用其图层效果。

图层蒙版隐藏效果:选取此项,程序将对图层蒙版所定义的区域限制图层效果。

矢量蒙版隐藏效果:选取此项,程序将对矢量蒙版所定义的区域限制图层效果。

3. 混合颜色带各项介绍

混合颜色带选项下方,有两组滑块:一组的标题为本图层,另一组的标题为下一图层。显示在每组滑块的顶部是数值范围(0-255),移动其中一个的三角形滑块,数值就会发生改变。

混合颜色带滑块有助于制作组合图像。若图像主体被相对暗或亮的色调所包围,混合颜色带能帮助排除这些环绕色;若图像主体在一种单色调范围之内,混合颜色带就能帮助我们消除所有其他色调,而保留那些需要保留的色调;若图像中围绕主体的色彩需要减淡,混合颜色带就允许将整个范围内的色彩变为透明或部分透明;若将这些选项与图层工具、不透明度参数及混合模式相结合,可以创造出各种效果。

如图 7-4-27、图 7-4-28、图 7-4-29 给出了叠加、正片叠底、线性光三种混合模式,同时图像效果发生相应变化。

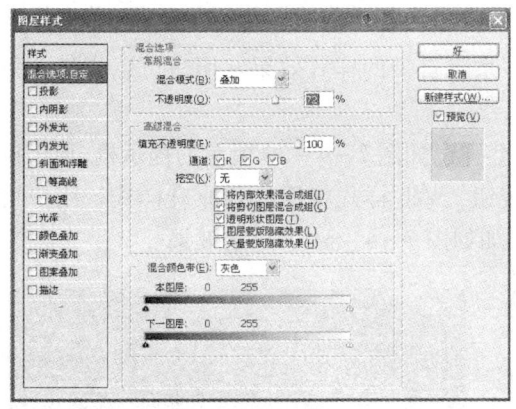

图 7-4-27　"叠加"效果

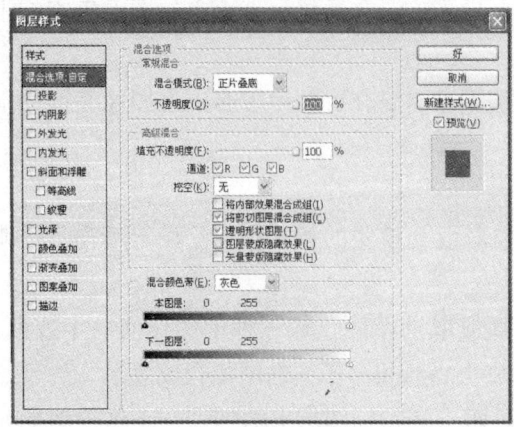

图 7-4-28 "正片叠底"效果

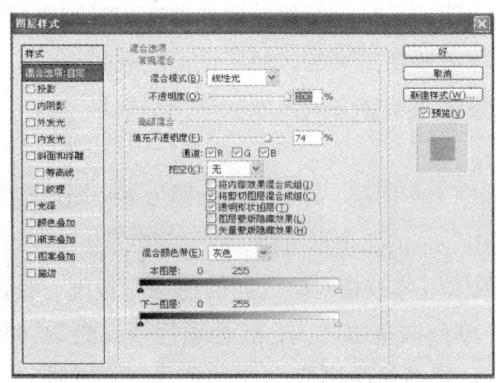

图 7-4-29 "线性光"效果

六、系统自带样式效果

样式调板中有很多系统自带的样式，用户可以用这些样式给图层添加效果：单击样式选项右侧的 ▶ 按钮，在弹出的下拉菜单中有许多系统自带的样式效果。用户可以尝试一下这些效果。

若单击系统自带样式中的 Web 样式选项，会弹出如图 7-4-30 所示的提示框，单击确定按钮，Web 样式将替换原有的样式；单击追加按钮，Web 样式将添加到原有样式。用户可以单击 Web 样式中的任意一个样式即可为文字添加如图 7-4-31 所示的效果。

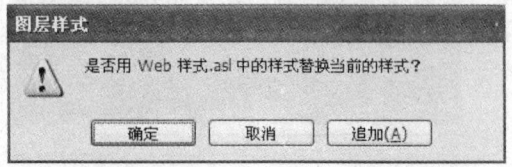

图 7-4-30 "图层样式"提示框　　　　图 7-4-31 水晶字

第五节　蒙　版

一、蒙版的基本概念

蒙版是 Photoshop 中一种独特的图像处理方式,主要用于保护被屏蔽的图像区域,我们若要对图像的部分区域进行编辑时,就可以用蒙版把不需要处理的部分屏蔽起来。蒙版实际上是一幅 256 级灰度图像。任何绘图、编辑工具和滤镜等都可以用来编辑蒙版,蒙版可用来隔离和保护图像某个区域,当对图像的其他区域进行颜色变化、滤镜效果等处理时,被蒙版蒙住的区域将不会发生改变。同时,也可只对蒙版蒙住的区域进行处理,而不改变图像的其他部分。

在 Photoshop 中,蒙版存储在 Alpha 通道中,要重新使用时,只要直接载入选区即可。对于蒙版和通道,绘制黑色的区域将受到保护,绘制为白色的区域则可进行编辑。选区、蒙版和 Alpha 通道是 Photoshop 中三个非常重要而且紧密相关的概念。选区一旦选定,实际上也就创建了一个蒙版,选区和蒙版存储起来,就是 Alpha 通道,它们之间可以相互转换。

二、蒙版的分类

Photoshop 中图层蒙版主要分为两大类:一类作用类似于选择工具,用于创建复杂的选区,主要是快速蒙版;另一类的作用主要是为图层创建透明区域,而又不改变图层本身的内容,主要包括图层蒙版、矢量蒙版和剪贴蒙版。

(一) 图层蒙版

图层蒙版用于为特定的图层创建蒙版,具有遮挡图层中图像的作用,它只对当前图层起作用,而不会影响其他图层。图层蒙版是一种灰阶图,其中的白色表示透明的蒙版,所以有白色蒙版的区域显示的是当前图层中的图像内容;黑色和灰色表示不透明和半透明的蒙版,所以会显示下面图层中的图像内容。通过更改图层蒙版,可以将大量特殊效果应用到图层,而实际上不会影响该图层上的像素。

(二) 快速蒙版

快速蒙版可以用来实现图像选区的分离处理,并可以通过各种绘图工具调整其大小和进行微调,快速蒙版常用于图像选区的精确定义。通过创建快速蒙版,可在图像上观察到一个暂时的蒙版效果。

(三) 矢量蒙版

矢量蒙版与图层蒙版类似,它可以控制图层中不同区域的透明度,不同的是图层蒙版使用一个灰度图像作为蒙版,而矢量蒙版利用一个路径作为蒙版,路径内部的图像将被保留,而路径外部的图像将被隐藏。与分辨率无关,它由钢笔或形状工具创建。

(四) 剪贴蒙版

如果要为多个图层使用相同的透明效果,为每一个图层都创建一个图层蒙版,就会非常麻烦,而且也容易出现不一致的情况,这时就可以使用剪贴蒙版来解决这个问题。剪贴蒙版利用一个图层作为一个蒙版,所有被设置了剪贴蒙版的图层都将以该图层的透明度为标准。

三、蒙版的创建和编辑

(一)图层蒙版的创建和编辑

1. 图层蒙版的创建

(1)在"图层浮动面板"中选中要创建图层蒙版的图层,然后单击"图层浮动面板"底部的"添加图层蒙版" ◻ 按钮,即可为当前图层创建一个图层蒙版。创建图层蒙版后,若图层中没有选择选区,则创建一个空白蒙版,表示没有区域被屏蔽,如图7-5-1所示;若在图层中创建了选区,选区以外的区域被屏蔽,如图7-5-2所示。

(2)执行[图层]→[图层蒙版]菜单命令,将弹出子菜单。其中"显示选区"和"隐藏选区"两个命令只有在图层中创建了选区的状态下才可用。各项作用如下:

显示全部:创建一个空白蒙版,图层中的图像将全部显示出来。

隐藏全部:创建一个全黑蒙版,图层中的图像将全部被屏蔽。

显示选区:根据选区创建蒙版,只显示选区内的图像,选区外区域被屏蔽。

隐藏选区:将选区反转后创建蒙版,选区内图像被屏蔽,其他区域的图像显示。

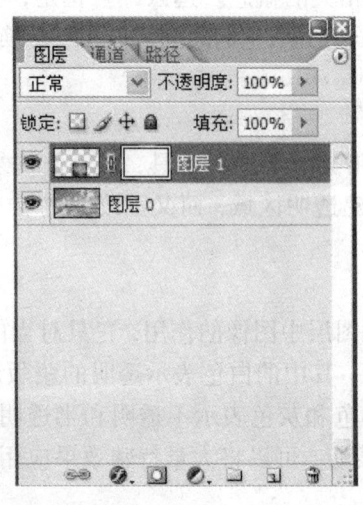
图7-5-1

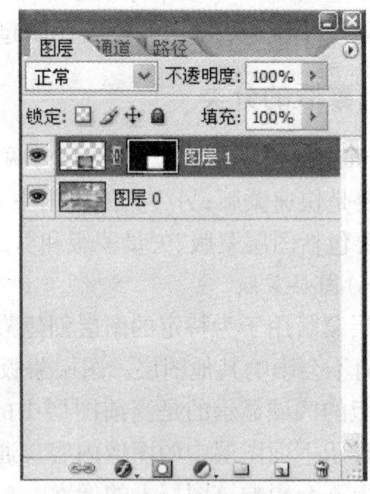
图7-5-2

2. 图层蒙版的编辑

图层蒙版的编辑即控制图像的显示与屏蔽的过程。主要包括使用绘图工具创建透明或半透明效果以及查看和删除图层蒙版等操作。创建图层蒙版后可以通过工具箱中的绘图工具对其进行编辑。

3. 图层蒙版的删除、应用和停用

图层蒙版编辑好后可以根据需要将蒙版应用到图像中,或扔掉不需要的图层蒙版或停用某个图层蒙版,需要时再重新启用该图层蒙版即可。

(1)执行[图层]→[图层蒙版]→[删除]菜单命令,或鼠标右键单击蒙版缩略图,在弹出的如图7-5-3所示的快捷菜单中选择"删除图层蒙版"命令,即可将图层蒙版彻底删除。

(2)执行[图层]→[图层蒙版]→[应用]菜单命令,或鼠标右键单击蒙版缩略图,在弹出的如图7-5-3所示的快捷菜单中选择"应用图层蒙版"命令。

(3)执行[图层]→[图层蒙版]→[停用]菜单命令,或鼠标右键单击蒙版缩略图,在弹出的如图7-5-3所示的快捷菜单中选择"停用图层蒙版"命令。将图层中图像恢复为原始显示状态,蒙版仍被保留。需要再次应用该蒙版时,鼠标右键单击蒙版缩略图,在弹出的如图7-5-4所示的快捷菜单中选择"启用图层蒙版"命令。

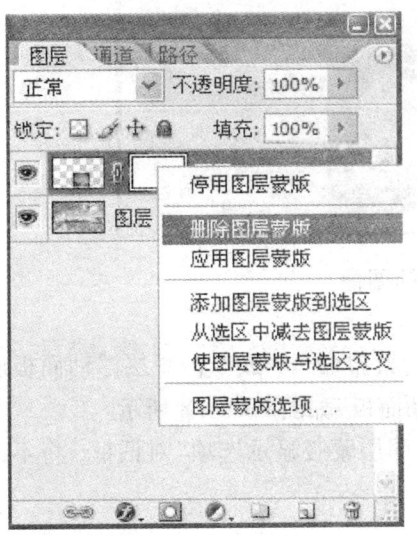

图7-5-3

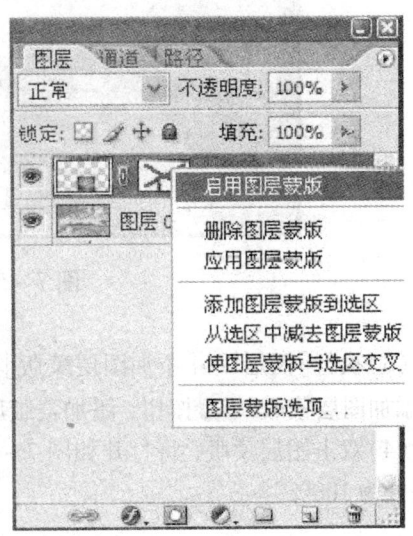

图7-5-4

4.例题

(1)打开素材图像"图片1"和"图片2",如图7-5-5和图7-5-6所示。

图7-5-5　素材图像"图片1"

图7-5-6　素材图像"图片2"

(2)在Photoshop工作窗口中,将图片1用移动工具拖到图片2中,如图7-5-7所示。

· 203 ·

图7-5-7 粘贴后的图像

(3)执行[图层]→[添加图层蒙版]→[显示全部]菜单命令，或单击图层浮动面板底部的"添加图层蒙版" ![按钮]，添加蒙版后的"图层浮动面板"如图7-5-8所示。

(4)双击图层蒙版，将打开如图7-5-9所示的"图层蒙版显示选项"对话框，将不透明度设置为100%。

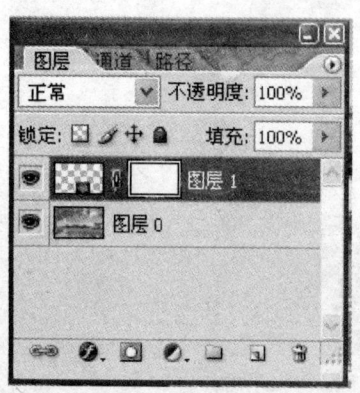   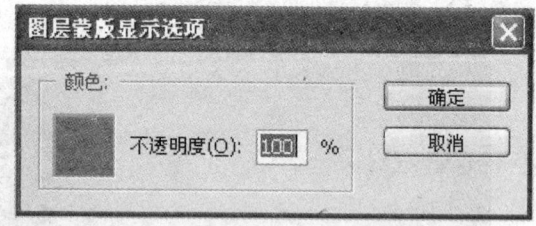

图7-5-8 添加蒙版后的"图层浮动面板"　　图7-5-9 "图层蒙版显示选项"对话框

(5)选择工具箱中的"画笔工具"将笔尖直径调整到一个合适的像素。

(6)选择图层蒙版，用画笔涂抹不需要的区域，使两张图片自然融合在一起，此时图层浮动面板如图7-5-10所示。

(7)合并可见图层"Ctrl+Shift+E"，得到的效果如图7-5-11所示。

第七章　图层和通道的应用

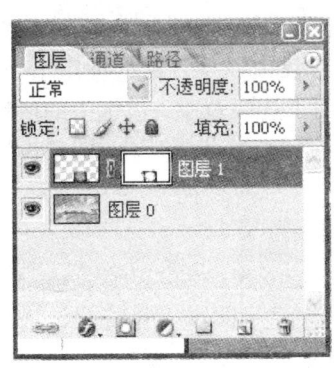

图 7-5-10　画笔涂抹后的"图层浮动面板"　　　图 7-5-11　合并后的图像

(二)快速蒙版的创建和编辑

1. 快速蒙版的创建

使用选取工具在图像中选取要编辑的区域，如图 7-5-12 所示。在工具箱中单击"以快速蒙版模式编辑" <img /> 按钮，图像窗口中除了选择区域外，其他区域都蒙上了半透明的红色遮罩，表示已进入了快速蒙版编辑状态，如图 7-5-13 所示。

图 7-5-12　创建选区的图像　　　　　图 7-5-13　快速蒙版编辑后的图像

2. 快速蒙版的编辑

快速蒙版的编辑可达到改变被屏蔽和非屏蔽区域的目的。在进行编辑时系统会根据编辑时所使用的绘图颜色来决定是改变被屏蔽还是非屏蔽区域。若描绘时使用的前景颜色为白色，系统会通过减小屏蔽区而增大非屏蔽区来增加选区；若描绘时使用的前景颜色为黑色，系统会通过减小非屏蔽区而增大屏蔽区来缩小选区；若描绘时使用的前景颜色为灰色，系统会通过创建半透明效果来创建部分半透明选区。编辑快速蒙版的目的是为了获得特殊效果的选区。将快速蒙版转换为选区的方法很简单，只要用鼠标单击工具箱内的"以标准模式编辑"

· 205 ·

按钮 ▢ 即可。

3. 快速蒙版选项的设置

双击工具箱中的"以快速蒙版模式编辑" ▢ 按钮，打开如图 7-5-14 所示的"快速蒙版选项"对话框，进行设置。其中各项含义如下。被蒙版区域：选中该项，表示将作用于蒙版，被保护的区域将呈现黑色；所选区域：选中该项，表示将作用于选取范围，被选中的区域呈现白色；颜色：单击颜色框，可打开"拾色器"对话框，可选择蒙版颜色；不透明度：用于设置蒙版不透明度。

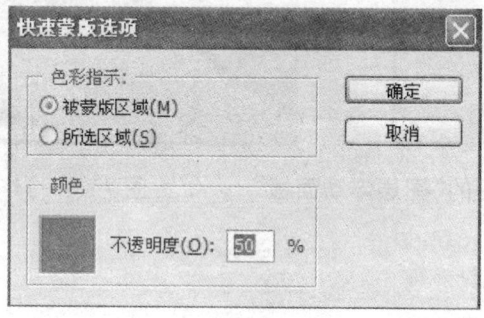

图 7-5-14 "快速蒙版选项"对话框

4. 例题

（1）新建大小为 1094×698 像素的画布，打开如图 7-5-15 所示的素材图片。

（2）在 Photoshop 工作窗口中，将素材图片用移动工具拖到画布中，然后在图像上绘出一个不规则区域，如图 7-5-16 所示。

图 7-5-15 素材图片

图 7-5-16 创建选区的图像

（3）单击工具栏上的"以快速蒙版模式编辑"按钮 ▢ （或者键盘输入 Q 键），然后执行［滤镜］→［扭曲］→［海洋波纹］菜单命令，在弹出的"海洋波纹"对话框中设置适当的参数，如图 7-5-17 所示，然后单击"确定"按钮。

（4）单击"以标准模式编辑"按钮 ▢ （或者再次键盘输入 Q 键切换），此时图像选区如图 7-5-18 所示。

第七章 图层和通道的应用

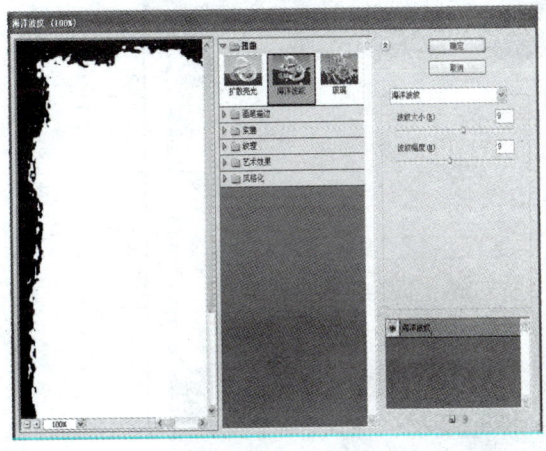

图7-5-17 "海洋波纹"对话框

图7-5-18 创建选区的图像

(5)执行[选择]→[反向]菜单命令反选选区,新建图层,设置前景色(R:5 G:174 B:245),然后用前景色填充选区,如图7-5-19所示。

(6)对新建图层添加"斜面和浮雕"效果,参数设置如图7-5-20所示。

图7-5-19 填充后的图像

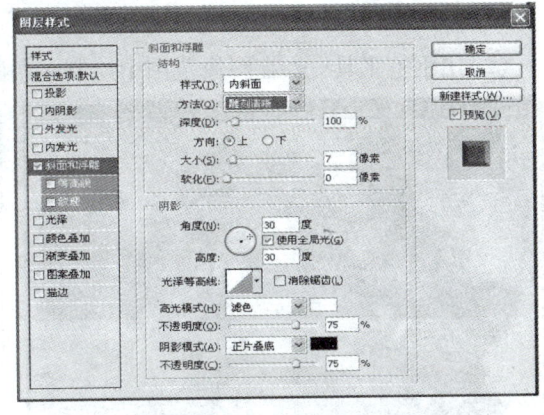

图7-5-20 "斜面和浮雕"参数设置

(7)合并可见图层,最终效果如图7-5-21所示。

图7-5-21 合并后的图像

(三)矢量蒙版的创建和编辑

例题：

(1)打开素材图像"图片1"，如图7-5-22所示。

(2)用钢笔工具 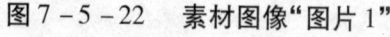 在图像范围中绘制一条路径，如图7-5-23所示。

图7-5-22 素材图像"图片1"

图7-5-23 绘制路径

(3)按住"Ctrl"键不放，单击"图层浮动面板"中的 ◙ 即为图层创建了一个矢量蒙版，如图7-5-24所示。此时的图层浮动面板如图7-5-25所示。

第七章　图层和通道的应用

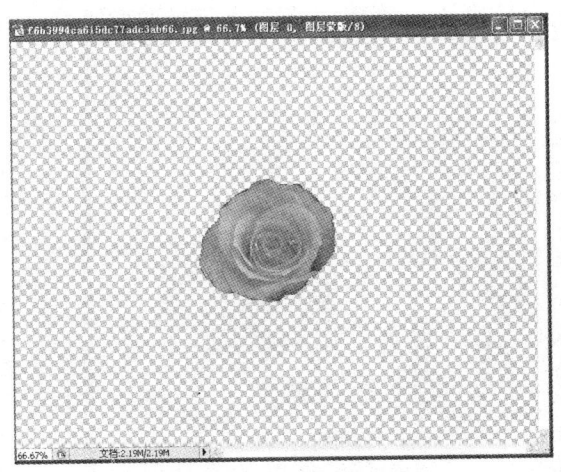

图 7-5-24　添加矢量蒙版后的图像

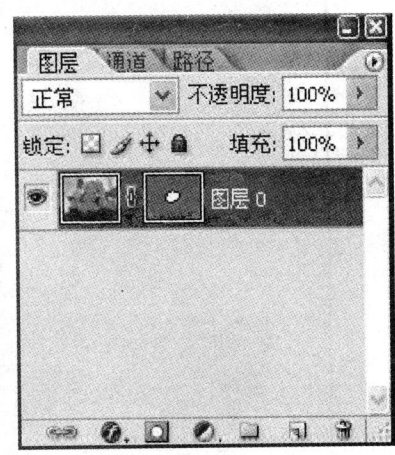

图 7-5-25　添加矢量蒙版后的面板

(4)单击"图层浮动面板"中的矢量蒙版，当不需要时选择要删除的矢量蒙版图层后，使用鼠标拖动矢量蒙版缩略图到 按钮上，单击"确定"按钮即可删除矢量蒙版，将图层恢复到正常状态。

(四)剪贴蒙版的创建和编辑

执行[图层]→[创建剪贴蒙版]菜单命令，为所有的链接图层创建剪贴蒙版。对蒙版图层所做的任何有关透明度或透明区域的操作都将影响其他图层的效果，可将蒙版图层的"不透明度"修改为其他效果。在"图层蒙版"中选择一个添加了剪贴蒙版的图层，再执行[图层]→[释放剪贴蒙版]菜单命令，即可将该图层以及上面的所有添加蒙版效果的图层从剪贴蒙版中释放出来。

例题：

(1)打开素材图像"图片1"和"图片2"，如图 7-5-26 和图 7-5-27 所示。

图 7-5-26　素材图像"图片1"

图 7-5-27 素材图像"图片 2"

(2) 在 Photoshop 工作窗口中,将图片 1 用移动工具拖到图片 2 中,如图 7-5-28 所示。
(3) 将两个图层的位置进行调整,如图 7-5-29 所示。

图 7-5-28　粘贴后的图像　　　图 7-5-29　调整图层叠放次序

(4) 执行[图层]→[创建剪贴蒙版]菜单命令,效果如图 7-5-30 所示。
(5) 调整图层的不透明度,效果如图 7-5-31 所示。

图 7-5-30　创建剪贴蒙版　　　　　图 7-5-31　调整不透明度

(6) 执行[图层]→[释放剪贴蒙版]菜单命令,则将蒙版效果释放了出来。

第六节　通　道

一、通道的基本概念

通道是独立的灰度图像,是基于色彩模式这一基础上衍生出的简化操作工具。每一个通道其实就是一幅图像中的某一种基本颜色的单独通道。通道是利用图像的色彩值进行图像的修改的。通道具备存储色彩信息、保存或创建复杂选区、保存专色色彩信息的功能。其中,①存储色彩信息:是通道与生俱来的作用。每一个色彩图像之所以呈现为彩色,是因为通道起很大的作用。②保存或创建复杂选区:创建的新通道称为 Alpha 通道,该通道主要用于保存或创建复杂选区。这也是通道的最常用的作用,一些精密图像的选择都可以使用通道完成。③保存专色色彩信息:保存专色色彩信息的通道称之为专色通道,是在印刷过程中除了 CMYK 四色以外特殊的混合油墨,主要用来代替或补充 CMYK 油墨。在输出图片时,专色通道作为单独色板进行输出,主要用于存放金色、银色等特殊的色彩信息。

二、通道的类型

Photoshop 中的通道是用来存储图像的颜色信息、选区和蒙版的。通道主要有以下几种类型。

（一）复合通道

复合通道不包含任何信息,实际上它只是同时预览并编辑所有颜色通道的一个快捷方式。它通常被用来在单独编辑完一个或多个颜色通道后使通道面板返回到它的默认状态。

(二) 颜色通道

颜色通道是将构成整体图像的颜色信息整理并表现为单色图像的工具。根据图像颜色模式的不同，颜色通道的种类也各异。颜色通道在打开一幅图像或绘制一幅图像时就产生了。图像或画布窗口的色彩模式决定了颜色通道的类型和通道的个数。常用的通道有灰色、CMYK、Lab 和 RGB 通道等。在 Photoshop 中，灰色模式只有一个灰色通道；CMYK 模式的图像有 CMYK、C、M、Y、K 五个通道，是利用青、洋红、黄、黑四种基本色调来表现复杂多样的颜色的；Lab 模式的图像有 Lab、L、a、b 四个通道；RGB 模式的图像，有 RGB、R、G、B 四个通道，是利用红、绿、蓝三种基本色调来表现繁多的颜色，其中红通道保留了图像的红基色信息，绿通道保留了图像的绿基色信息，蓝通道保留了图像的蓝基色信息，RGB 通道保留了图像的三基色的混合色信息。每一个通道用一个或两个字节来存储颜色信息。

(三) Alpha 通道

Alpha 通道是用来存储选区和蒙版的。可以在 Alpha 通道中绘制、粘贴和处理图像，在 Alpha 通道中的图像只是灰度图像。要将 Alpha 通道中的图像应用到图像中，可以有许多方法。利用通道可以从另外一个方面来调整图像的色彩和创建选区，这样做可以使制作某些复杂效果变得更为简单和快捷。我们在 Photoshop 中制作出的各种特殊效果都离不开 Alpha 通道，它最基本的用处在于保存选取范围，并不会影响图像的显示和印刷效果。

(四) 专色通道

专色通道是一种特殊的颜色通道，它使用的颜色不是 RGB 或 CMYK 颜色，而是用户指定的一种特殊的混合油墨颜色，例如金色、银色。专色通道可以使用专色去替代图像颜色，还可以和颜色通道合并，将专色分解到颜色通道中。专色通道一般人用得较少且多与打印相关。

(五) 单色通道

这种通道的产生比较特别，也可以说是非正常的。如果在通道面板中随便删除其中一个通道，就会发现所有的通道都变成"黑白"的，原有的彩色通道即使不删除也变成灰度的了。

三、通道的管理

Photoshop 通过"通道浮动面板"对通道进行管理。该面板中列出了图像中的所有通道，从上至下依次为复合通道、单色通道、专色通道和 Alpha 通道。通道内容的缩览图显示在通道名称的左侧，在编辑时会自动更新缩览图内容。执行[窗口]→[通道]菜单命令，可以显示如图 7-6-1 所示的"通道浮动面板"。通过该面板可以完成所有通道操作。

第七章　图层和通道的应用

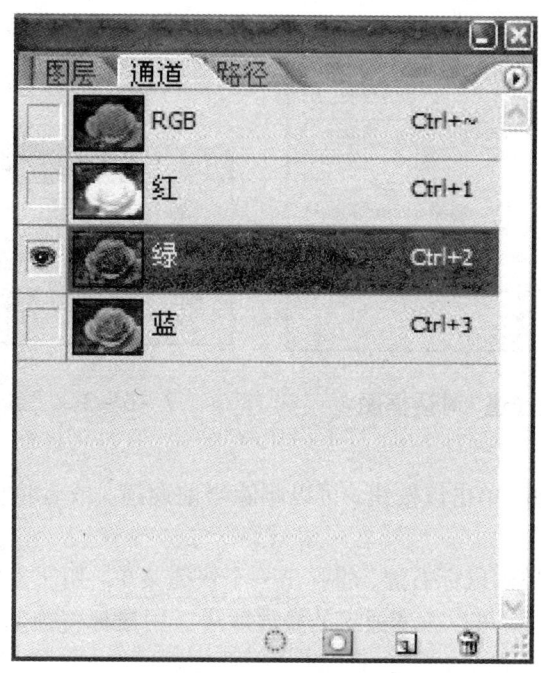

图 7-6-1　通道浮动面板

"通道浮动面板"及其各选项的作用简介如下：

通道名称：每个通道都有一个对应的名称，根据名称可以快速识别各种通道的颜色信息。各原色通道和复合通道的名称是不能改动的。如果要改变 Alpha 通道和专色通道的名称，鼠标双击该名称即可。

图标：该图标控制通道的显示和隐藏。注意：主通道是由各原色通道组成的，当隐藏其中的某一原色通道时，主通道会自动隐藏。如果显示主通道，则它的原色通道将自动显示出来。

通道预览图：用来显示通道的内容，使用户快速识别各通道。修改图像的通道时，预览图中的内容也发生相应的变化。

当前通道：通道浮动面板中以蓝底白字显示的通道为当前通道。

"将通道作为选区载入"按钮　：单击该按钮，可以将通道中的内容转换为选区，也可以按住"Ctrl"键并在面板中单击该通道实现。

"将选区存储为通道"按钮　：单击该按钮，可以将图像中的选区存储到新增的 Alpha 通道中。

"创建新通道"按钮　：单击该按钮，可以创建一个新通道。按住"Alt"键的同时单击该按钮，会弹出如图 7-6-2 所示的"新建通道"对话框，在该对话框中可以设置新建通道的参数；按住"Ctrl"键的同时单击该按钮，会弹出如图 7-6-3 所示的"新建专色通道"对话框，单击"确定"按钮可以创建新的专色通道。

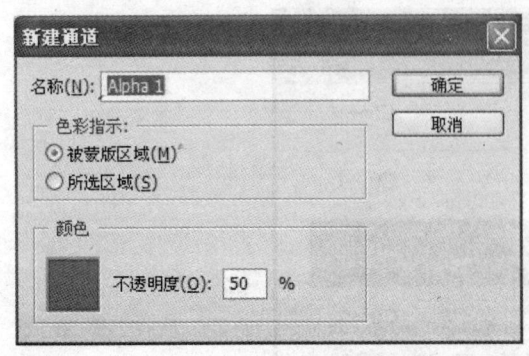
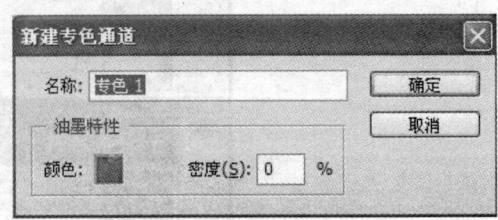

图 7-6-2 "新建通道"对话框图　　　　7-6-3 "新建专色通道"对话框

"删除当前通道" :单击该按钮,可以删除当前通道,或者将要删除的通道拖动到该按钮上,也可删除该通道。

在通道的显示条中单击鼠标右键,将弹出一个快捷菜单,用于复制和删除通道。若图像中包含多个 Alpha 通道时,可以改变通道的叠放顺序。用鼠标将拖动 Alpha 通道到合适的位置时,松开鼠标即可。

四、通道的操作

(一)通道的显示和隐藏

单击"通道浮动面板"中要显示的通道左边的 图标,使其内出现 图标,即可将该通道显示出来;单击通道浮动面板中要隐藏的通道左边的 图标,使其内的 图标消失,即可将该通道隐藏。

(二)通道的选中和取消

一般在对通道进行操作时,需要首先选中通道。"通道浮动面板"中选中的通道会以蓝色显示,同时在画布窗口内显示出所选通道的综合效果图。用鼠标单击"通道浮动面板"中要选中的通道缩览图,可选中一个通道;在选中一个通道后,按住"Shift"键,同时单击"通道浮动面板"中要选中的通道缩览图,可选中多个通道;用鼠标单击选中"通道浮动面板"中的复合通道,即可选中所有颜色通道。

单击"通道浮动面板"中未选中的通道,即可取消其他通道的选中。按住"Shift"键,同时单击"通道浮动面板"中选中的通道,即可取消该通道的选中。

(三)通道的创建、复制和删除

1. 创建新通道

(1)单击"通道浮动面板"底部的"新建通道" 按钮,可以快速创建一个 Alpha 通道。

(2)单击"通道浮动面板"右上角的 按钮,在弹出的快捷菜单中选择"新建通道"命令,会弹出"新建通道"对话框。在该对话框设置完成后单击"确定"按钮,即可新建一个通道,如图 7-6-4 所示。

第七章　图层和通道的应用

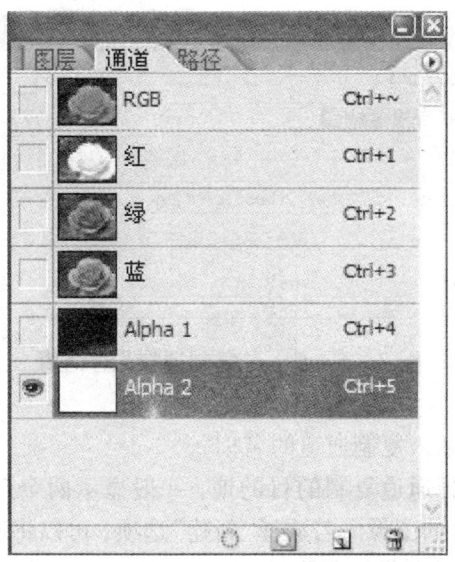

图 7 – 6 – 4　新建通道

(3)按住"Alt"键的同时,单击"新建通道" 按钮,也可打开新建通道对话框,在该对话框进行设置后,单击"确定"按钮,也可新建一个通道。

新建通道对话框中各选项的含义分别是:

名称:在该文本框中可输入该通道的名称。若未定义名称,则通道名称被默认为 Alpha1、Alpha2、Alpha3 等。

"色彩指示"区域下有两个选项,分别为"被蒙版区域"和"所选区域"。选中 按钮后,新建的通道中有颜色的区域为蒙版区域,无颜色的区域为选择区域。此时图像全部被蒙版,如果有选区的话,只有选区范围内的区域可以修改;选中 按钮后,新建的通道中有颜色的区域为选择范围,无颜色的区域为蒙版区域。此时图像全部显露出来,如果有选区的话,只有选区范围内的区域可以修改。

颜色:在颜色块中用鼠标单击,将打开"拾色器"对话框,从中可以选择显示蒙版的颜色,默认的为红色。

不透明度:用于设置蒙版颜色的不透明度。

2.通道的复制

在 Photoshop 中,可以在图像内或图像之间复制通道。通常在编辑图像通道之前,最好将通道复制一个作为备份,以免编辑后不能还原。也可以将通道复制到其他图像中,需要时再载入到当前图像中。复制通道主要有以下几种方法:

(1)先单击选中要复制的通道,使其显示为蓝色,然后在通道浮动面板菜单中选择"复制通道"命令,将弹出如图 7 – 6 – 5 所示的"复制通道"对话框。利用该对话框进行设置后,单击"确定"按钮,即可将选中的通道复制到指定的图像文件或新建的图像文件中。该对话框内各选项作用如下。

图7-6-5 "复制通道"对话框

为:在该文本框中可以输入复制通道的名称。

文档:该文本框用来选择通道复制的目的地,一般显示两个选项,而且它只能显示与当前文件的分辨率和尺寸相同的图像。若选择"新建"选项,可以将通道复制到一个新建的文档中,选择该选项时,应输入新图像的名称。

反相:复制的新通道与原通道相比是反相的。即原来通道中有颜色的区域,在新通道中为没有颜色的区域;原来通道中没有颜色的区域,在新通道中为有颜色的区域。

(2)用鼠标将要复制的通道拖动到通道浮动面板底部的"创建新通道"按钮 上,再松开鼠标左键,即可在当前图像中复制选中的通道。

(3)若要将通道复制到其他图像中,可以将该通道拖动到其他图像的画布窗口中。

3. 通道的删除

由于包含 Alpha 通道的图像会占用很多的磁盘空间,所以存储图像前,应删除不需要的 Alpha 通道。删除通道主要有以下几种方法。

(1)在"通道浮动面板"中选择要删除的通道,然后单击"通道浮动面板"底部的"删除当前通道"按钮,将弹出如图7-6-6所示的删除提示框,单击"是"按钮,即可删除当前通道。

图7-6-6 删除提示框

(2)在"通道浮动面板"中选择要删除的通道,按住"Alt"键的同时单击"通道浮动面板"底部的"删除当前通道" 按钮,即可删除当前通道。该方法不会弹出删除提示框。

(3)用鼠标将要删除的通道拖动到通道浮动面板底部的"删除当前通道"按钮上,再松开鼠标左键,即可删除当前通道。该方法不会弹出删除提示框。

(4)选中要删除的通道,然后在"通道浮动面板"菜单中选择"删除通道"命令,即可删除当前通道。该方法不会弹出删除提示框。

(四)存储和载入选区

1. 存储选区

先绘制一个选区,如图7-6-7所示。然后单击"通道浮动面板"底部的"将选区存储为通道"  按钮。此时,选区已作为通道被保存,通道中白色区域是选区,如图7-6-8所示。

图7-6-7　绘制选区图

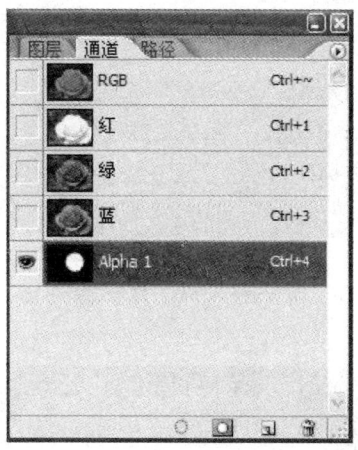

图7-6-8　将选区存储为通道

2. 载入选区

将通道载入选区的方法主要有以下几种。

(1)按住"Ctrl"键,同时单击"通道浮动面板"中相应通道的缩览图。

(2)单击选中"通道浮动面板"中相应通道,再单击"通道浮动面板"底部的"将通道作为选区载入"按钮。

(五)通道的分离和合并

1. 通道的分离

使用"通道浮动面板"菜单中的"分离通道"命令,可以把一幅图像的每个通道拆分成一个独立的灰度图像,灰度图像数量的多少与原图像的色彩模式有直接关系。如RGB色彩模式图像可以分离出三幅灰度图像,而CMYK色彩模式图像可以分离出四幅灰度图像。通道分离后可以对其进行单独编辑调整,然后将它们合并起来。

打开如图7-6-9所示的图像,单击"通道浮动面板"右上角的 按钮,在弹出的快捷菜单中选择"分离通道"命令即可分离通道。分离后生成的文件数与图像的通道数有关,如将这幅RGB图像分离通道将生成三个独立的图像,如图7-6-10、图7-6-11、图7-6-12所示。在分离通道前必须先合并图层。

图7-6-9 原图像

图7-6-10 分离通道后的独立图像

图7-6-11 分离通道后的独立图像

图7-6-12 分离通道后的独立图像

2. 通道的合并

使用合并通道可以将多个灰度图像合并成一幅多通道彩色图像。所有被合并的图像都必须是灰度模式，并具有相同的像素尺寸。打开的灰度图数量决定了合并通道时可用的颜色模式。

打开所有要合并通道的灰度图像，激活其中的一个图像文件，在"通道浮动面板"菜单中选择"合并通道"命令，将弹出如图7-6-13所示的"合并通道"对话框，在"模式"下拉列表中，选择想要创建的颜色模式，在"通道"文本框中，对应于所选模式的通道数量会自动显示出来，也可以输入数值。若输入的数值不能用于所选模式，则自动选择"多通道"模式；若要合并为RGB模式，单击"确定"按钮后，将弹出如图7-6-14所示的"合并RGB通道"对话框。对于每个通道，选择其相应的源文件，此时要保证需要的源文件都是打开的。如果选择的源文件不同，则合并的图像效果就会不一样。完成选择通道后，单击"确定"按钮即可完成通道的合并。将选择的灰度图像合并成一个新图像后，原图像将被关闭，并保持不变，最终的新图像将显示在新窗口中。

第七章　图层和通道的应用

图 7-6-13　"合并通道"对话框　　图 7-6-14　"合并 RGB 通道"对话框

(六)专色通道的应用

1. 专色通道的创建

单击"通道浮动面板"右上角的 ![btn] 按钮,在弹出的快捷菜单中选择"新建专色通道"命令,会弹出如图 7-6-15 所示的"新建专色通道"对话框,在"名称"文本框中输入新通道的名称,在"颜色"栏中设置颜色,设置完成后单击确定按钮,即可新建一个专色通道。

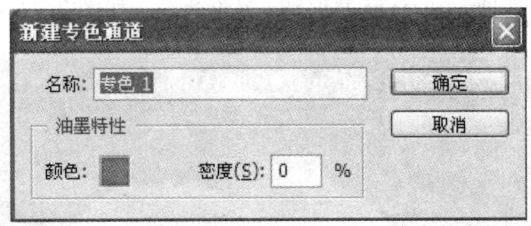

图 7-6-15　"新建专色通道"对话框

2. 将 Alpha 通道转化成专色通道

选中要转换的 Alpha 通道,在"通道浮动面板"中双击 Alpha 通道缩览图,将弹出"通道选项"对话框,在"色彩指示"选项组中选择"专色"按钮,如图 7-6-16 所示。为其选定颜色和密度值后,单击"确定"按钮即可将 Alpha 通道转化成专色通道。

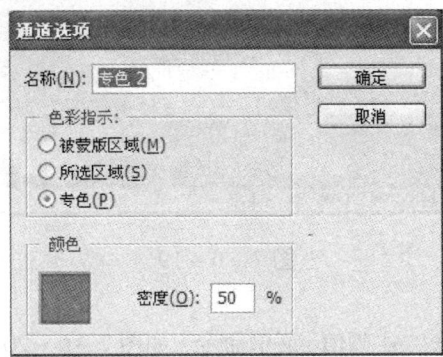

图 7-6-16　"通道选项"对话框

例题:

(1)打开如图 7-6-17 所示的素材图像"图片 1",全选素材、复制、新建通道,然后再通道粘贴，如图 7-6-18 所示。

图 7-6-17　素材图像"图片 1"　　　　　图 7-6-18　新建通道

（2）执行［滤镜］→［其他］→［高反差保留］菜单命令，如图 7-6-19 所示。

图 7-6-19

（3）执行［图像］→［调整］→［阈值］菜单命令，如图 7-6-20、图 7-6-21 所示。

第七章 图层和通道的应用

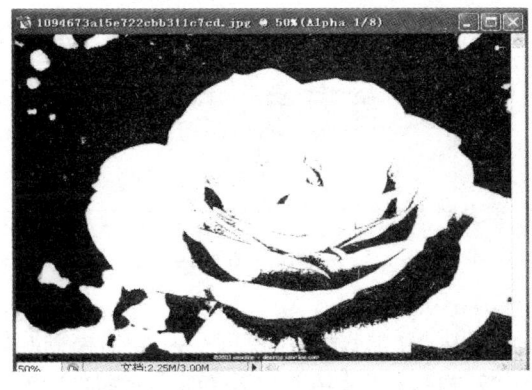

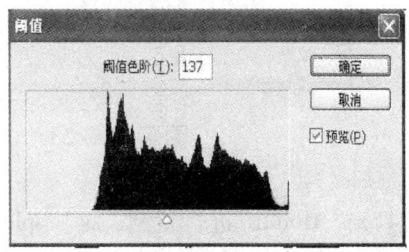

图 7-6-20　　　　　　　　　　　图 7-6-21

（4）调出新建通道的选区，回到图层浮动面板，执行［图层］→［新建］→［通过拷贝的图层］菜单命令。

（5）锁定透明像素，进行渐变，效果如图 7-6-22 所示。

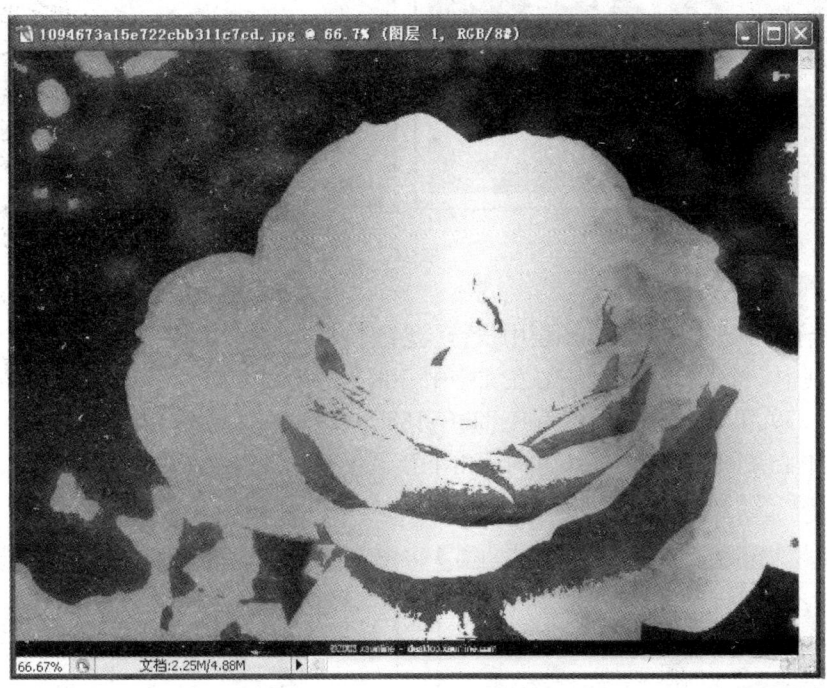

图 7-6-22　渐变后的图片效果

综合实例：

（1）创建一个新文件，图像大小为 1000 * 500 像素，白色背景，分辨率为 130，RGB 模式；然后输入文字"铸铁字"，消除锯齿方法为浑厚，字体颜色为黑色。如图 7-6-23 所示。

（2）栅格化文字图层，调出选区，将文字选区存储为通道。

（3）保持当前选择，用 50% 灰度填充选区，取消选择，如图 7-6-24 所示。

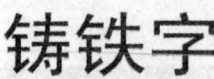
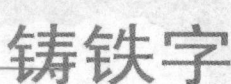

图7-6-23　　　　　　　　　　　图7-6-24

（4）对"Alpha1"进行复制，对"Alpha1副本"执行［滤镜］→［模糊］→［高斯模糊］菜单命令，对白色区域稍加模糊，高斯模糊的半径为7；再执行［滤镜］→［杂色］→［添加杂色］菜单命令（分布：平均分布，数量12.5％），如图7-6-25所示。

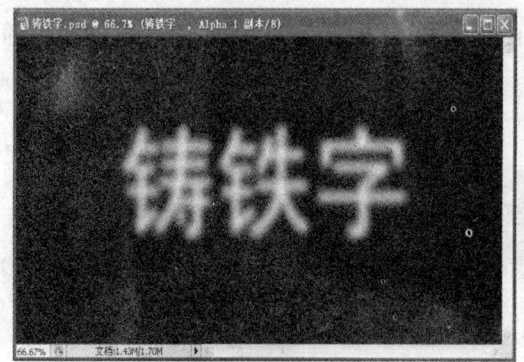

图7-6-25　　　　　　　　　　　图7-6-26

（5）选择RGB通道，在文字图层中执行［滤镜］→［渲染］→［光照效果］菜单命令，设置两个光源，其中一个光源的光源中心在文字中心偏上，光线方向为由上至下，光源颜色设置为R:255、G:230、B:23，环境颜色为R:82、G:188、B:198，相应参数如图7-6-26所示；另一盏灯的光源中心在图像下方，光线方向为由下至上，光源颜色为白色，强度为50，聚焦为0。参数如图7-6-27所示，效果如图7-6-28所示。

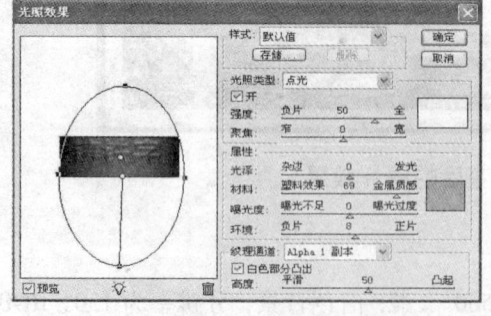
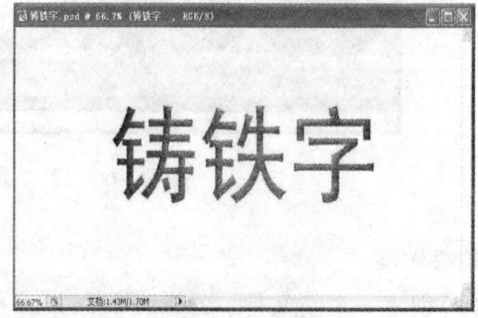

图7-6-27　　　　　　　　　　　图7-6-28

(6) 回到图层浮动面板，添加"斜面和浮雕"图层样式，效果如图 7-6-29 所示。

(7) 添加"光泽"图层样式，效果如图 7-6-30 所示。

图 7-6-29　　　　　　　　　　　图 7-6-30

(8) 新建图层，载入 Alpha1 的选区，用 50% 的灰度填充，取消选区。执行[滤镜]→[渲染]→[光照效果]菜单命令，将光源中心设在上次光照滤镜中第一个光源中心的位置，方向从左下到右上，光源颜色和环境色都为白色，相关参数设置如图 7-6-31 所示，效果如图 7-6-32 所示。

(9) 执行[图像]→[调整]→[曲线]菜单命令，再次加强金属质感。参数设置如图 7-6-33 所示，效果如图 7-6-34 所示。

(10) 将该图层的混合模式设为"叠加"，不透明度设为 75%。

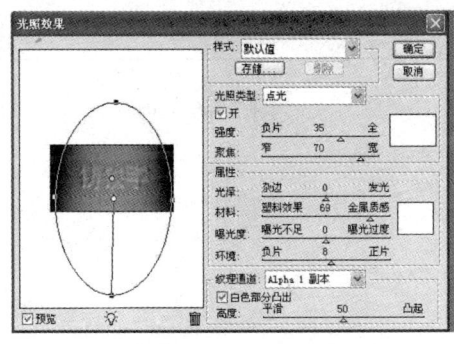
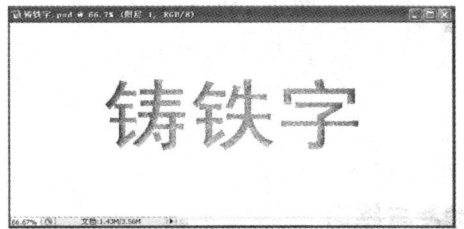

图 7-6-31　　　　　　　　　　　图 7-6-32

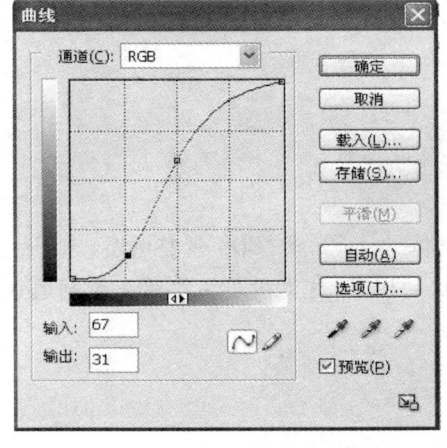
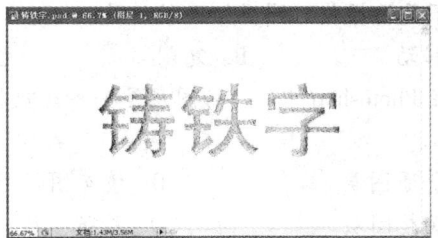

图 7-6-33　　　　　　　　　　　图 7-6-34

（11）添加"斜面和浮雕"样式、添加"光泽"样式，将等高线调整为如图7-6-35所示；选择消除锯齿，高光和暗调保持默认；添加投影样式，添加"渐变叠加"样式。在此过程中打开"渐变编辑器"窗口，在"渐变类型"中选择"杂色"，"粗糙度"为27%，取消"限制颜色"选项，然后点击"随机化"按钮，观察图像的变化，选择自己满意的颜色。

（12）给背景添加渐变，最终效果如图7-6-36所示。

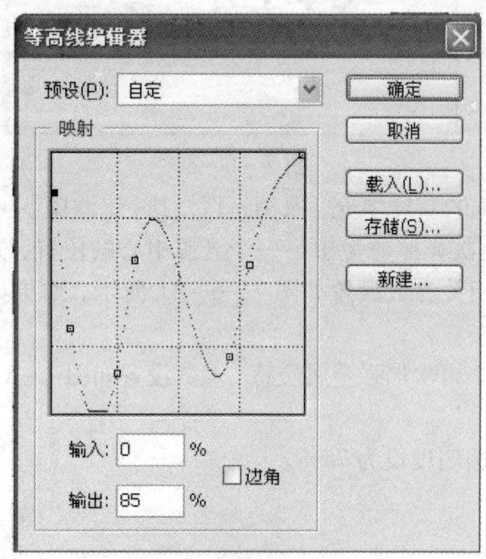

图7-6-35

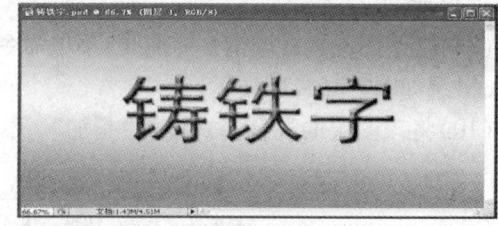

图7-6-36

思考与练习

一、选择题：

1.下面关于背景图层的说法正确的是（　　）

A.可以将背景图层转换为普通图层

B.背景图层不能进行混合模式设置

C.背景图层不一定位于图像的最底层

D.和普通图层一样，背景图层也可以被编辑

2.下面的操作对图层组无效的是（　　）

A.移动　　　　　B.复制　　　　　C.锁定　　　　　D.调整图层

3.在Photoshop中（　　）图层是一种比较特殊的图层，这类图层主要用来控制色调和色彩的调整。

A.普通图层　　　　　B.填充图层

C.调整图层　　　　　D.蒙版图层

4.在通道浮动面板中我们可以对通道进行（　　）操作。

A.新建通道　　　　B.删除通道　　　　C.重命名通道　　　　D.复制通道

5.一幅 RGB 图像的主通道由三个通道组成,它们分别为(　　)。
A. 红　　　　　B. 绿　　　　　C. 蓝　　　　　D. 黑

二、简答题：

1. 图层的作用是什么？Photoshop 中有哪几种图层类型？
2. 图层蒙版的作用是什么？
3. 通道有什么特性？

- ●学习目标:了解景观效果图的后期内容:输出图像、构图、软质景观、硬质景观、建筑、装饰配景等。掌握一般效果图后期的制作思路:分析输出原图——确定图像像素——渲染流程——整体调整确定。
- ●学习重点:熟练掌握景观效果图后期中 Photoshop 常用工具的渲染技法。
- ●学习难点:后期渲染整体气氛的把握。

第一节 景观平面彩色效果图后期处理

平面彩色效果图简称平彩图,它是景观设计方案的重要组成部分,AutoCAD 和 Photoshop 是平彩图的主要绘制软件。AutoCAD 主要用于绘制平彩图填充的线形边界,Photoshop 主要用来分层绘制图层样式,渲染图像的最终效果,相比之下,前者更为理性,后者则更具感性。用 AutoCAD 和 Photoshop 来绘制平彩图是景观设计专业从业人员进行方案设计图纸表现的基本能力。

根据当今社会经济的快速发展,人们对生活环境的要求越来越高,景观设计也得到了长足的发展,从而影响了景观设计的专业课程体系建设和当前景观设计的发展导向。计算机辅助设计为绘制效果图带来了更大的可操作性,Photoshop 绘制的景观平彩图以其整体性、美观性、直观性、可读性强等特点得到了社会的认可。结合市场的迫切需求,本章将以设计案例的方式,更为直观系统地介绍平彩图的绘制流程和后期渲染技法。

一、平彩图的分析阶段

平彩图的制作,首先应该分析设计方案的总体布局和功能分区,了解设计方案的各个景观元素之间的关系,从而确定景观设计方案的设计理念和设计方法,最终使平彩图的实用性与审美性达到整体统一。

(一)阅读 CAD 文件

1. 启动 AutoCAD 2006 中文版软件。

2. 单击菜单栏中[文件]→[打开]命令,打开"广场设计平面图",如图 8-1-1 所示。

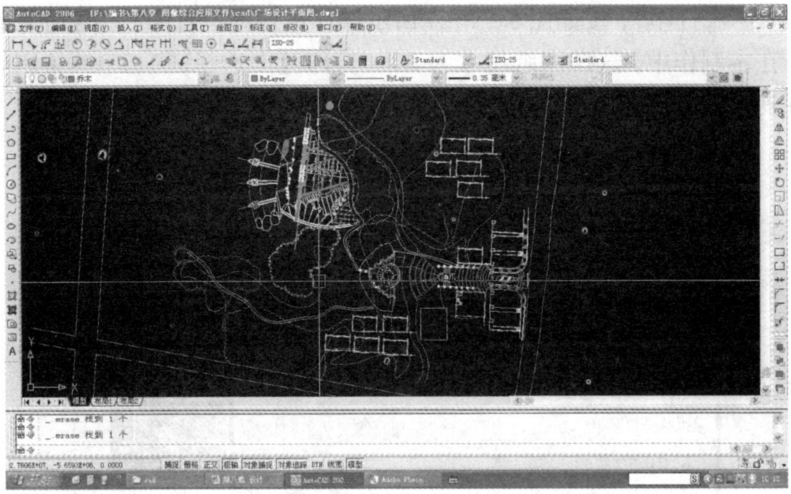

图 8-1-1

(二)分析 CAD 文件

通过阅读 AutoCAD 平面图,可以了解绘制的广场设计的空间序列,对软质景观和硬质景观进行大致认识,更多地认识到各景观设计元素的组合关系。

二、AutoCAD 文件的转换输出

将 AutoCAD 文件打印出不同格式的图像文件,再导入到 Photoshop 中进行后期处理。在广场平彩图的绘制案例中,将采用虚拟打印法进行讲解,这种方法在实际操作中较为常用,这样也可以得到理想的精度的图像。

(一)安装文件打印机驱动

文件打印机是一种虚拟的电子打印机,是用来将 AutoCAD 图形转换成其他文件格式的程序,在本制作中,采用 Adobe PostScript Level 1 ,输出为 EPS 格式,Adobe 的一种图形格式,可以在 Photoshop 等图像处理类软件中打开。在 AutoCAD 中,单击[文件]菜单,然后单击"绘图仪管理器",双击"添加绘图仪向导",单击"下一步",直到弹出对话框如图 8-1-2 所示。

继续单击"下一步",直到"完成",如图 8-1-3 所示。

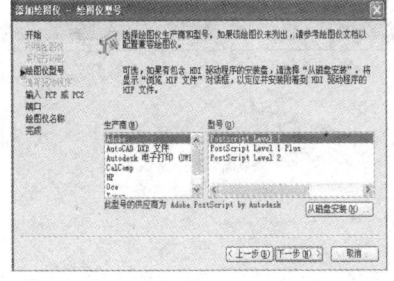

图 8-1-2 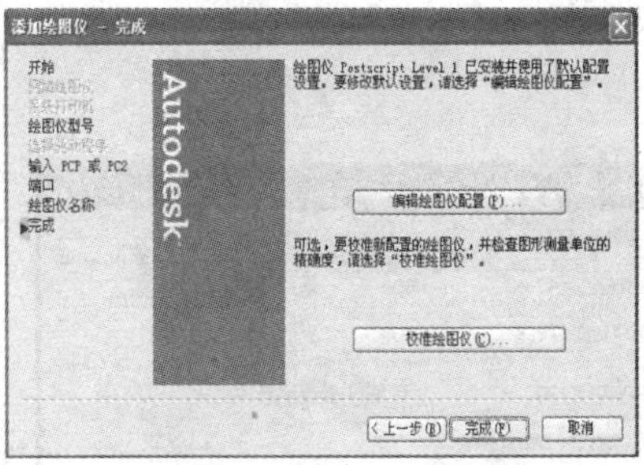   图 8-1-3

(二)设置布局打印

单击[文件]→[打印],按如图 8-1-4 所示操作进行虚拟打印。为了让图纸导入 Photoshop 后清晰,在本制作中,选择图纸尺寸为 A3。打印范围选择[窗口]→[居中打印],得到如图 8-1-4 所示,然后进行文件保存相应的位置可得到 EPS 格式即可。

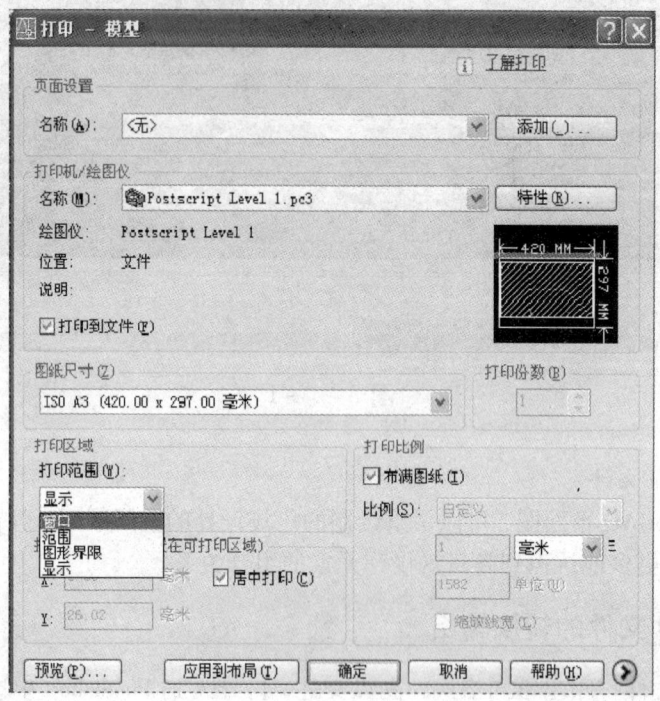

图 8-1-4

三、图像文件导入 Photoshop 中分层处理

(一)启动 Photoshop CS2。

(二)单击菜单栏中[文件]→[打开]命令,打开已经保存好的"广场设计平面图 – Model"文件如图 8-1-5 所示。栅格化设为分辨率为 300 像素,颜色模式为 CMYK,单击"确定",如图 8-1-6 所示。

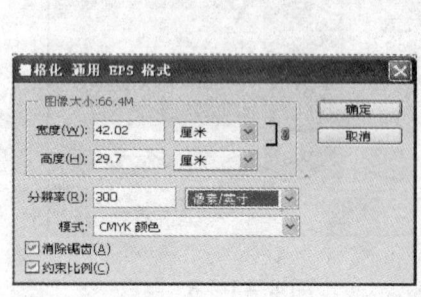

图 8-1-5

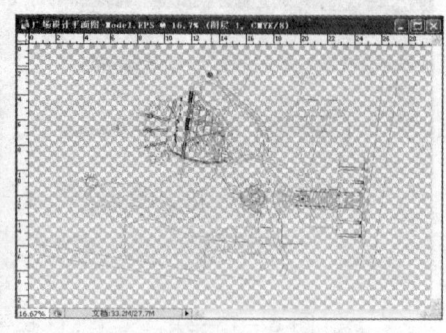

图 8-1-6

（三）单击锁定背景图层，按"Alt + Delete"组合键，连续两次填充黑色，调整图形于合适位置。效果如图 8 - 1 - 7 所示。

（四）用裁剪工具，裁剪画布，效果如图 8 - 1 - 8 所示。

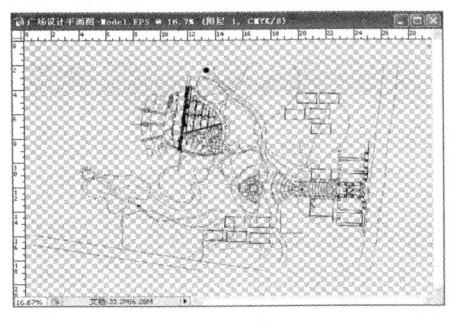
图 8 - 1 - 7

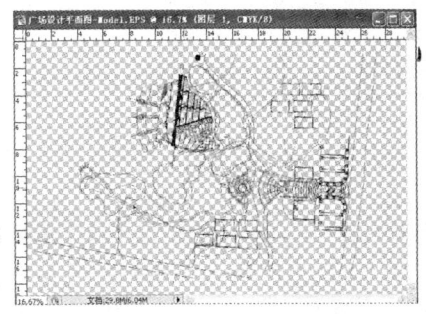
图 8 - 1 - 8

（五）选择工具箱中魔棒工具。在属性栏中，将其"容差"调整为 0 像素，并取消"连续"的选项。选择"添加到选区"，如图 8 - 1 - 9 所示。

图 8 - 1 - 9

（六）在图像的空白处，单击鼠标。此时透明区域全部选中。将鼠标停留在空白处，按快捷键"Ctrl + Shift + I"执行选择反向命令。然后按下键盘的"Ctrl + C"，"Ctrl + V"，此时"图层"面板上生成了一个新的图层"图层 1"。在图层名上双击鼠标，将图层名改为"线形轮廓"，如图 8 - 1 - 10 所示。

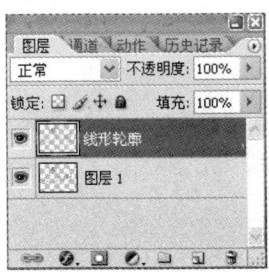

图 8 - 1 - 10

（七）单击菜单栏[文件]→[另存为]命令，将文件另存为"广场平面图.Psd"文件。

四、广场软景观绿化处理

（一）为了观察方便，先建白底图层，如图 8 - 1 - 11 所示。

（二）添加边界框图层，填充色彩为黑色，效果如图 8 - 1 - 12 所示。

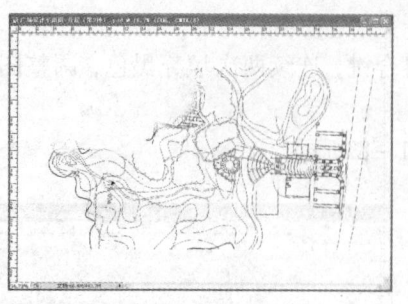
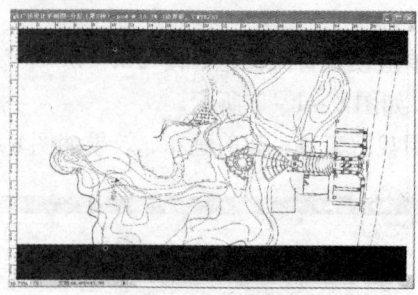

图 8-1-11　　　　　　　　　图 8-1-12

（三）草坪制作。利用魔棒工具确定草坪的透明区域，新建图层命名为"草坪"，为其做一个渐变填充，从选中区域右下角到左上角拖曳，并调整橡皮擦工具，擦去不需要的部分，结果如图 8-1-13 所示。

（四）继续使用线形填充工具，拉出绿色渐变效果，并调整位置、色彩、透明度等，结果如图 8-1-14 所示。

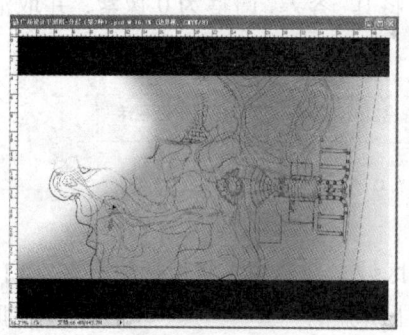
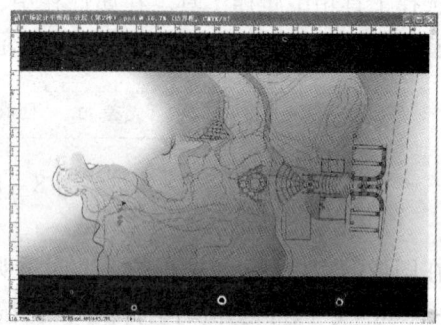

图 8-1-13　　　　　　　　　图 8-1-14

五、广场铺装

（一）打开广场道路铺装图案纹理，如图 8-1-15 所示。

（二）定义填充图案。点击[编辑]→[定义图案]定义图案名称为"铺装"。如图 8-1-16 所示。

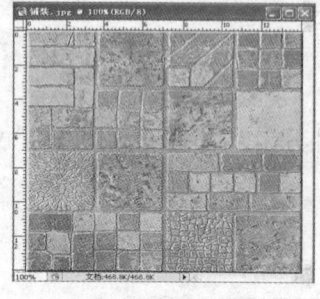

图 8-1-15　　　　　　　　　图 8-1-16

（三）用魔棒工具选择要填充的区域，新建图层名为"铺装"，点击［编辑］→［填充］或快捷键"Shift + F5"，效果如图 8 - 1 - 17 所示。

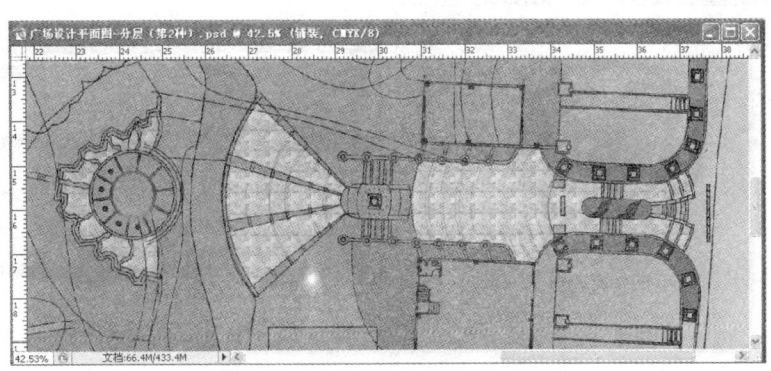

图 8 - 1 - 17

（四）填充广场色彩调整参数如图 8 - 1 - 18 和图 8 - 1 - 19 所示。

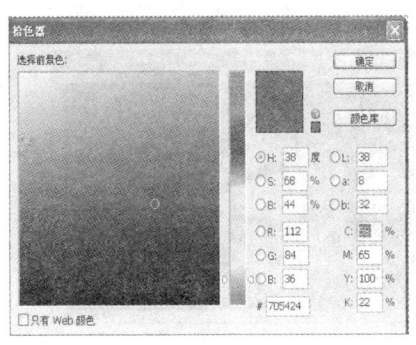 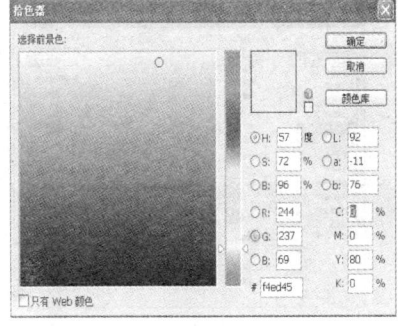

图 8 - 1 - 18　　　　　　　　　　图 8 - 1 - 19

（五）填充广场色彩，效果如图 8 - 1 - 20 所示。

（六）继续填充其他部分，效果如图 8 - 1 - 21 所示。

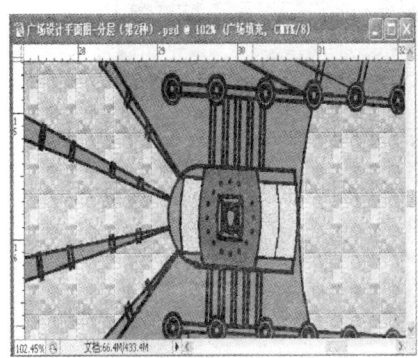 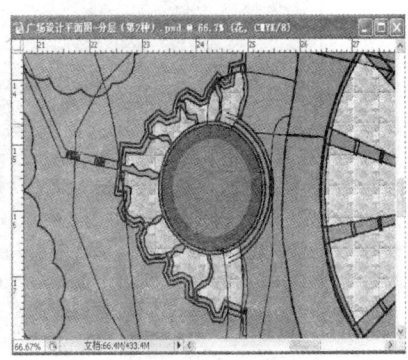

图 8 - 1 - 20　　　　　　　　　　图 8 - 1 - 21

（七）打开需要合并的花坛，如图8-1-22所示。

（八）合并花坛后的效果如图8-1-23所示。

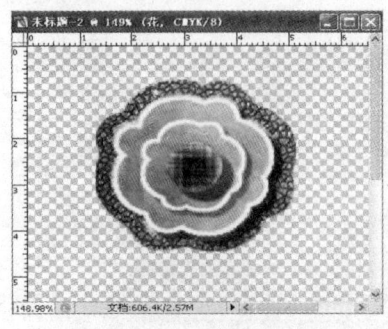
图8-1-22

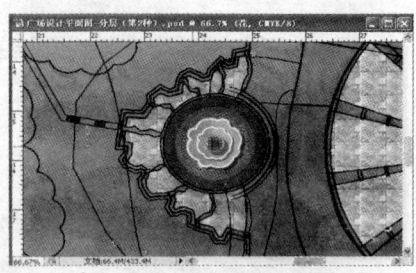
图8-1-23

（九）铺装线的调整。选择需要填充的部分，填充黑色，设置图层样式参数，如图8-1-24所示。

（十）广场效果如图8-1-25所示。

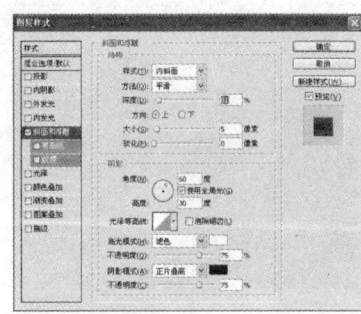
图8-1-24

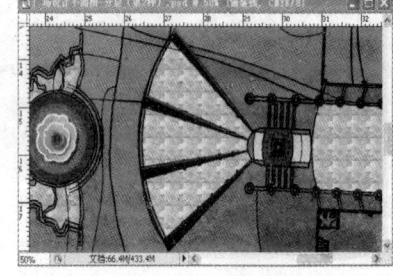
图8-1-25

（十一）广场整体效果如图8-1-26所示。

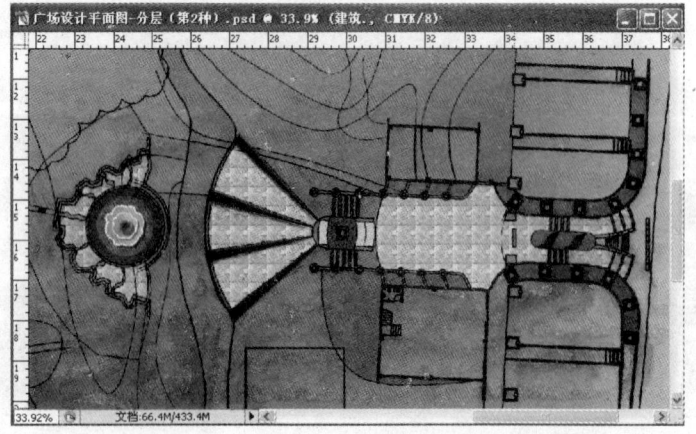
图8-1-26

六、环境配景处理

(一)合并建筑,如图 8-1-27 所示。

(二)制作水体,利用线形渐变工具、橡皮擦、加深减淡等工具,效果如图 8-1-28 所示。

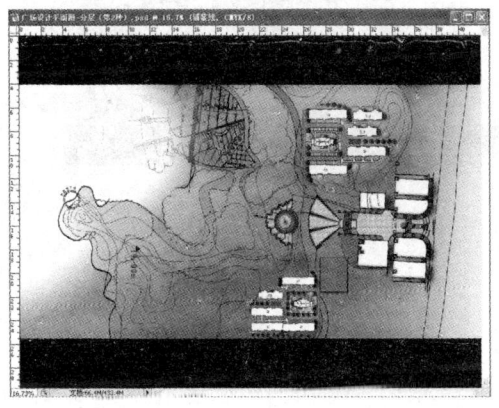 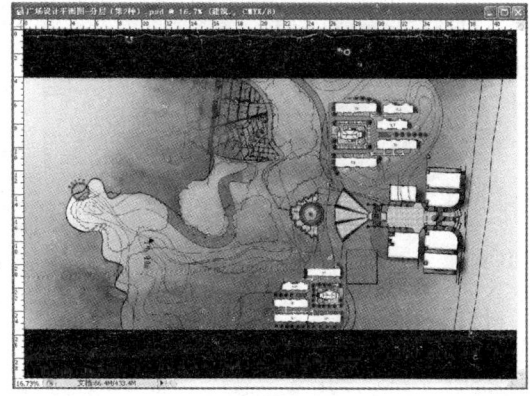

图 8-1-27　　　　　　　　　　图 8-1-28

(三)道路的填充色彩参数效果如图 8-1-29 所示。

(四)道路的填充效果如图 8-1-30 所示。

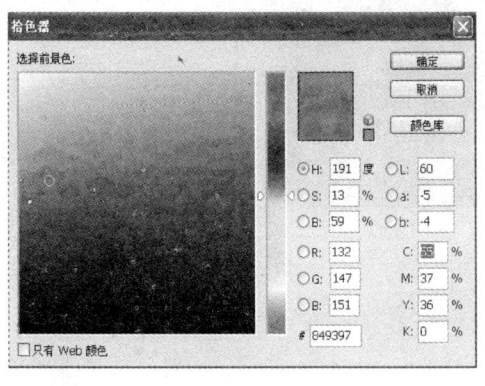 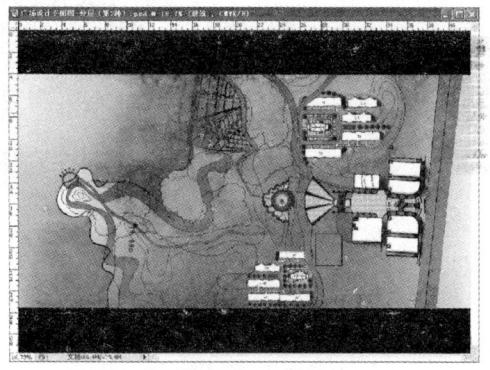

图 8-1-29　　　　　　　　　　图 8-1-30

(五)合并树木造型如图 8-1-31 所示。

(六)树木合并最后效果如图 8-1-32 所示。

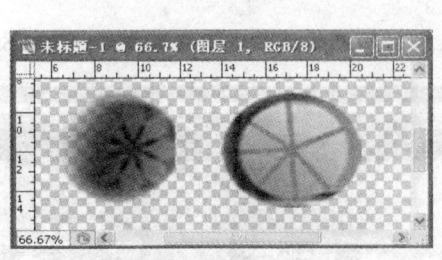
图8-1-31

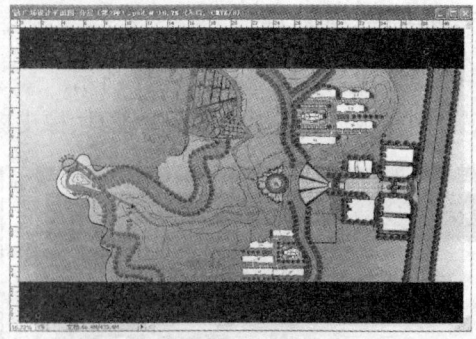
图8-1-32

七、完成整体调整

添加文字，合并汽车后广场整体调整后效果，按"Ctrl + Shift + Alt + E"，最终效果如图 8-1-33 所示。

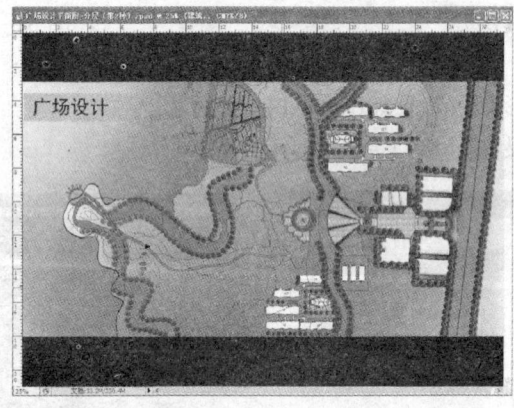
图8-1-33

第二节 景观透视效果图后期处理

一、景观透视图的分析阶段

景观立面图效果图的制作，是了解景观立面垂直空间地形地势变化的一个很好途径。

能够更清晰地认识到各个景观元素之间的垂直空间关系，景观立面图效果图更有层次性、结构性等特征。

第八章 图像处理的综合应用

（一）阅读 3DS Max 输出的图像文件

1. 启动 Photoshop 软件。
2. 单击菜单栏中[文件]→[打开]命令，打开"效果图"如图 8-2-1 所示。

图 8-2-1

（二）分析"效果图"文件

通过阅读景观透视图，可以了解到本方案是高校大学校门，根据要求整体风格定位风景园林式大学，效果图选择相机制定合适的角度，最终输出透视图。

二、3DS Max 文件的转换输出

由于软件的不同，软件所支持文件格式也相对不同，要想得到理想的图像文件，要学会必要的软件格式的相互转换。从 3DS Max 文件图像文件转换到 Photoshop 支持的图像文件，一般运用位图格式文件，本案采用 jpg 格式文件。

三、图像文件导入 Photoshop 中分层处理

（一）启动 Photoshop CS2。

（二）单击菜单栏中[文件]→[打开]命令，打开已经渲染好的"效果图"文件，如图 8-2-1 所示。

（三）双击图层锁定按钮把图层解锁。选择工具箱中的魔棒工具。在属性栏中，将其"容差"调整为 0 像素，选择黑色背景部分，然后将其删除。如图 8-2-2 所示。

图 8-2-2

（四）将"图层0"改为"建筑地面"并复制，生成新的"建筑地面副本"以备后用。

（五）单击菜单栏[文件]→[另存为]命令，将文件另存为"效果图.Psd"文件。

四、环境景观的处理

（一）天空的制作，打开一张合适的天空图片，如图8-2-3所示，把图片合并到效果图中。

（二）剪切画布，把天空缩放并移动到合适的位置，然后复制出三个天空图层。并调整透明度为"85"，如图8-2-4所示。

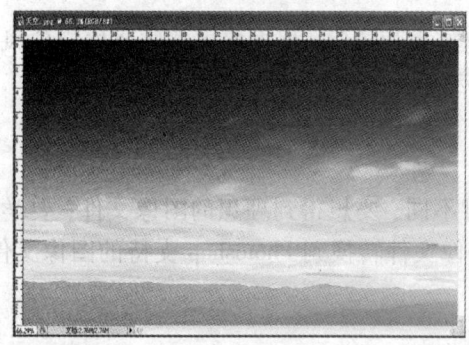

图 8-2-3

图 8-2-4

五、软质景观的处理

（一）合并适合本建筑景观的树木，如图8-2-5所示。

（二）辅助移动、自由变换、橡皮擦、曲线、色阶、加深减淡等工具调整各种树的方向、大小、位置、透明度等，使其融入本建筑景观中。如图8-2-6所示。

· 236 ·

第八章 图像处理的综合应用

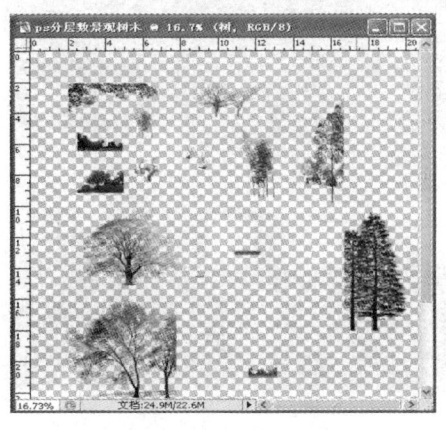

图 8-2-5

图 8-2-6

（三）合并其他植物，如图 8-2-7 所示。

（四）辅助移动、自由变换、橡皮擦等工具调整各种树的方向、大小、位置、透明度等。如图 8-2-8 所示。

图 8-2-7

图 8-2-8

六、装饰配景处理

（一）人物、汽车的合并。如图 8-2-9 所示。

（二）辅助移动、自由变换、橡皮擦等工具调整各种树的方向、大小、位置、透明度等，如图 8-2-10 所示。

图8-2-9

图8-2-10

（三）添加附属建筑，如图8-2-11所示。

（四）辅助移动、自由变换、橡皮擦等工具调整各种树的方向、大小、位置、透明度等。如图8-2-12所示。

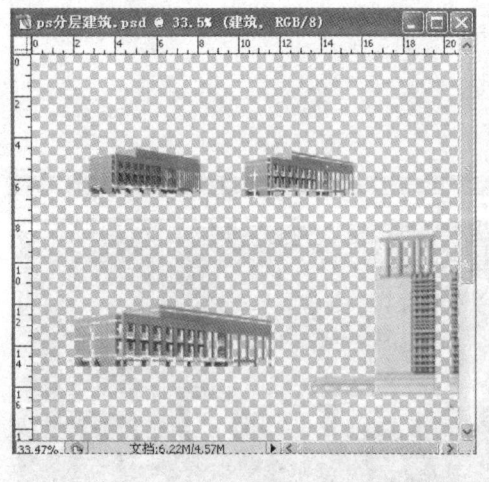
图8-2-11

图8-2-12

七、完成整体调整

（一）板式处理，如图8-2-13所示。

第八章　图像处理的综合应用

图 8-2-13

(二) 统一"调整图层", 如图 8-2-14、图 8-2-15、图 8-2-16、图 8-2-17 所示。

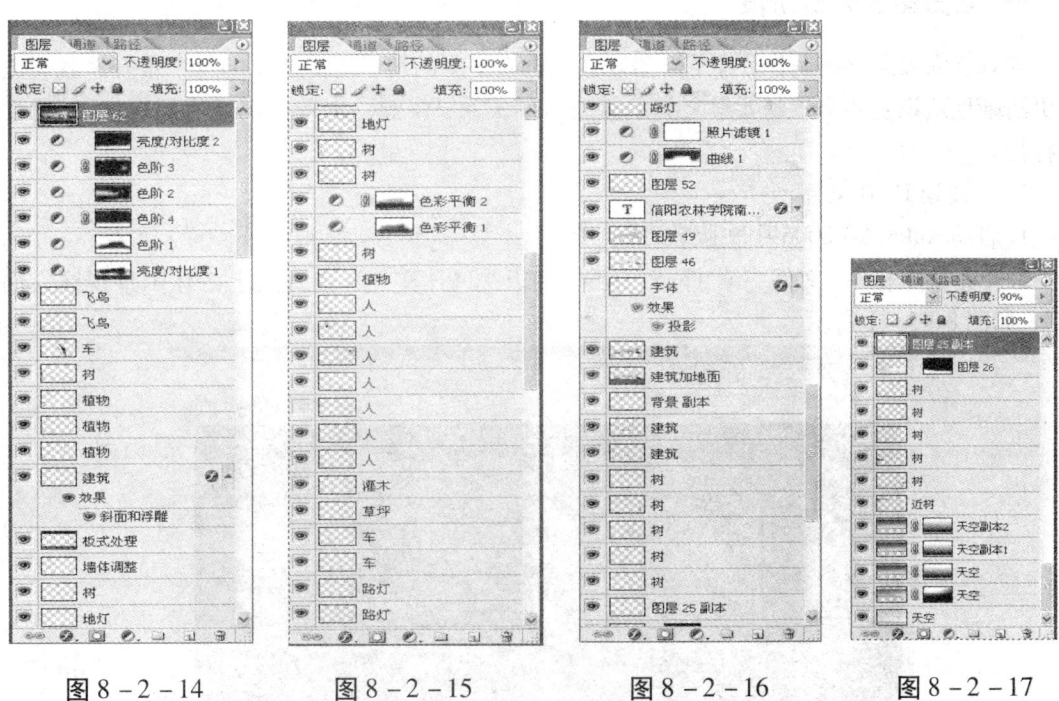

图 8-2-14　　　　图 8-2-15　　　　图 8-2-16　　　　图 8-2-17

(三) "Ctrl + Shift + Alt + E" 合并图层, 最终效果如图 8-2-18 所示。

·239·

图 8-2-18

第三节 景观立面效果图后期处理

一、立面图的分析阶段

景观立面效果图的制作，是了解景观立面垂直空间的地形地势变化的一个很好途径。能够更清晰地认识到各个景观元素之间的垂直空间关系，景观立面效果图更有层次性、结构性等特征。

（一）阅读 CAD 文件

1. 启动 AutoCAD 2006 中文版软件。

2. 单击菜单栏中［文件］→［打开］命令，打开"CAD 文件"/"泲河上游休闲景观区立面图"，如图 8-3-1 所示。

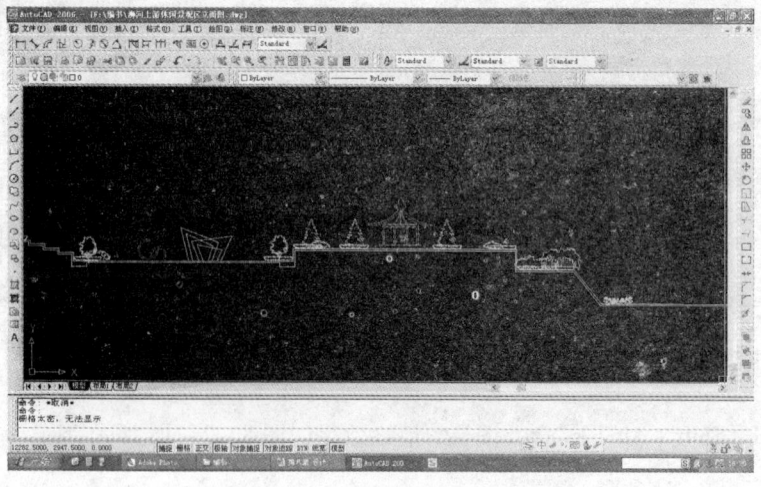

图 8-3-1

第八章　图像处理的综合应用

（二）分析 CAD 文件

通过阅读 AutoCAD 立面图，可以了解绘制的该景观设计的垂直空间序列、地形地势等特征，更多地认识到各景观设计元素的垂直关系。

二、AutoCAD 文件的转换输出

通过添加虚拟打印机，将 AutoCAD 文件打印出不同格式的图像文件，再导入到 Photoshop 中进行处理。该种方法在实际工作中较为常用，它可以较好地达到理想的精度要求，同时存在线的粗细关系。

输出过程在平彩图制作中已详解，在绘制实例中将采用虚拟打印法进行，在此不再一一赘述。输出文件名为"溯河上游休闲景观区立面图 – Model"。

三、图像文件导入 Photoshop 中分层处理

（一）启动 Photoshop CS2。

（二）单击菜单栏中[文件]→[打开]命令，打开"方案溯河上游休闲景观区立面图 – Model"文件。如图 8 – 3 – 2 所示。

（三）锁定背景图层，如图 8 – 3 – 3 所示。

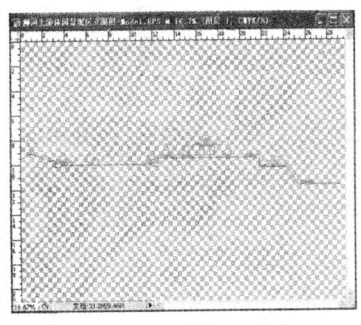

图 8 – 3 – 2

图 8 – 3 – 3

（四）为锁定物体填充黑色，如图 8 – 3 – 4 所示。

（五）为了使构图更合理，用裁剪工具裁剪画布，效果如图 8 – 3 – 5 所示。

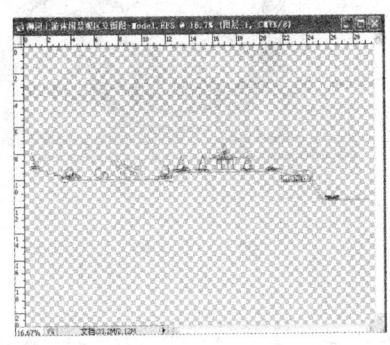

图 8 – 3 – 4

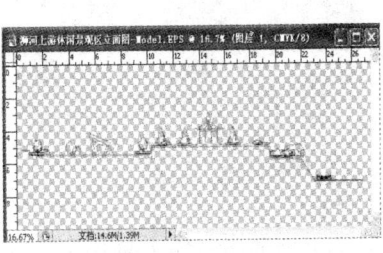

图 8 – 3 – 5

(六)单击菜单栏[文件]→[另存为]命令,将文件另存为"方案泗河上游休闲景观区立面图.Psd"文件。

四、为主题景观填充色彩

(一)用魔棒工具,选择倒立梯形造型,填充红色,图层样式为斜面浮雕,具体参数参考图8-3-6。另外交叉部分填充黄色。最终效果如图8-3-7所示。

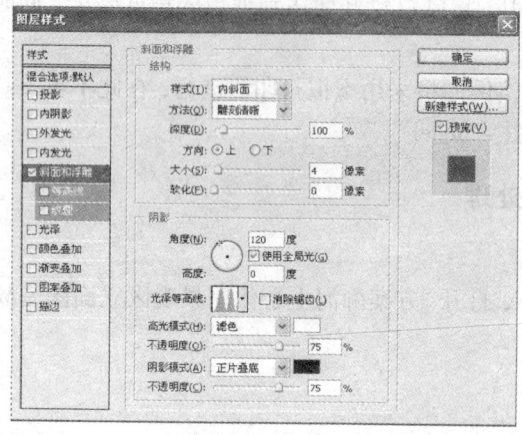

图8-3-6　　　　　　　　　　　图8-3-7

(二)圆形造型填充色彩为蓝黄蓝渐变。鼠标拖曳方向为从左上角至右下角,具体参数如图8-3-8所示。

(三)渐变效果加图层浮雕效果,如图8-3-9所示。

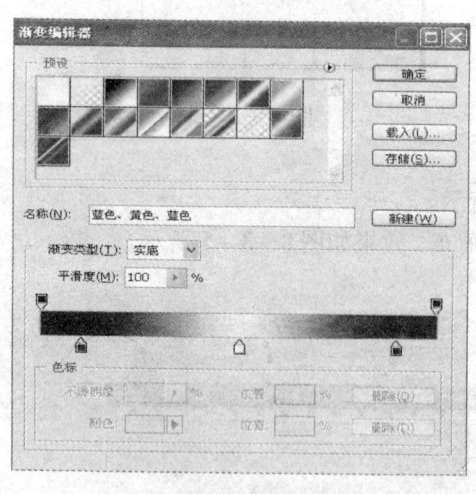

图8-3-8　　　　　　　　　　　图8-3-9

(四)亭子,亭子顶部用魔棒工具选中,填充红色具体参数,添加图层样式"斜面浮雕",参数如图8-3-10所示。

(五)亭子顶部填充红色部分,再添加图层样式描边色彩为黄色,参数如图8-3-11所示。

第八章　图像处理的综合应用

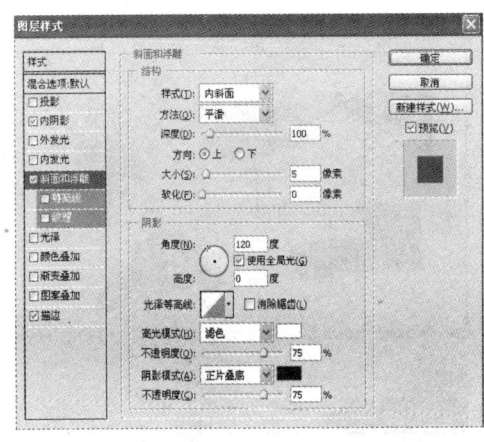

图 8 – 3 – 10

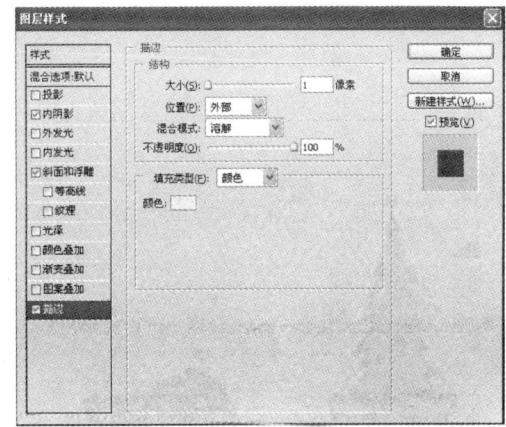

图 8 – 3 – 11

（六）台阶和柱子，填充为灰色，图层样式"内发光"，参数如图 8 – 3 – 12 所示。

（七）亭子最终效果如图 8 – 3 – 13 所示。

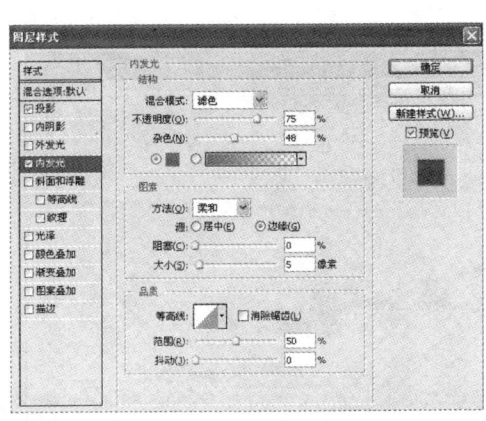

图 8 – 3 – 12

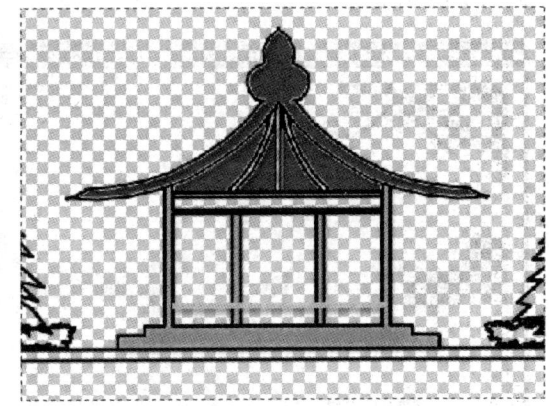

图 8 – 3 – 13

五、立面软质景观的处理

（一）松树和绿色植物着色。用魔棒工具，选择要填充的物体，为其填充为翠绿色，效果如图 8 – 3 – 14 所示。

（二）合并树木。如图 8 – 3 – 15 所示。

· 园林 Photoshop 辅助设计 ·

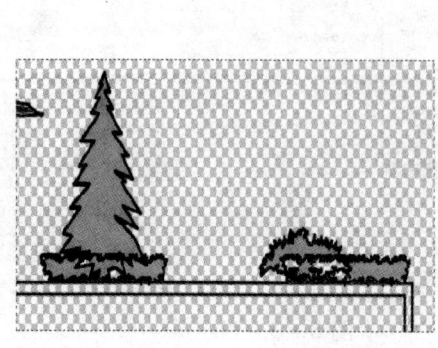

图 8-3-14　　　　　　　　　图 8-3-15

（三）通过移动、缩放、加深减淡、橡皮擦等工具使其与整体景观融为一体。效果如图 8-3-16 所示。

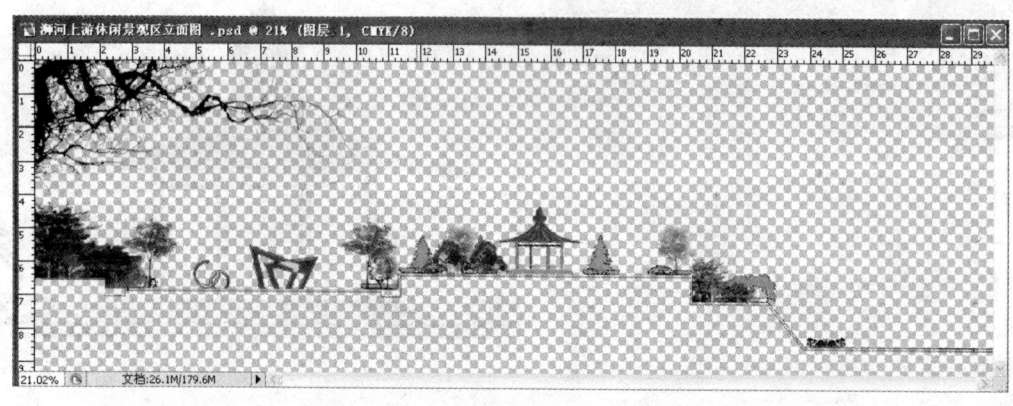

图 8-3-16

六、景观立面天空的处理

（一）天空在立面效果图制作中，尤为重要。天空的制作方法一般用到的工具有渐变、橡皮擦、图层叠加、蒙版等。一张好的天空贴图，能使效果图的制作效果效率大大提高。

（二）天空分层素材，如图 8-3-17 所示。

（三）打开渐变工具，利用线形渐变，做一个蓝色到白色的渐变得到天空效果。如图 8-3-18 所示。

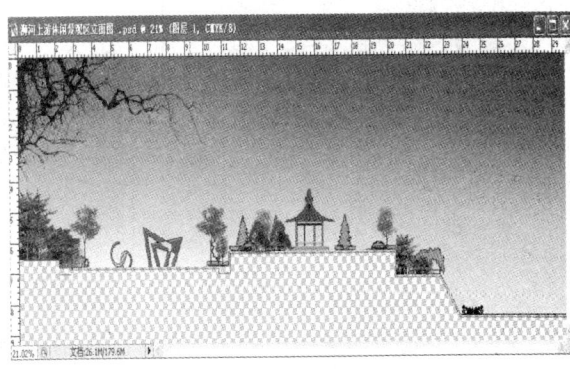

图 8-3-17   图 8-3-18

（四）配合渐变天空，再利用两张天空贴图进行不透明度的叠加与调整，然后，调整好橡皮擦的不透明度和流量，把橡皮擦当作绘画工具，很自然地擦出天空的丰富效果。如图 8-3-19 所示。

图 8-3-19

七、丰富景观添加景观元素

（一）为了使景观元素更为丰富，对场景合并人物和建筑。
（二）合并人物建筑如图 8-3-20 所示。
（三）整个图有近景和远景，水平空间更有层次感，效果如图 8-3-21 所示。

图8-3-20

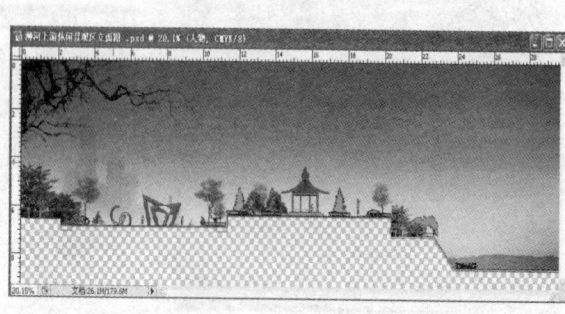

图8-3-21

（四）天空背景有点空，合并景观场景中水鸟和太阳光线来充实画面。效果如图8-3-22所示。

图8-3-22

八、整体调整

调整填充、添加文字后，最后效果如图8-3-23所示。

图8-3-23

第四节　景观鸟瞰图后期处理

一、渲染图像文件导入

（一）阅读 3DS Max 输出的图像文件

1. 启动 Photoshop 软件。
2. 单击菜单栏中[文件]→[打开]命令，打开"凤鸣湖旅游休闲度假山庄 鸟瞰图"，最终如图 8-4-1 所示。

图 8-4-1

（二）分析"效果图 01"文件

通过阅读景观鸟瞰图，可以了解到本方案的地形、地势、景观构成等，根据相机定位的角度，最终确定鸟瞰图。

二、图像文件导入 Photoshop 中分层处理

（一）启动 Photoshop CS2。
（二）单击菜单栏中[文件]→[打开]命令，打开已经渲染好的"度假山庄渲染原始图"文件，如图 8-4-2 所示。

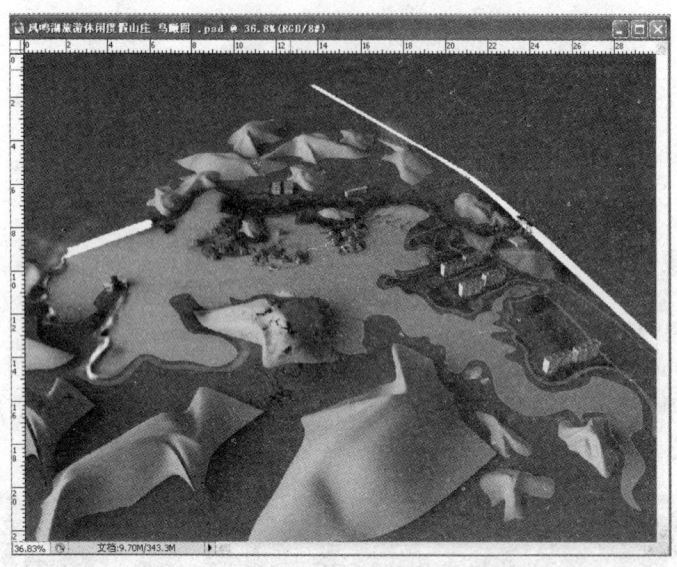

图 8-4-2

三、山体制作调整

（一）山体制作合并图片，如图 8-4-3 所示。

（二）根据画面需要，画面上下加一个黑色的边框，然后，进行图层的叠加透明度的处理，主要应用工具：加深减淡、印章、自由变换、移动、缩放、橡皮擦等，印章工具可以复制出更多的类似区域，橡皮擦可以擦出更多的虚实变化，让山体更具层次感，加深减淡工具能更好地塑造上体的体积感，自由变换工具可以使画面更具不定性可变性，增强画面元素的丰富性。在制作过程中为了提高制作速度，最好使用快捷键，例如橡皮擦的大小控制快捷键"["和"\]"。如图 8-4-4 所示。

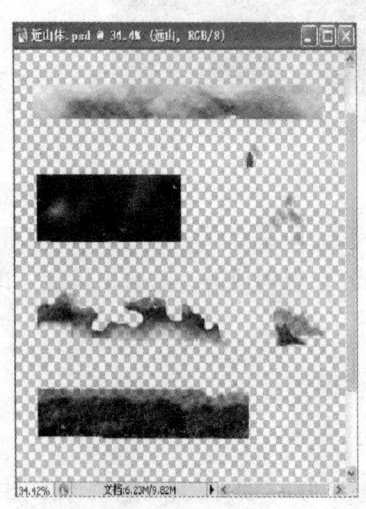

图 8-4-3

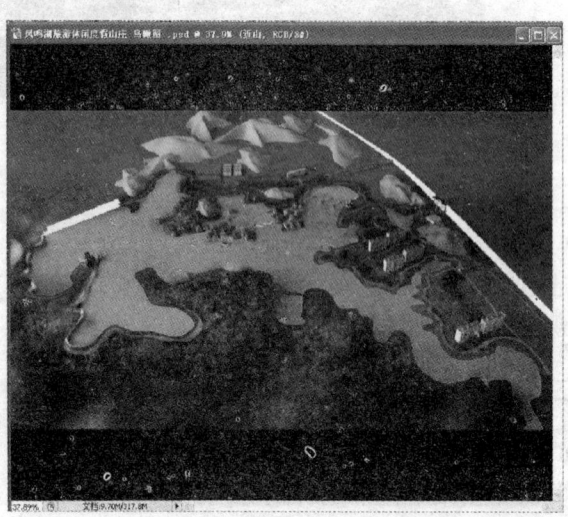

图 8-4-4

(三)整体调整山体走势。综合运用工具塑造山体,合并山体。由于本案例图层多,做好分组处理。如图8-4-5所示。

(四)远山体制作。依据近实远虚的法则,远山的处理需要一张与蓝天相连的山体和天空的图片作为背景。选择橡皮擦等常用工具,效果如图8-4-6所示。

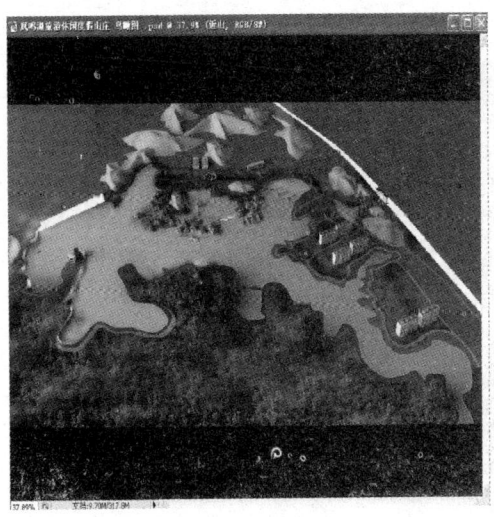 

图8-4-5　　　　　　　　　　　　　　图8-4-6

四、道路处理

按照透视规律,利用魔棒工具选择道路,把能看到的道路一一显示出来,进行部分道路的隐藏,并进行虚实变化处理。效果如图8-4-7所示。

五、布局建筑

合并建筑,调整透视比例,使其与整体经过协调。效果如图8-4-8所示。

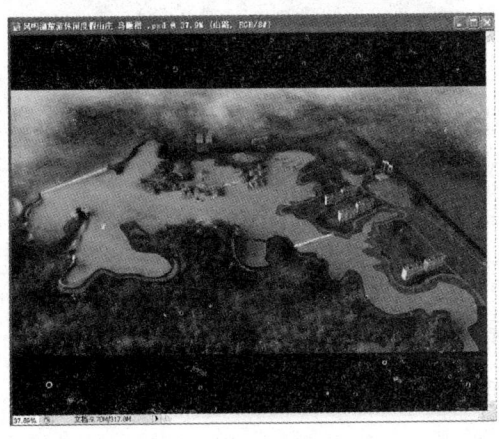 

图8-4-7　　　　　　　　　　　　　　图8-4-8

六、绿化景观处理

（一）用魔棒工具选择水体部分，借助一张天空图片，使其与之水体融和，调整色阶、对比度、明度等使水体与整个景观融为一体。合并树木，效果如图8-4-9所示。

（二）合并亭子、桥、植物、花等景观。效果如图8-4-10所示。

图8-4-9

图8-4-10

（三）使用工具垂直翻转命令或自由变换命令制作水体倒影，效果如图8-4-11所示。

七、整体调整

整体修正造型、色彩、色阶、对比度等。按"Ctrl + Shift + Alt + E"盖印图层，最终效果如图8-4-12所示。

图8-4-11

图8-4-12

经验交流：

1. 多看、多做、多临摹优秀的设计案例，来提高自己的景观设计的艺术修养。

2. 收集园林景观效果图后期的分层素材，例如：天空、水、草地、植物、花卉、树木贴图等，来提升自己的设计效率。

3.多参加实践,接触身边正在施工的成功设计案例,身临其境置身于社会实践,来丰富自己的设计经验。

思考与练习

简答题:

1.景观平彩图的一般绘制过程及其常用的工具有哪些?

2.景观透视效果图一般的绘制过程有哪些?

3.景观效果图制作要注意哪些问题?

4.效果图的质量和哪些因素有关?

5.一般景观效果图的构图有哪几种?

6.效果图的一般格式有哪些?

7.想一想,作为一个当代景观设计师应掌握的技能。

参考文献

[1] 张志颖. Photoshop CS 操作基础与设计应用[M]. 长沙:湖南大学出版社,2007.

[2] 沈大林. Photoshop CS2 基础与案例教程[M]. 北京:高等教育出版社,2007.

[3] 王国省,张光群. Photoshop CS3 应用基础教程[M]. 北京:中国铁道出版社,2009.

[4] 李革文,管学理,张志强. Photoshop 图形图像处理案例教程[M]. 北京:中国水利水电出版社,2008.

[5] 栾昌海,梁国浚,杨志文. Photoshop 图像处理与综合实训[M]. 北京:地质出版社,2007.

[6] 张健,杨涛,何方. 计算机辅助设计艺术 Photoshop CS 篇[M]. 武汉:武汉理工大学出版社,2006.

[7] 陈欣,许秋宁,于鹏. Photoshop CS 教程[M]. 北京:清华大学出版社,2004.

[8] 侯宝中,郭立清,田东启. Photoshop 图像处理案例汇编. 北京:中国铁道出版社,2007.